面向"十二五"高职高专规划教材·计算机系列

# 数据库原理及应用

万年红　主　编

张焰林　曹小春　骆正茂　副主编

清华大学出版社

北京交通大学出版社

·北京·

## 内 容 简 介

全书共分 12 章，全面系统地讲述数据库技术的基本原理和应用，并以 Visual Basic 作为前端设计工具，以 Access 2007、SQL Server 2005 作为数据库平台介绍数据库应用系统开发技术。主要内容包括：数据库系统概述；关系数据库；关系数据库规范化理论；关系数据标准语言——SQL；数据库设计；Access 2007 数据库；SQL Server 2005 数据库系统；创建和使用 SQL Server 2005 数据库；数据备份与恢复；Visual Basic 与 Access 数据库；Visual Basic 与 SQL Server 2005 数据库；ASP. NET 和 XML 数据库开发技术。最后以附录形式给出了一个数据库应用系统设计过程。

本书可作为高职院校计算机专业、信息管理及相关专业的教材，还可作为软件设计与开发等信息处理领域技术人员的参考书。

**图书在版编目(CIP)数据**

数据库原理及应用/万年红主编 . —北京:清华大学出版社;北京交通大学出版社,2011. 2
(面向"十二五"高职高专规划教材·计算机系列)
ISBN 978–7–5121–0488–4

I. ①数… II. ①万… III. ①数据库系统 – 高等学校:技术学校 – 教材 IV. ①TP311. 13

中国版本图书馆 CIP 数据核字（2011）第 014280 号

责任编辑:谭文芳　　特邀编辑:尹 红
出版发行:清 华 大 学 出 版 社　　邮编:100084　　电话:010 – 62776969　　http://www. tup. com. cn
　　　　　北京交通大学出版社　　邮编:100044　　电话:010 – 51686414　　http://press. bjtu. edu. cn
印　刷　者:北京瑞达方舟印务有限公司
经　　销:全国新华书店
开　　本:185×260　　印张:18.5　　字数:470 千字
版　　次:2011 年 3 月第 1 版　　2011 年 3 月第 1 次印刷
书　　号:ISBN 978–7–5121–0488–4/TP · 634
印　　数:1 ~ 4 000 册　　定价:31.00 元

本书如有质量问题，请向北京交通大学出版社质监组反映。对您的意见和批评，我们表示欢迎和感谢。
投诉电话:010 – 51686043，51686008;传真:010 – 62225406;E-mail:press@ bjtu. edu. cn。

# 前　言

当今社会，是信息的社会，以信息处理为核心的信息技术突飞猛进的发展，为数据库技术提供了前所未有的发展机遇。《数据库原理及应用》作为计算机及相关专业的一门专业基础课，主要讲解数据库技术的基本原理和应用，将数据库技术基本理论与实际相结合，培养学生独立开发数据库应用系统的能力，为今后从事数据库应用系统开发和应用打下基础。

本书主要内容如下。

第 1 章是数据库系统概述部分，主要介绍信息、数据、数据处理与数据管理，数据库技术的产生、发展，数据库系统的组成，数据库系统的模式结构，数据库管理系统，数据模型，数据库系统的发展，数据库技术相关的研究等内容。

第 2 章介绍关系数据库，主要讲解关系模型的数据结构及其形式化定义、关系的键与关系的完整性、关系代数、关系演算等方面的知识。

第 3 章讲解关系数据库规范化理论，介绍函数依赖的定义、函数依赖与属性关系、Armstrong 公理、闭包及其计算、范式和规范化、关系模式的分解等内容。

第 4 章讲解关系数据库标准语言——SQL，主要介绍数据定义语言、数据操纵语言、数据查询语言等内容。

第 5 章讲解数据库设计，主要介绍需求分析、概念结构设计、逻辑结构设计、物理结构设计，以及数据库的实施和维护等方面的知识。

第 6 章介绍 Access 2007 数据库，讲解数据库的设计与维护方法，包括介绍 Access 2007 的界面组成和对象，数据库的创建、格式转换和备份，表的创建和编辑，记录的增加、修改与删除，创建表间的关系，查询的创建等方面内容。

第 7 章讲解 SQL Server 2005 数据库系统，主要介绍 SQL Server 2005 的各种版本、组成部分、主要组件及分类，系统需求、安装与配置，SQL Server 2005 的工具和实用程序，SQL Server 2005 程序设计基础等内容。

第 8 章是创建和使用 SQL Server 2005 数据库部分，主要讲解数据库对象，实例数据库、数据库的存储结构、事务处理、数据锁定、游标使用等，并介绍数据库创建与配置、修改与删除方法。

第 9 章介绍数据备份与恢复，包括备份设备、选择数据库恢复类型、数据库备份和恢复过程等内容。

第 10 章讲解 Visual Basic 与 Access 数据库，主要介绍数据访问对象模型，B/S、C/S 数据库应用程序结构，ADO、ADO. NET 等数据库访问技术，重点介绍 ADO Data、DataCombo、DataGrid 等常用的数据访问控件，以及 TreeView、ListView 等常用的高级用户界面控件；最后介绍 Visual Basic 6.0 与 Access 数据库的连接方法。

第 11 章讲解 Visual Basic 与 SQL Server 2005 数据库，主要介绍 Connection 对象、Recordset 对象、Field 对象、Command 对象的用法。

第 12 章是 ASP. NET 和 XML 数据库开发技术部分，主要包括 ASP 及 . NET 简介、XML 简介，ASP. NET 对 XML 的修改、删除、新增等操作，用 ASP 连接与操纵 SQL Server 2005 数据库的方法，ASP. NET 的发布和调试。

附录部分是工学结合模式的综合数据库应用系统开发实例，巩固前述知识内容。

本书从高职高专生源的文化基础、学习接受能力、自学能力的实际情况出发，总体编写思路如下：由浅入深、循序渐进地介绍各个知识点，使读者可以充分利用 Access 2007、SQL Server 2005 平台深刻理解数据库技术的原理，达到理论和实践紧密结合的目的；强调逻辑性，合理调整整体层次结构及布局，使之符合人的思维，行云流水，通俗易懂；思路集中，章节衔接，知识连贯成系统，使学生学习思路集中、快速进入学习状态，减少教师工作量的同时又能提高教学效果，培养学习后续课程的兴趣；提供适量练习题、上机实验题和重难点突出、内容较完整的课件，从各种不同的侧面帮助学生了解和掌握所学知识点，便于学生训练和上机实习；最后以附录形式列举 1 个工学结合模式的实践教学案例的开发过程。

因此，本书特别适合高职高专计算机及相关专业学生学习，同时也可作为软件开发人员的参考书。

本书由浙江东方职业技术学院万年红主编并负责统稿，温州职业技术学院张焰林、温州广播电视大学曹小春、浙江东方职业技术学院骆正茂分别作为副主编编写了部分内容。各章编者分别如下：

万年红编写第 1 章、第 2 章、第 5 章；张焰林编写第 3 章、第 8 章、第 9 章；曹小春编写第 6 章、第 7 章、第 12 章；骆正茂编写第 10 章、第 11 章、附录部分；徐兴雷、曹小春合编第 4 章。

浙江东方职业技术学院王旺迪、邱清辉参与了本书的校对工作，本书在编写过程中得到了北京交通大学出版社谭文芳编辑的大力支持和重要指导，在此一并表示感谢。

本书所涉及的部分参考内容，均在本书最后以参考文献形式列出，在此对文献作者或提供者表示感谢。

限于编者水平和时间匆忙，书中不当之处在所难免，敬请广大读者批评指正。

编者

2010 年 12 月于温州

# 目　录

# 第 1 章 概 述

**本章要点：**

- ☑ 信息、数据、数据管理
- ☑ 数据库技术的产生、发展
- ☑ 数据库系统的组成、数据库管理系统
- ☑ 数据模型、模式结构及 E-R 模型
- ☑ 数据库技术与其他相关技术的结合

## 1.1 信息、数据及管理

### 1.1.1 数据与信息

#### 1. 数据

数据（Data）是用来描述与记录现实世界中客观事物的性质、状态及其相互关系的可以鉴别的物理符号或媒体。计算机及信息系统中所说的数据，有别于数学中所说的数值，它具有诸如数字、文字、图形、图像、表格、图表、声音、动画、视频等多种表现形式。即数据以数字、文字、图形、图像、表格、图表、声音、动画、视频及其他特殊符号等多种媒体形式的物理符号来表示，这些物理符号最后都要通过数字化过程才能被计算机识别、储存和处理。

#### 2. 信息

信息（Information）是反映现实世界中客观事物运动变化、能够被人们普遍接收和理解、对人们的决策和行为有用的各种消息、情报、指令、信号等资源的总称。简单地说，信息其实就是经过加工并对接收者的行为有现实或潜在影响的数据。信息是对现实世界中客观事物的存在方式或运动状态的反映，是以数字、文字、图形、图像、表格、图表、声音、动画、视频等媒体方式及其他特殊符号所表现出来的实际内容。信息具有可感知、可存储、可加工、可传递、可再生、客观性、价值性、共享性、扩散性、传输性、时效性、等级性及不完全性等基本属性，是人类社会赖以生存的、具有社会属性的资源。

#### 3. 信息与数据的关系

信息和数据是两个既有联系又有区别、同时又不可分割的概念。

数据是信息的符号表示，是表达和传播信息的载体，是信息存在的一种形式；信息是数据的内涵，是以数字、文字、图形、图像、表格、图表、声音、动画、视频等媒体方式及其他特殊符号所表现出来的实际内容，是数据的语义解释。

（1）数据是具有诸如数字、文字、图形、图像、表格、图表、声音、动画、视频等多种表现形式的物理符号；信息必须以数据的形式表征，只有通过合理加工处理后具有价值的数据才能是有用的信息。

（2）数据可以用各种不同的形式表示；信息不会随数据形式的不同而改变。

（3）对数据进行加工处理，还可得到新数据，新数据经过完整合理地解释或加工后往往又可以得到更新的信息。

## 1.1.2　数据处理与数据管理

### 1. 数据处理

数据处理是指对各种形式的数据进行收集、表示、筛选分析、储存、加工与再加工、传输和利用等活动的总称。

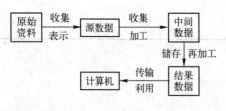

图 1-1　数据处理示意图

人们将一些原始的、无序的、难以理解的原始资料以载体形式表示成源数据，然后对这些源数据进行完整合理地分析与处理，从中抽取或推导出对某些特定人群有意义的中间数据，并最终得到有价值的结果信息，作为某种决策行为的依据或用于新的推导。数据处理示意图如图 1-1 所示。

### 2. 数据管理

信息是人类社会赖以生存的、具有社会属性和价值的资源，为了保持或提高信息的价值，保证信息的及时性、准确性、完整性和可靠性，需要对信息和数据进行科学的管理。数据管理是一个利用计算机软硬件技术对数据进行有效地收集、表示、筛选分析、储存、加工与再加工处理、传输和应用的过程，是数据处理的核心问题。

随着信息技术的发展，信息和数据管理的实用技术——数据库技术应运而生。基于数据库技术的数据管理包括数据收集、分类、组织、编码、存储、检索、传输和维护等环节和基本操作，目的在于充分有效地发挥数据和信息的作用。

## 1.2　数据库技术的产生与发展

对数据进行有效管理的关键是组织数据的结构。利用数据库技术所建立的数据结构，充分地描述了各数据之间的内在联系，保证了数据的独立性、安全性与完整性，提高了数据共享的程度及数据管理效率。数据库技术的发展过程是一个由低级到高级、由简单到逐步完善的过程，随着计算机技术的发展，数据库技术大致经过了人工管理阶段、文件系统管理阶段和数据库系统阶段这 3 个发展阶段。

### 1. 人工管理阶段

人工管理阶段出现在 20 世纪 50 年代中期以前。在该阶段，数据库技术主要用于工程科学计算，数据作为程序的组成部分不能独立存在，计算机系统中没有磁盘、磁鼓等存储器，只有卡片、纸带、磁带等外部存储器。除了汇编语言外，不提供操作系统、高级语言和专门的数据管理软件对数据进行管理，数据基本上是由程序员在程序中进行批处理的，不存在联机处理方式。

人工管理阶段具有如下特点。

（1）不必保存数据

在人工管理阶段，中间数据不必保存，这是因为计算机主要用于工程科学计算，不严格要求保存数据。

（2）自行管理数据

在人工管理阶段，系统不提供相应的专用软件，而是由应用程序自行管理数据，管理数据的工作任务由应用程序来完成。因此，每个应用程序中都要包括数据的存储结构、存取方法、输入方式和安排数据的物理存储等。

（3）不共享数据

在人工管理阶段，多个应用程序可以涉及或利用某些相同的数据，但数据是面向应用程序的，一组数据只能对应一个应用程序，多组数据必须各自定义，数据不具备共享性。

（4）无独立数据

在人工管理阶段，不存在独立性的数据，各数据之间在各自单独定义的同时，相互之间也存在着某些联系，因此在系统的各应用程序之间可能会产生一些有关联的冗余数据，程序依赖于这些存在着联系的数据。当系统运行时，如果数据类型、格式、输入输出方式等发生变化，必须对应用程序做出相应的修改。

## 2. 文件系统管理阶段

文件系统管理阶段出现在 20 世纪 50 年代后期至 60 年代中期。在文件系统管理阶段，计算机不但用在工程科学计算方面，而且大量用在信息管理方面。数据可以以文件的形式长期保存在计算机的磁盘、磁鼓等直接硬件存储器中，大量的数据存储、检索和维护成为当时的紧迫需求。计算机高级语言编程和操作系统的文件管理系统，以及专门的管理数据软件提供了对数据的输入和输出操作接口，进而提供数据存取方法。和人工管理阶段不同的是，该阶段的数据处理既可以通过批处理，也可以通过联机处理方式来进行。

文件系统管理阶段具有如下特点。

（1）数据可以长期保存

文件系统管理阶段的数据可以以文件形式长期保存在存储器上（可以不必明确数据的物理位置），文件系统可以对数据进行存取管理。即用户可以利用操作系统的文件管理系统通过文件名随时查询、修改、增加和删除文件。

（2）文件形式多样化

在文件系统管理阶段，文件形式呈现多样化趋势，主要的文件类型有顺序文件、倒排文件、链接文件、索引文件、直接存取文件等，但文件之间是独立的，文件之间几乎不存在共享性，数据共享性差。而用户既可以以顺序访问方式访问文件，也可以随机访问方式访问文件，文件之间的关联需要在程序中通过相关操作方法来构造。因此，在文件系统管理阶段，数据的存储和查找更加方便。

（3）存在具有一定独立性的数据

不仅文件之间是独立的，应用程序与数据之间也具有一定的独立性。这是因为用户通过文件系统的存取方法转换数据，但这种数据独立程度比较低。因此当数据存储发生变化时，未必影响到应用程序的运行。

文件系统管理阶段存在的根本缺陷如下。

（1）数据冗余度大

因为各数据文件之间缺乏有机的联系，数据共享程度低，导致每一个应用程序实际上只对应一个数据文件或者说每个数据文件都有可能对应多个应用程序，数据有可能在多个文件中被重复存储。冗余度（Redundancy）大多是由于文件之间缺乏联系造成的。

（2）数据独立程度低

文件系统虽然提供了数据存取方法，使得用户可以实现改变修改某些存储设备而不必修改应用程序的任务，但是这种文件管理系统还不能彻底体现数据逻辑结构独立于数据的要求，数据和程序之间仍然相互依赖，即一旦修改数据的逻辑结构，必须修改相应的应用程序；反之亦然。因此，数据独立（Independence）程度低。

（3）数据一致性差

用户在进行数据更新操作时，由于相同数据存在被重复存储、单独管理的问题，经常容易造成与产生同样的数据在不同的文件中存储不一致的现象。实际上，这些被存储或操作的数据的不一致性（Inconsistency）现象往往是由数据冗余现象造成的。

### 3. 数据库系统阶段

数据库系统阶段始于 20 世纪 60 年代末，标志是 1969 年层次数据库系统（IBM IMS 产品）和 DBTG 系统（CODASYL 网状数据库系统）的发布，以及 70 年代初 E. F. Codd 一系列奠定关系数据库理论基础的论文的发表。

在数据库系统阶段，磁盘技术取得了重大进展，大容量、快速存取的磁盘陆续进入市场，性价比有了很大提高，数据量急剧增加，计算机应用于管理的程度高，规模更加庞大，这就为数据库系统的实现提供了物质保障。在软件方面，为解决多用户多任务应用程序共享数据的问题，市场上出现了专业的管理数据的软件，即数据库管理系统，其数据结构独立于使用数据的应用程序，并统一控制数据的增加、删除、修改、更新和查询操作。在数据库系统阶段，数据库为多个用户和应用程序所共享，对数据的存取往往是并发的，可以同时存取数据库中的同一个数据。用户、应用程序、数据库和数据库管理系统四者关系如图 1-2 所示。

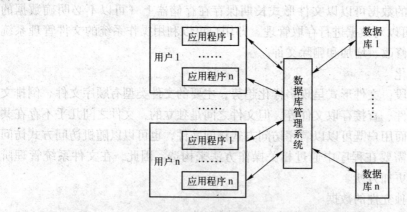

图 1-2 数据库系统阶段数据处理示意图

数据库技术的数据库系统阶段具有如下总体特点：数据结构化程度高；数据共享程度高、冗余度少；数据独立程度高；数据由数据库管理系统统一管理和控制。

数据库系统可以提供如下的数据控制功能。

（1）数据的安全性

安全性（Security）是指防止数据非法使用或错误使用，防止数据被非法窃取或错误丢失，避免造成数据泄密或破坏，从而保证数据的安全。

（2）数据的完整性

完整性（Integrity）是指设计一些完整性规则以保证数据库始终包含正确性、有效性和相容性的合法数据，并检验数据值之间的关联。例如，严格区分字母大小写，数据类型严格要求一致，数字严格区分文本及其他特殊字符，严格规定数据的取值范围。

（3）数据的并发性控制

并发性（Concurrency）是指多用户同时存取数据库时避免并发程序之间的相互干扰，防止数据库数据泄密或破坏，杜绝非法数据被提供给用户。

（4）数据库恢复

数据库恢复（Recovery）是指数据库被破坏或数据混乱时具有把数据恢复到正确状态的功能。

从文件系统管理阶段发展到数据库系统阶段是数据处理领域的一个巨大进步。在文件系统管理阶段，把系统功能设计置于主导地位，用户着重点往往是程序设计，数据只是起着程序设计的一些辅助作用；而在数据库系统阶段，结构设计作为系统首要的问题，数据逐渐占据了系统的核心位置，而利用到这些数据的应用程序设计则处于辅助地位。

# 1.3 数据库系统的组成

数据库系统一般由数据库及运行支持软硬件、数据库管理系统、应用程序及相关各类人员等部分组成。

## 1. 数据库

数据库是一个为某特定组织的多个用户多个应用程序服务、冗余度尽可能小、使之相互关联的被存储起来的结构化数据的集合或数据结构，通常表现为物理数据库。

## 2. 硬件

硬件是指计算机硬件，这是数据库系统赖以存在的物理基础。例如，高频 CPU、容量足够大的内存和海量硬盘等计算机硬件设备。

## 3. 软件

软件包括数据库管理系统、支持数据库管理系统运行的计算机操作系统、与数据库接口的高级语言、服务程序、编译程序和通信软件等基本软件和数据库应用程序开发工具。

## 4. 数据库管理系统

数据库管理系统（DataBase Management System，DBMS）是数据库系统中专门用于数据管理的软件。以某种数据库管理系统作为后台支持系统，以某种高级语言作为前台开发工具，可以开发出功能强大的数据库应用程序。

### 5. 各类人员

数据库系统的人员包括数据库用户、数据库管理员、系统分析员和数据库设计人员。

（1）数据库用户

数据库用户即利用数据库实现某种任务的非专业的最终用户，不参与设计与维护工作，他们通过应用系统的用户接口使用数据库。

（2）数据库管理员

数据库管理员（Database Administrator，DBA）是负责建立、维护、控制和管理数据库资源的专门人员。其主要职责是设计数据库系统，管理、监控、调整、重组数据库系统运行状态与性能，备份与还原数据库等。

（3）系统分析员

系统分析员提供应用系统的功能需求分析说明及规范系统发展的提案书和设计书，确定系统的基本功能结构，并对设计系统所需要的计算机硬件和软件系统进行整体分析与配置。

（4）数据库设计人员

数据库设计人员即编程用户或应用程序员，是负责确定数据库中的数据、设计数据库各级模式、利用一些高级语言及数据操作语言设计和编写应用程序系统模块，并进行调试和安装维护的专业人员。

此外，数据库系统的人员还包括非编程用户。他们通常是经过了比较特殊的训练、通过办公室中的计算机终端进行操作的、利用数据库查询语言为特定的查询和报告编制程序的终端用户。

# 1.4　数据库管理系统

数据库管理系统是在计算机操作系统的支持下数据库系统中专门用于数据管理的软件集合，用于管理、调度和控制数据的插入、查询、删除、修改、更新、重组等各种操作。DBMS 处于用户和物理数据库之间，用户以某种数据库管理系统作为后台支持系统，以某种高级语言作为前台开发工具，可以开发出功能强大的数据库应用程序。

目前，在国内外众多领域甚至家庭生活中，数据库管理系统已经广泛使用，技术日臻成熟，一批市场化的关系数据库管理系统，如 DB2、Unify、DBase、Access、FoxPro、Oracle 和 SQL Server 等被大范围使用，使计算机联机访问大量数据、应用程序独立于数据成为可能，特别是 SQL（Structured Query Language，结构化查询语言）被 ANSI（American National Standards Institute，美国国家标准局）和 ISO（International Standard Organization，国际标准化组织）认定为关系型数据库的国际标准。

## 1.4.1　DBMS 的重要功能

DBMS 的功能随系统的不同而不同，主要包括数据库定义、数据库建立、数据库管理和维护、接口通信等功能模块。

### 1. 数据库定义

在 DBMS 中，数据库的定义是前提，任何 DBMS 都需要通过一些处理程序来对数据库做相关定义。例如，通过数据描述语言（Data Description Language，DDL）翻译处理程序定义概念模式、外模式、内模式（存储模式），并据此定义一个空的数据库框架；通过保密定义处理程序定义各种授权；通过数据格式定义处理程序进行数据完整性约束定义等；通过终端查询语言解释程序定义数据库查询操作，并利用这些处理程序检查语法和语义，把处理结果存储在数据字典中。

### 2. 数据库建立

在利用相关的处理程序进行数据库定义后，就可以建立数据库。数据库的建立主要包括数据库结构的建立（一般是定义字段、字段类型、有效性和完整性定义）、数据库对象的建立（表对象的建立、视图对象的建立等），数据库关系的建立（实体、表与表之间关系的建立）及数据库查询的建立（记录查询、更新查询、删除查询）等。这些都需要使用数据库语言来实现。

### 3. 数据库管理和维护

在 DBMS 中，数据库管理和维护至关重要，主要涉及 DBMS 系统缓冲区建立、数据库操纵、数据库更新、数据库存储、数据库重组、数据库结构维护、系统控制、并发控制、数据库备份与恢复、性能监视等。因此，DBMS 一般包含有 DBMS 初始化启动程序、安全性控制程序等。

### 4. 接口通信

DBMS 的接口通信功能主要包括外部用户之间、应用程序与计算机操作系统的界面接合、DBMS 与数据库的相应接口等方面通信。

## 1.4.2 DBMS 的组成

通过第 1.4.1 节的介绍，已经大体上知道 DBMS 的组成，一般包含有 DDL 翻译处理程序、DBMS 初始化启动程序、安全性控制程序等。实际上 DBMS 主要由数据库语言及编译处理程序、数据库管理程序、数据库实用程序三大部分组成。

### 1. 数据库语言及编译处理程序

在计算机应用中，数据库语言是一种主要用于建立、使用、管理与维护数据库的语言，例如数据库定义语言（DDL）、数据库查询语言（Query Language，QL）、数据操纵语言（Data Manipulation Language，DML）和数据控制语言（Data Control Language，DCL），各有翻译处理和解释程序。

（1）DDL

DDL 其实也可以称为数据库定义语言，它提供数据库设计人员或编程用户和数据库管理员之间的数据描述及数据之间的关联，以便完成数据存储。

（2）DML

DML 是一种一般不能独立使用的嵌入在主语言中的数据操纵语言，是 DBMS 中一种提供数据查询、插入、存储、删除、更新等操作的工具。

（3）QL

QL 作为一种由一组命令组成的可以独立使用的数据操纵语言，用于进行检查、查询、插入、存储、删除、更新等操作。目前，DBMS 中通用的 QL 是结构化查询语言，简称为 SQL，是通用的关系型数据库语言工业标准，提供一些通用的标准的结构语句。例如，

SELECT（查询）、INSERT（插入）、DELETE（删除）、MODIFY（修改）、UPDATE（更新）等常用的 SQL 语句。

SQL 既能独立于用户接口，也能作为一种子语言嵌入到汇编语言和 Visual Basic，C，Java 等高级程序设计语言中。

（4）DCL

DCL 是由一些控制数据安全和完整性的命令串所组成的数据控制语言，主要起控制数据库的作用。例如，用于启动概念模式、外模式、内模式（存储模式）的翻译和修改，通过终端解释程序来启动数据库控制操作。

### 2. 数据库管理程序

在 DBMS 中，数据库管理程序主要包括如下一些程序：数据库监控程序，用于监控数据库的初始化和运行情况；数据库资源分配程序，用于配置数据库运行所需的软硬件资源情况；并发控制与处理程序，用于监控数据库并发状态；数据库安全性与一致性检查程序，用于防止非法数据处理；数据库管理与调度程序。

### 3. 数据库实用程序

在 DBMS 中，数据库实用程序由一些对数据库的实际运行提供帮助并对数据进行维护、使数据库系统处于正常状态的工具所组成。例如，模式定义程序、信息保密与安全程序、数据备份与还原程序、垃圾数据处理程序等。

# 1.5　数据模型

## 1.5.1　数据模型的定义及其分类

数据常用来描述与表现客观事物的属性或状态，是用来描述与记录现实世界中客观事物的性质、状态及其相互关系的可以鉴别的物理符号记录或媒体。数据模型（Data Model）则是如何实现现实世界中一组客观事物的抽象，是描述数据的一种形式，用于逻辑地、抽象地描述与处理一组具有相同属性或状态的数据，而不必考虑数据的存储方式。实际上，对模型的最一般的理解就是通过框架对客观的现实世界中的一切复杂实体进行抽象的总体描述。

数据是具体的，数据模型是抽象的，描述数据的共同属性和状态，获取模型的过程就是建模过程，数据可以通过数据模型具体化，如图 1-3 所示。

图 1-3　数据模型

从不同的角度和不同的应用层次，通过数据模型来描述数据库系统的方式不同，如果从用户角度、全局角度、物理角度，数据模型可以分为概念模型、逻辑模型和物理模型这三种模型。

### 1. 概念模型

概念模型（Conceptual Model）又称为概念数据模型（Conceptual Data Model），是一种以全局性的不涉及 DBMS 具体技术问题的数据视图方式刻画面向客观世界中数据库用户的概念化结构的模型，可以完整表示数据库系统的数据概念和数据内容，主要用来描述与分析客观实体、实体属性，以及客观实体之间的联系。在开发数据库的过程中，概念模型是一个初级阶段性的工作，用户经常把一些专门组合设计成概念模型。

最常用的概念模型是 E-R 模型、扩充 E-R 模型、面向对象模型和谓词演算模型。

### 2. 逻辑模型

逻辑模型（Logical Model）又称为逻辑数据模型（Logical Data Model）、外部模型（External Model），或者简称为数据模型。和概念模型不同的是，逻辑模型是一种以局部性供用户使用的数据视图方式、面向用户和系统、涉及 DBMS 具体技术的模型。它以某种直观逻辑结构展示用户数据库。用户必须把概念模型换成逻辑模型，表明用户所理解的客观实体、实体属性，以及客观实体之间的联系，才能通过 DBMS 实现数据库的设计。

最常用的逻辑数据模型是层次模型、网状模型、关系模型和面向对象模型。

### 3. 物理模型

物理模型（Physical Model）又称为内部模型（Internal Model）或物理数据模型（Physical Data Model），是一种在计算机操作系统和相关物理硬件支持下，通过具体的 DBMS 设计并以工程文件形式保存在计算机外存上的数据模型。内部模型一般以字段列和记录行方式组织用户所需要的数据，对如何在存储介质上布局数据的存储结构和内容进行描述，并允许用户直接索引与使用。在数据库开发过程中，用户必须把逻辑模型映射为物理模型，才能索引与使用数据库。概念模型、逻辑模型、物理模型之间的转换关系如图 1-4 所示。

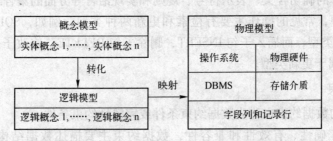

图 1-4　概念模型、逻辑模型、物理模型之间的关系

在图 1-4 中，用户只能看到逻辑模型，概念模型、物理模型对用户来说是不可见的。在一个数据库系统中，逻辑模型可以存在多个，但概念模型和物理模型都是唯一的，并且物理模型处于整个数据库系统的最低层。

## 1.5.2　数据模型的组成要素

数据模型实际上就是对客观的现实世界的抽象和模拟，用于提供信息表示和操作手段的形式框架。数据模型的组成要素包括数据结构、数据操作、数据约束 3 个方面的内容。

### 1. 数据结构

数据库利用数据结构来存储、组织数据。数据结构是由一组数据库研究对象的类型、域（属性、性质）、内容及其关系（联系）所组成的集合，或指相互之间存在一种或多种特殊关系、用来描述系统静态特性及其相互关系、按照某种逻辑关系组织起来的数据元素的集合。数据库的研究对象包括描述数据类型、内容、性质的对象和描述数据之间逻辑关系的对象两种类型。把描述数据元素之间逻辑联系的数据结构称为逻辑结构，如网状模型中的数据项、记录都是与数据类型、内容、性质有关的对象，而关系模型中的关系实体是数据之间逻辑关系的对象等。例如，有如下一个数据结构：

| 学号 | 姓名 | 性别 | 出生年月 | 分数 |
|------|------|------|----------|------|
| 01 | 张三 | 男 | 1988 - 09 - 23 | 87 |
| 02 | 李四 | 女 | 1989 - 11 - 02 | 85 |

可以把"学号，姓名，性别，出生年月，分数"称为字段行，表示实体的属性集，各字段下对应的值称为字段值，每个字段又各有 2 个不同的属性值；而把"01，张三，男，1988 - 09 - 23，87"和"02，李四，女，1989 - 11 - 02，85"称为记录行，表示学生的基本信息。

在通常情况下，所有的数据操作和数据约束都是建立在数据结构的基础之上的。数据结构的不同决定了数据操作方式和数据约束条件的不同。精心设计的数据结构可以给数据库系统存储或运行带来更高的效率。

### 2. 数据操作

数据库系统的静态特性由数据结构来描述，而数据库系统的动态特性则通过相应的数据结构基础上的数据操作来描述，主要表现为操作类型和操作方式。

因此，数据操作是指对数据库系统中的各种对象的类型和对象的值（实例）允许执行的操作及有关操作的确切含义、表示符号、规则和实现语言等方面的集合。

在数据操作中，常见的操作主要有检索和更新两种类型。例如，SQL 语句的查询子句 SELECT 属于检索类型，而插入子句 INSERT、删除子句 DELETE、修改子句 MODIFY、更新子句 UPDATE 均属于更新类型。

### 3. 数据约束

数据模型中的数据约束也称为数据约束条件或完整性约束条件。

为保证数据正确性、有效性和兼容性，数据约束主要描述数据结构内完整性规则的集合。这些规则包括语法、词义、数据间的相互制约和依存关系、数据库动态变化规则等。

例如，在一个系统中把员工学历限制在本科、硕士研究生、博士研究生范围内，在这个范围里的学历选项才具有有效性，超出这个范围即无效。

又如，上面的学号、姓名、性别、出生年月、分数等字段，它们的数据约束条件可以分别设置为文本、文本、文本、日期、数值等，表示其值只能接受文本型或数值型数据。

## 1.5.3　常见的数据模型

目前最常用的数据模型主要有实体 - 联系模型、非关系模型（层次模型、网状模型）、关系模型、面向对象模型等几种。

### 1. 实体 - 联系模型

实际应用中的概念模型有许多种。1976 年，P. P. Chen 提出了一个著名的关系型的概念模型：实体–联系模型（Entities-Relationships Model，E-R 模型）。E-R 模型是以图形方式描述客观世界中对象实体之间关系的最有代表性、在数据库设计中广泛用作数据建模工具的概念模型。

（1）E-R 模型的基本构成元素及表示方法

E-R 模型提供了表示实体、属性和联系的方法，用矩形框表示实体；用菱形表示联系；用椭圆表示属性。具体表示方法如表 1-1 所示，其中关系集的类型有（1:1）、（1:n）、（m: n）和 is-a 等形式。

表 1-1　E-R 模型的基本构成元素

| 形　状 | 意　义 | 标　注 | 备　注 |
|---|---|---|---|
| 矩形框 | 表示实体 | 多个矩形框表示为实体集 | 实体名写在框内 |
| 椭圆框 | 表示实体的属性 | 以无向边与对应矩形框相连 | 属性名写在框内，带下划线的属性表示主码 |
| | 表示联系的属性 | 以无向边与对应菱形框相连 | 属性名写在框内，表现联系的特点 |
| 菱形框 | 表示实体间的联系 | 以无向边将有联系的矩形框分别与菱形框相连，并在连线上标明关系集的类型 | 联系名写在框内 |

（2）E-R 模型关系的类型

① 一对一关系。关系集的类型表现为 1:1 的关系。即实体集的两个有联系的实体之间存在一一对应的映射关系。例如，二元一次式的正比例函数 $y = x$，其中因变量 $y$ 所表示的实体集和自变量 $x$ 所表示的实体集之间存在一对一关系。E-R 模型如图 1-5 所示。又如，数据表 A 和 B 之间存在这样一种关系：A 中的第 i 行仅与 B 中的第 j 行相关，且 B 中的第 j 行也仅与 A 中的第 i 行相关。因此，A 和 B 之间存在的这种关系是一对一的关系。

图 1-5　一对一关系

② 一对多关系。关系集的类型表现为 1:n 的关系。具体表现为实体集的一个实体 A 可以分别映射到 B、C、D 等多个实体；反过来，B、C、D 等多个实体分别只能映射到该实体 A。

例如，二元二次式的抛物线函数 $y = x^2$，其中因变量 $y$ 所表示的实体集和自变量 $x$ 所表示的实体集之间存在一对多关系。E-R 模型如图 1-6 所示。

③ 多对多关系。关系集的类型表现为 m:n 的关系。具体表现为实体集的任何一个实体都可以单独映射到其他的实体。

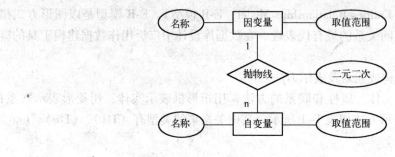

图 1-6　一对多关系

例如，二元二次式的圆函数 $x^2 + y^2 = 4$，其中因变量 y 所表示的实体集和自变量 x 所表示的实体集之间存在多对多关系。E-R 模型如图 1-7 所示。

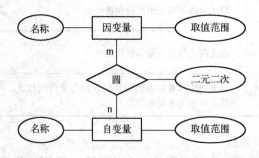

图 1-7　多对多关系

④ 多元关系。除了基于两个实体之间的一对一关系、一对多和多对多关系外，E-R 模型中的实体的关系还可以表现为 3 个及 3 个以上实体集之间的多元关系。例如，三元一次函数 $ax + by + cz = d$、球函数 $ax^2 + by^2 + cz^2 = d$ 等。其中 $ax^2 + by^2 + cz^2 = d$ 的 E-R 模型如图 1-8 所示。

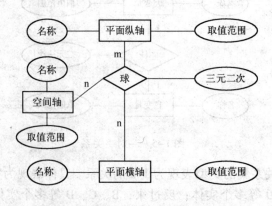

图 1-8　多元关系

横轴、纵轴和空间轴分别作为实体集。一个横轴点可以对应多个纵轴点和多个空间轴点，一个纵轴点或一个空间轴点可以对应多个横轴点。横轴、纵轴和空间轴 3 个实体集之间的联系是多对多的三元联系。

⑤ 自身关系。自身关系是指在 E-R 模型中，某个实体可以出现两次或多次，每次都扮演不同的角色。例如，在一个市的市政府里，市长和普通办公室人员都是公务员实体，但市长和普通办公室人员之间是领导和被领导的关系。即公务员实体自身存在联系。

⑥ is-a 层次关系。E-R 模型的 is-a 层次关系即为子类和父类之间的关系。具体表现为实体集 B 包含于实体集 A，即实体集 A 中的任何实体包括其属性一般都可以被实体集 B 完整继承下来，但同时又对实体集 B 中的实体进行特殊属性的定义，而这些特殊属性是实体集 A 所没有的。这就像现实中的人和动物之间的关系一样：人是动物，具有动物的一般属性和共性，但人还具有思维、姓名、语言等特性，而动物并不具有这些特性。因此，人是动物的子类，动物是人的父类，两类实体集之间存在着一种 is-a 层次关系。E-R 模型如图 1-9 所示。

（3）E-R 模型设计原则

在对客观世界中的一些实体进行抽象并设计 E-R 图时，在相同或不同状况下，不同用户对同一个客观实体的抽象可能会产生一些在允许范围内的偏差。因此，为了保证数据模型意义表达的广泛性、直观性、易解性和有效性，在设计 E-R 图时，需要遵循一些共同原则。

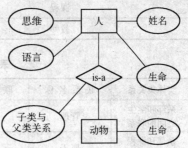

图 1-9 人和动物关系的 E-R 模型

① 基本原则。分析任务需求，确认需要哪些实体和实体集，实体或实体集的基本属性是什么，实体之间存在什么联系，需要应用哪些联系类型和属性，并且一般是按照先局部、后整体、最后优化的顺序进行。这是设计 E-R 图时应遵循的一个基本原则。

② 相对原则。在相同或不同情况下，对同一个客观实体的抽象可以产生一些在允许范围内的偏差，这是因为在 E-R 模型的整个设计过程中，实体、联系和属性也不是固定不变的，它们也可以被不断经过调整和优化。因此设计 E-R 图时应该灵活看待。

例如，对动物这个实体属性的理解，有的人理解为有生命，也有人理解有呼吸。其实在不影响全局的情况下，这两种理解都可以认为是正确的，在一定范围内这种偏差可以允许存在。

③ 一致原则。虽然在设计 E-R 图过程中，对实体的抽象可以采用相对原则，对实体进行灵活抽象，但如果多个不同的子系统中均使用同一对象的抽象定义，那么该对象在不同子系统中的抽象结果必须保持一致，否则容易产生指向混乱的情况。

④ 简单原则。实际上，客观世界中的实体、属性及其关系之间并无严格的区别。根据任务需要，属性可以看作关系或实体，联系或实体也可看作属性，但是应尽量作为属性对待以便简化 E-R 模型。因为实际上处理实体间的联系相对来说要复杂一些，而对属性的处理却要简单一些。特别是当作为属性的事物本身不再具有需要进一步描述的性质且不能再与其他实体集发生联系时，就不能看作实体或联系。而当一个属性具有多个值并且一个值可以和多个实体对应时，该属性常被看作多个属性或整体看作一个弱实体。

（4）E-R 模型设计实例

【例 1-1】 学生选修各系部公共选修课程情况的 E-R 图设计。

第一步，实体及其属性的定义，如表 1-2 所示。

第二步，确定实体集之间的联系、联系名称、联系属性及其类型，如表 1-3 所示。

至于 3 个及 3 个以上实体集之间的多元关系，因过于复杂，本例暂不作考虑。

第三步，绘制 E-R 模型图，如图 1-10 所示。

表 1-2　实体及其属性的定义

| 实 体 集 | 属 性 |
|---|---|
| 教学单元 | 教育 |
| 系部 | 名称、代号 |
| 学生 | 姓名、学号、性别、成绩 |
| 课程 | 代码、课名、教师编号、学分 |
| 教师 | 姓名、编号 |

表 1-3　联系名称、属性及其类型

| 实体集关系 | 联系名称 | 联系属性 | 联系类型 | 说　明 |
|---|---|---|---|---|
| 系部和学生之间的联系 | 管理 | 归于 | 一对多关系 | 一个学生仅属于一个系，而一个系有多个学生 |
| 系部和课程之间的联系 | 属于 | 被开 | 一对多关系 | 一门课程仅属于一个系，而一个系可开设多门课程 |
| 系部和老师之间的联系 | 所属 | 分派 | 一对多关系 | 一个教师仅属于一个系，而一个系有多个开课教师 |
| 学生和课程之间的联系 | 选修 | 公选 | 多对多关系 | 一个学生可选修多门课，一门课也有多个学生选修 |
| 学生和教师之间的联系 | 上课 | 教学 | 多对多关系 | 一个学生可选修多个教师，一个教师也可教多个学生 |
| 课程和教师之间的联系 | 开设 | 单门 | 一对一关系 | 一个教师仅开设一门课，一门课仅由一个教师开设 |
| 教师与教师之间的联系 | 上下级 | 领导与被领导 | 自身关系 | 领导和普通教师之间的领导和被领导关系 |
| 系和教学单元间的联系 | is-a | 父类和子类 | is-a 层次关系 | 系部是教学单元 |

## 2.　层次模型

层次模型（Hierarchical Model）是数据库系统中最早使用的一种非关系型的数据模型，顾名思义，它表示的数据结构是分层次的，它以一棵倒置的目录树的形式来表示实体、类型及其之间的联系，所以层次模型也称为树形结构模型。

层次模型的基本结构如图 1-11 所示。

数据结构中的每一个记录类型都用一个节点来表示，每一个记录都用一个表示树枝的连线来表示，每个记录类型（即树中的每个节点）都可以包含多个字段（即节点属性），不同字段之间不能同名，即不同的属性不能同名。层次模型分别用记录和链接来表示数据和数据间的关系。

用户要存取某一类型的记录，一般是按照目录树的层次从根节点开始通过查找路径或存取路径逐层地向下查找。目录树的节点有多种类型。

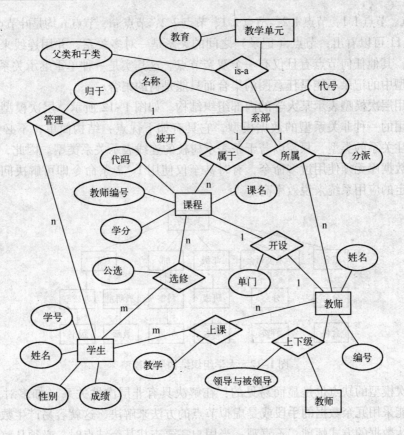

图 1-10　选修课程情况 E-R 模型图

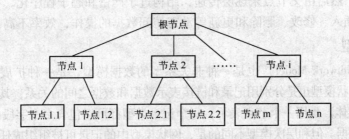

图 1-11　层次模型的基本结构

　　根节点：即倒置树的树根，任何一个层次模型有且仅有一个根节点。根节点是其他节点的祖先节点，如图 1-11 所示。

　　父节点：又称双亲节点，是指可以派生多个节点的节点。

　　子节点：又称子女节点，是指由另外一个节点派生出来的节点，相当于树有分支。当多个节点由同一个父节点直接派生出来时，这些节点就是兄弟节点。

　　叶节点：不能再派生子节点的节点，相当于树叶。

　　例如，图 1-11 中的根节点是节点 1、节点 2、节点 3 的共同的父节点，或者说节点 1、节点 2、节点 3 是根节点的子节点，而节点 1、节点 2、节点 i 是兄弟节点。节点 1 是节点 1.1、节点 1.2 的共同的父节点，节点 1.1、节点 1.2 是兄弟节点。节点 2 是节点 2.1、节点 2.2 的共同的父节点，节点 2.1、节点 2.2 是兄弟节点。节点 i 是节点 m、节点 n 的共同的父节点，节点 m、节点

n 是兄弟节点。节点 1.1、节点 1.2、节点 2.1、节点 2.2、节点 m、节点 n 均是叶节点。

从图 1-11 可以看出，节点（记录）之间的关系是一对多关系，并用连线来表示，并且除根节点外，其他任何节点有且仅有一个双亲节点。这其实是一种单重继承关系。

层次模型中的记录不能是任意图的集合而只能是树的集合。

例如，用层次模型表示某大学的内部组织结构。如图 1-12 所示。层次模型是数据库系统中最早使用的一种非关系型的数据模型，它具有如下优点：结构简单，不必像 E-R 模型那样显示标注关系的类型，只需以若干条表示树枝的连线表示关系类型。因此，容易理解与实现，操纵数据库无须使用过多命令，有时甚至仅使用 1、2 条命令即可解决问题，尤其是对于某些特定的应用系统来说效率高。

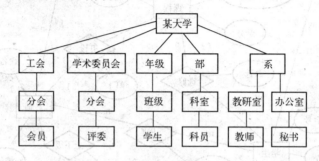

图 1-12　大学组织结构层次模型

但是层次模型的缺点也是显而易见的：在解决具有非层次性关系（如多对多关系）的问题时，只能采用冗余数据的手段或是虚拟节点的方法来解决，这就容易产生数据不一致现象，因此表达数据的方式烦琐、不直观；当用户需要查找某个结点时，必须从整体上逐层回溯到它的父节点，然后由父节点来逐层传递，结构过于严密和趋于程序化，很大程度上限制了节点的查询、插入、修改、删除和更新等动态访问数据的操作，效率不高。

### 3. 网状模型

网状模型（Network Model）也是一种非关系型的数据模型，是一种扩展的层次模型。和层次模型相同，网状模型也是分别用记录和链接表示数据和数据之间的关系，其数据结构中的每一个记录类型（实体）也用一个节点表示，每个记录类型都可以包含多个字段（即节点属性），记录的集合表示数据。但和层次模型不同的是，网状模型中的记录可被组织成任意图的集合，每一个记录用一个表示链接指针的连线表示，其实体类型及其实体之间的关系采用网状结构表示，一个实体一般和多个实体都有联系，并且允许一个节点可以有多个父节点，或者根本就没有父节点。因此，通过网状型的链接图表示实体及其数据之间的联系的数据模型称为网状模型。网状模型表示的其实是一种多重继承关系。网状模型的基本结构如图 1-13 所示。

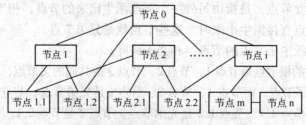

图 1-13　网状模型的基本结构

图 1-11 所示的层次模型其实是网状模型的特例。

网状模型具有如下优点：能够直接地描述客观世界中的实体，数据检索、插入、删除和修改等操作方便，存取数据灵活，效率较高。

网状模型的缺点也很明显：一个关系中的父节点和子节点之间是一对多的联系，存取路径难以选择，数据独立性较差，记录类型的关系变动后涉及链接指针的调整，不利于最终的终端用户掌握。

高效实现记录之间的联系是设计网状模型的关键问题。最常用的抽象设计方法是链接法，包括单向链接、双向链接、环状链接、向首链接等，而具体的实现方法包括引元阵列法、二进制阵列法、索引法等。

### 4. 关系模型

非关系模型较好地解决了数据的汇聚和共享问题，但是数据独立性较差、实体抽象程度不高。在这种背景下，关系模型应运而生。关系模型是目前应用最多、也最为重要的一种数据模型，很好地克服了非关系模型的这些问题。

1970 年，IBM 公司的 E. F. Codd 博士发表的《大型共享数据银行的关系模型》一文提出了关系模型的有关概念，论述了范式理论和衡量关系系统的几条标准，奠定了关系型数据库发展的基础。关系模型建立在严格的集合论中的数学概念、关系概念和关系数据理论基础上，具有简单清晰和数据基础可靠的结构。由于用户不需要指明存取路径，并且无论是实体还是实体间的关系，均采用由行和列组成的二维表结构来表示。因此关系模型是单一的结构类型。

关系模型没有层次模型、网状模型等非关系模型中的链接指针，它利用不同表中的同名字段来实现数据间的联系。下面以表 1-4 学生信息表（student）为例，介绍关系模型的一些常用术语。

表 1-4　student 表

| 学　　号 | 姓　　名 | 性　　别 | 出 生 年 月 | 分　　数 |
|---|---|---|---|---|
| 001 | 张三 | 男 | 1988 - 09 - 23 | 87 |
| 002 | 李四 | 女 | 1989 - 11 - 02 | 85 |
| 003 | 王五 | 男 | 1987 - 10 - 18 | 88 |
| 004 | 孙梅 | 女 | 1988 - 08 - 19 | 82 |
| 005 | 钱中 | 男 | 1989 - 09 - 02 | 81 |
| 006 | 周欣 | 女 | 1987 - 10 - 18 | 83 |

（1）关系

关系模型中，一个关系就是一个表，因此关系也称为表，关系的名称就是表的名称。

例如，表 1-4 就是一个关系，而表名是"student"。

一个关系数据库就是由若干个这样的表组成的。

（2）字段和字段行

字段即实体的属性，字段行即表头部分，表示实体的属性集。例如，在表 1-4 的 student 表中，把"学号、姓名、性别、出生年月、分数"称为字段行，表示一个学生实体具有学号、姓名、性别、出生年月和分数等属性，属性的名称即字段名。

（3）属性值和域

属性值即字段值，也称分量，是元组中的一个值。与表中除字段名外的各字段分别对应的一列称为字段值。表中的每个属性都可以取若干个值，域即为属性的取值范围。例如，表1-4 每个字段各有 6 个属性值（注意有些值是相同的，而有些是不同的）。

（4）元组

元组即记录行，表中除字段行外的任一行都是一个元组。例如，在 student 表中，"001、张三、男、1988 – 09 – 23、87"、"002、李四、女、1989 – 11 – 02、85" 和 "003、王五、男、1987 – 10 – 18、88" 都是元组，表示学生的基本信息，所在行称为记录行。

（5）关键字

关键字也称主码，是可以唯一确定一个元组和其他元组不同的属性，一般用于标记查找的方式。包括主关键字和次关键字等。例如在 student 表中可以设 "学号" 字段为查找关键字，因为 "学号" 这个字段的各个取值都不同，即学号是唯一的。

（6）关系描述

对关系的描述，一般表示为：表名（字段 1，字段 2，…，字段 n）。

关系模型的基本特点如下：建立在严格的集合论中的数学概念、关系概念和关系数据理论基础上，具有简单清晰、一致性和数据基础可靠的结构，并用表的集合描述实体及其之间的一对一、一对多、多对多的联系和查询结果，但不允许在一个表中嵌套另外一个表；在对表进行各种操作后，操作的结果还是二维表。

# 1.6　数据库系统的模式结构

## 1.6.1　三级模式结构

数据模型是对客观的现实世界中一组客观事物的抽象，是描述数据的一种形式，用于逻辑地、抽象地描述与处理一组具有相同属性或状态的数据，而不必考虑数据存储方式的具体实现。数据模型的具体实现，是通过模式来实现的。模式就是用数据描述语言 DDL 精确地定义数据模型的程序，用给定的数据模型描述具体的数据。

1975 年，美国国家标准计划和要求委员会（Standards Planning And Requirements Commitee）提出了一个基于数据库体系结构或数据抽象的 ANSI/X3/SPARC 三级分级结构。对应于上面介绍的 3 种不同的数据模型，从内到外存在着 3 个对应的模式，即内模式、概念模式和外模式。对不同层次的数据模式要各自用相应的 DDL 来描述，例如，用模式 DDL 来描述概念模式，用子模式 DDL 来描述子模式，用存储模式 DDL 来描述内模式。

需要注意的是，数据模式只是带有约束条件或完整性规则的可以载入具体数据值的框架，它没有任何具体数据值，只是对数据库的一种结构描述，它和包含具体数据的数据库并不是等同的。

### 1. 概念模式

概念模式（Conceptual Schema）也称来源模式、组织模式、企业模式，简称为模式（Schema），是对数据库中基于公共数据视图定义的全体数据文件的逻辑结构、特征，以及存储视图中文件的对应关系的总体描述，但不涉及具体的值或实例（Instance）。概念模式是定义概念模型的模式，是所有用户的全局视图，而不是数据本身，只是数据装配的一个结构图总框架。一个数据库只有一个模式。一个模式可以有很多随时间变动的值，这些值分别反映数据库某一时刻的即时状态，而模式是稳定的，总体反映数据的结构及其关系。

概念模式中对所有记录、数据项类型（数据项名、类型、取值范围等）等逻辑结构组成成分及记录之间的联系的总描述，包括描述数据的完整型规则、约束条件、安全保密及授权规则等。

概念模式是用 DBMS 中的独立于主语言的模式 DDL 定义语言来定义的，有时称 DBA，包括一套清晰定义数据库全面逻辑数据结构的词汇表和语法规则。

### 2. 外模式

外模式（External Schema）也称为子模式（Subschema）、用户模式、分模式、局部模式，是对数据库中基于局部数据视图定义的应用程序员和最终用户等数据库用户能看见和使用的数据文件的逻辑结构、特征、数据记录类型及对应关系的总体描述。外模式是定义外部模型的数据模式，是在逻辑数据模式基础上设计的基于用户视图和外部视图直接面向操作用户的数据模式，是用于定义局部逻辑数据结构的。一个数据库可以有多个外模式，即一个外模式可以为任意个应用程序所用，而一个用户只能使用一个子模式。

外模式是用 DBMS 中的独立于主语言的模式 SDDL 定义语言定义的，其基本形式和功能与使用 DDL 写出的概念模式极其相似。

外模式不必考虑全局数据结构，可以根据用户需求随时构造，减轻了用户负担，是保证数据库安全性与保密性的一个有力措施。在设计子模式的过程中，可以参考局部实体联系图。

### 3. 内模式

内模式（Internal Schema）也称存储模式（Storage Schema）、目标模式、物理模式，它是存储视图中全体数据文件的物理结构、内部表示方式、存储介质和存储方式的总体描述。例如，数据以什么方式表示，采用何种存储介质，存储块多大；如何建立索引，记录值可以在顺序存储、hash 方法存储、B 树结构存储等存储方式中选择一种方式进行存储并索引；数据是否压缩、加密和分页等。内模式是定义内部模型的模式，是用 DBMS 中的 DDL 内模式定义语言 DSDL（Data Storage Description Language，数据存储描述语言）定义的。

内模式是 DBMS 对数据进行有效组织和管理的方法，减少了数据冗余，改善了性能。

子模式、模式、存储模式三者之间的抽象级别关系如图 1-14 所示。从图中可以看出，一个数据库只有一个内模式，但其中一个表可由多个文件组成。三级模式仅仅是从宏观方面对数据的框架进行描述，并没有涉及具体数据。模式的数据集合是可以映射到物理数据库的概念集，外模式的用户数据库是概念集的逻辑子集，模式和外模式仅是一种逻辑表示数据的方法。存储模式最接近物理数据库，用户只需在其框架中输入具体数据就可以转换成在存储器上真实存在的数据物理库。因此三级模式中只有内模式才能真正存储数据。

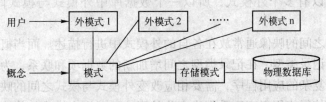

图 1-14　三级模式之间的关系

## 1.6.2　数据库系统的二级模式映像

　　模式之间的映射关系是指由一个模式转换到另一个模式。为了使用户能对数据进行存取，需要实现上述 3 个模式之间的联系和转换，这就需要用到模式之间的映射关系，即把一些文件通过一种打包技术完整地打包成映像文件。虽然目前 DBMS 产品的类型和规模可能相差很大，但一般来说它们都有严谨和基本相同的体系结构，因此 DBMS 模式之间的映射共同存在"外模式：模式"和"模式：内模式"这两层映像（映射）关系。但是，在现有的数据库技术中，模式之间的映射关系也可以导致应用程序和数据发生变化，甚至造成数据完全丢失，因此一个模式转换到另一个模式时，还需要保证数据之间的独立性。数据独立性是指应用程序和数据之间相互独立、不受影响，主要包括物理数据独立性和逻辑数据独立性。二级映像的优点就是在最大程度上保证物理数据独立性和逻辑数据独立性。以学生信息数据库为例，数据库系统的二级映像关系如图 1-15 所示。

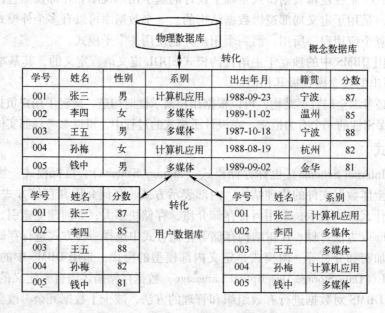

图 1-15　学生信息数据库二级映像关系

### 1. 外模式与模式之间的映像

　　为了把基于用户数据视图的外模式的用户数据库转换到概念模式中，每一个数据库系统都定义了一个存于外部级和概念级之间的从外模式到概念模式的映像关系（即外模式与模式之间的映像），用于定义外模式和概念模式之间的对应性，联系用户数据库与概念数据库。由于 DBMS 可以有多个外模式，所以一个数据库中外模式与模式间的映像文件也有多个。

　　外模式与模式之间的映像通常放在各自的外模式中进行描述。而当概念模式改变时，如增加、删除、修改记录类型，在记录类型之间增加新的数据项和联系，为尽量保持外模式不变，从而不必修改复杂的应用程序，需要相应改变外模式与模式之间的映像。即为了保证数据的逻辑独立性，使得应用程序不受模式变化的影响，对概念模式的修改尽量不要影响外模式和应用程序。

### 2. 模式与内模式之间的映像

为了联系概念数据库与物理数据库，把基于全局数据逻辑视图的概念模式转换到内模式中，每一个数据库系统都定义了一个存在于概念级和内部级之间的从概念模式到内模式的映像关系（即模式与内模式之间的映像），用来定义概念记录（全局逻辑结构）和内部记录（存储结构）之间的对应关系，把逻辑数据描述转换为物理地址和存取路径。由于 DBMS 只有一个模式，所以一个数据库中模式与模式之间的映像文件也是唯一的。

模式与内模式之间的映像通常放在各自的模式中进行描述。而当内模式改变时，如改变数据库的存储结构、存储方法和数据组织方式，改变数据的存储位置和存储块的大小，为尽量保持模式不变，需要相应改变模式与内模式之间的映像。即为了保证数据的物理独立性，使得应用程序不受内模式变化的影响，对内模式的修改尽量不要影响模式和应用程序，也因此对外模式和应用程序的影响更小。

# 1.7 数据库系统的发展

## 1.7.1 第一代数据库系统

第一代数据库系统始于 20 世纪 60 年代。在这一时期，文件处理系统仍然占据着市场的主导地位，但是已经出现了分别基于层次模型和网状模型而建立的有典型代表意义的数据库管理系统，即 20 世纪 60 年代末~70 年代初分别由美国的 IBM 公司和 DBTG 任务组（Data Base Task Group，数据库任务组）研制与提出的基于层次模型的 IMS 系统（Information Management System，信息管理系统）和研究数据库网状模型的 DBTG 报告。

IMS 系统和 DBTG 报告确定了建立数据库系统的许多概念、方法和技术，当时主要用于"阿波罗登月计划"等大型探险事业，证明了数据库管理系统管理与控制大量数据的可行性，第一次比较系统地对数据库系统标准化问题进行了探讨。基于层次模型和网状模型而建立的数据库管理系统发展到 20 世纪 70 年代末已成为商业行为，已经被大量用来处理进销存等复杂程度高的数据结构，极大地克服了传统的文件处理方式在处理数据方面的瓶颈。

第一代数据库系统的总体优点是：支持数据库系统的基于三级抽象模式的体系结构；用指针和存取路径来表示数据之间的关系；具有相对独立的数据定义语言和导航的数据操纵语言；数据库语言不是采用面向对象性的语言，而是采用过程性语言。

但是第一代数据库系统的缺点也很明显，主要表现在：数据独立性程度非常低，在进行一些简单的查询操作时，必须编写一些复杂程序，并且不能分离程序格式与数据格式，即使这些查询操作是最简单最低级的。

## 1.7.2 第二代数据库系统

第一代数据库系统的不足，决定了它不可能得到广泛认可与使用。为了克服第一代数据库系统的局限性，1970 年 IBM 公司的 E. F. Codd 博士主导开发出了被认为是第二代 DBMS 开端的关系型数据模型和关系数据库系统（Relationship DataBase Management System，RDBMS），并于 20 世纪 80 年代在商业界得到广泛的认可与普及，迅速发展成为实用性最强的数据库产品。这一时期的数据库管理系统采用关系代数作为建模语言，并采用通用的结构化查询语言 SQL 进行数据库的检索、插入、删除、修改与更新操作，有严格的理论基础，简单清晰的概念，易于理解和使用的操作方法，已被证实非常适合于客户－服务端模式的计算机并行处理和图形图像处理及社会的众多领域，成为优化信息管理的一门基本技术。目前的数据库管理系统基本上都是关系型数据库系统，例如，Microsoft Access 数据库、Microsoft Excel 电子表格、Microsoft SQL Server 数据库等。

由于第二代数据库系统是基于关系模型建立起来的，因此关于第二代数据库系统的特点，请读者参见其他章节对关系模型的相关介绍。

### 1.7.3　第三代数据库系统

20 世纪 80 年代发展起来的第二代数据库系统，数据大部分被结构化，其处理的信息主要以文本方式体现。随着信息表示方法与处理技术的发展，从 20 世纪 80 年代末开始，以图形、图像、声音、动画、视频为代表的越来越复杂的计算机多媒体数据日益出现在人们的生活中并普及各信息处理领域。为了高效地处理这些用传统手段越来越难以表示与加工的复杂数据，在 20 世纪 90 年代后期，基于面向对象数据模型的第三代数据库系统即面向对象数据库系统应运而生。面向对象数据库系统是基于扩展的关系数据模型和面向对象数据模型而建立的对象－关系数据库管理系统。它在继承第二代数据库系统技术优点的基础上引入面向对象技术，以现实世界中的客观对象为基础，把一个任务分解成若干个具有属性和行为的对象并通过对象的相互作用和相互关系来完成，实体对象之间的联系仅仅处于次要地位，具有良好的操作性、移植性、兼容性、扩展性，开创了数据库技术发展的新纪元，但是目前它尚未成熟，还有许多的技术问题有待进一步研究与解决。

## 1.8　数据库技术的相关研究与数据库系统

### 1.8.1　数据库技术的相关研究

把与其他相关技术相结合的数据库技术应用于其他的研究领域，是数据库技术研究的一大进步。关于数据库技术的研究，主要被分成数据库设计研究、数据库程序设计研究、数据库管理系统实现和数据库理论研究等几个方面。

#### 1. 数据库设计研究

数据库设计研究的主要任务是在数据库管理系统的支持下如何高效地设计一个有用的数据库框架。按照系统应用输入与组织信息、保证数据项类型及其值的对应连接的要求，为某一目标用户设计一个模式结构合理、便捷、高效的数据库应用系统框架。

#### 2. 数据库程序设计研究

数据库设计研究的主要任务是在数据库管理系统的支持下如何高效地设计一个有用的数据库框架，而数据库程序设计研究主要是指如何在数据库框架中定义查询、插入、删除、修改和更新等操作。即利用基于数据结构和算法的数据库程序来设计操作要素和约束条件，以及如何使数据库程序与一般的程序相兼容。例如，分别用 SQL 的子句 SELECT、INSERT、

DELETE、MODIFY、UPDATE 定义查询、插入、删除、修改和更新等数据库操作。

### 3. 数据库管理系统实现

数据库管理系统实现即对数据库管理系统软件的研究，研究的主要问题是利用何种软件来构造并实现一个 DBMS，研究的主要任务包括如何快速建立 DBMS 本身，以及如何实现数据处理功能，还包括建立一组相关联的软件系统并实现高效存储、功能扩大。

### 4. 数据库理论研究

建立数据库系统，离不开数据库理论的支持。数据库理论是建立数据库的指导思想，各种不同的数据库建立之前，它们的系统化结构必须通过理论来指导，最大限度地避免盲目，达到效率最优化。目前的数据库技术中，对数据库理论的研究主要集中在关系型的规范化理论、关系数据理论等方面。近年来，随着其他研究领域和技术与数据库理论结合程度的提高，相继出现了诸如分布式数据库系统、并行式数据库系统、演绎式数据库系统、知识库和主动式数据库系统、多媒体数据库系统、模糊数据库系统等各种新型的数据库系统。

## 1.8.2　相关的数据库系统

### 1. 单用户数据库系统

单用户数据库系统是指将操作系统、数据库管理系统、数据库应用程序及其相关数据和操作方法都集中安装在单台用户计算机上，数据库系统的各种资源均为某一个用户独自享有，各用户之间、各个不同的计算机之间不能共享数据。使用这种数据库系统的好处是只有单用户享有使用和操作数据库系统的权限，数据库系统资源保密性比较强，但缺点是数据不被共享，导致工作效率低下，并且一旦由于错误操作，数据容易丢失。

### 2. 主动式结构数据库

传统的单用户数据库系统由于工作效率低下，并不能满足数据管理的需要。在单用户数据库系统的基础上，产生了被称为一个主机、多个终端的多用户结构数据库系统，即主动式结构的数据库系统或集中式数据库系统、并行式数据库系统。主动式数据库系统是数据库技术与人工智能技术相结合的产物，是相对于传统数据库的被动性而言的。在主动式数据库系统结构中，数据库的所有应用程序、管理系统、数据和所有操作任务都集中放置在一个主机上，由主机自适应地来完成，各个用户通过终端并发地访问数据库，实现数据共享。它的优点就是自动适应环境，当满足设定的条件时，便自动执行规定的管理、操作和维护系统资源的任务。缺点是对主机系统的性能，以及智能化程度和网络系统的性能要求过高，并且主机的负荷过重，容易导致整个数据库系统的瘫痪。

### 3. 分布式数据库

随着数据库技术的发展和数据资源共享程度的提高，特别是随着地理上分散的用户的增多，早期的单用户数据库系统和主动式数据库已经不能满足数据管理的复杂性要求，基于分布式结构的数据库系统是数据库技术发展的必然产物，出现了分布式结构的数据库系统。分布式结构的数据库系统的各种资源和操作方法是一个逻辑整体，但各用户或机器分布在不同的物理位置上。每个用户或每台机器都可以独立执行局部任务，同时注意局部任务之间的兼容性和合并性，最后由各子任务有机合并完成整理的全局任务。

分布式结构的数据库系统的明显特点是适应了分散在物理位置上的各个用户对于数据库应用的需求，数据的分布独立性、透明性强，数据之间的共享程度高；缺点是给数据库系统的建设、管理与维护带来困难，如成本过高、时间慢、数据冗余等。

### 4. 客户 – 服务器模式的数据库系统

客户 – 服务器（Client/Server，C/S）。C/S 模式的数据库系统是为了适应大量复杂数据处理的需求，把一台计算机作为一个中心处理节点，将分布在不同物理位置上的若干台计算机连接起来共同完成数据管理任务。中心节点计算机称为数据库服务器，整体负责数据管理协调工作。其他的节点计算机称为客户机，分布式完成各自的数据处理任务。C/S 模式的数据库系统的基本工作原理是把客户机的用户请求传送到服务器，由服务器进行处理后将结果返回给用户。它的显著优点是提高了数据库系统的载荷能力，减少了计算机网络的数据传输量和传输时间。

### 5. 浏览器 – 服务器模式的数据库系统

浏览器 – 服务器（Brower/Server，B/S），它是为了适应大量复杂数据在线处理的需求，基于 Internet 把一台计算机作为一个中心处理节点，并通过被大范围分布在不同物理位置上的客户端浏览器共同完成数据处理任务。中心节点计算机称为数据库服务器，用来整体性地负责处理来自客户端浏览器的数据处理请求，并将处理结果返回给客户端浏览器。B/S 模式的数据库系统最明显特点就是利用现成的计算机网络经适当变换后就可以高效地完成数据处理任务。目前，这种模式的数据库系统已经成为当前数据库技术发展的新方向。

### 6. 多媒体数据库

媒体是表示和传播信息的载体。例如，数字、文字、图形、图像、表格、图表、声音、动画、视频等都是媒体，它们都是能表示和传播信息的单一媒体或单一数据。其中数字、字符等称为格式化数据，文字、图形、图像、表格、图表、声音、动画、视频等均称为非格式化数据。多媒体即指多种数据的有机集成，是指将数字、文字、图形、图像、表格、图表、声音、动画、视频等媒体方式进行有机集成，而不是简单组合。随着计算机技术的发展，以图形、图像、表格、图表、声音、动画、视频等媒体为代表的越来越复杂的计算机多媒体数据日益出现在人们的生活中并普及到各信息处理领域。当前的计算机数据处理大多具有量大、复杂等非格式化特点。为了高效地处理这些用传统手段越来越难以表示与加工的复杂数据，人们把数据库技术与多媒体处理技术相结合，研制出了多媒体数据库系统，它实现了对格式化和非格式化数据的综合处理任务。

### 7. 对象 – 关系数据库

对象 – 关系数据库系统兼有关系数据库和面向对象数据库两方面的特征，属于第三代数据库系统，它同时具有基于关系模型和面向对象数据模型建立起来的数据库系统的特点。关于对象 – 关系数据库系统，请读者参见相关章节对关系模型的介绍。

# 小结

本章介绍了信息、数据、数据库的相关概念，以及数据库技术的发展阶段。数据库系统一般由数据库及其运行支持软硬件、数据库管理系统、应用程序及其开发工具和各类人员等部分组成，其中数据库管理系统是在计算机操作系统的支持下，数据库系统中专门用于数据管理的软件集合。数据模型是对现实世界中一组客观事物的抽象，包括数据结构、数据操作、数据约束 3 个组成要素，目前最常用的数据模型主要有广泛使用的 E-R 模型、关系模型等几种。数据模型的具体实现，是通过数据模式来实现的，并且在模式之间存在着映射关系。

# 习题

## 一、选择题

1. 有关信息的说法，正确的是（　　　　）。

A. 电视中的动画是信息

B. 报纸中的文字是信息

C. 图形、图像是信息

D. 广播电台传达的广播内容

2. 关于数据库技术的发展阶段的特点，说法错误的是（　　　　）。

A. 人工管理阶段不必保存数据，数据自行管理

B. 文件系统管理阶段需要保存数据，并且数据形式多样化

C. 数据库系统阶段数据独立程度低

D. 数据库系统阶段数据共享程度高、冗余度少

3. 数据库系统的比较完整的组成部分大致包括（　　　　）。

A. 数据库、数据库管理系统、软硬件、应用程序、开发工具及各类人员

B. 数据库、数据库管理系统、硬件、应用程序及各类人员

C. 数据库、数据库管理系统、软件、应用程序、开发工具及各类人员

D. 数据库、数据库管理系统、计算机网络、应用程序及各类人员

4. DBMS 的功能随系统的不同而不同，一般来说主要包括如下几个功能模块（　　　　）。

A. 数据库建立、数据库管理和维护、接口通信

B. 数据库定义、数据库建立、数据库管理和维护、接口通信

C. 数据库模型、数据库模式、数据库映射

D. 数据库模式、数据库建立、数据库管理和维护、数据库映射

5. 关于 DBMS 语言的说法，错误的是（　　　　）。

A. DDL 提供数据库设计人员或编程用户和数据库管理员之间的数据描述，以及数据之间的关联

B. DML 是一种一般不能独立使用的嵌入在主语言中的数据操纵语言，是 DBMS 中一种提供数据查询、插入、存储、删除、更新等操作的工具

C. QL 是数据查询语言，由一组命令组成并可以独立使用，用来进行检查、查询、插入、存储、删除、更新等操作

D. DML 是由一些控制数据安全和完整性的命令串所组成的数据控制语言，主要起控制数据库的作用

6. 关于数据模型的说法，错误的是（　　　　）。

A. 概念模型可以存在多个，但逻辑模型和物理模型都是唯一的

B. 最常用的逻辑数据类型是层次模型、网状模型、关系模型、面向对象模型

C. 内部模型是一种在计算机操作系统和相关物理硬件支持下、通过具体的 DBMS 来设计并以工程文件形式保存在计算机存储器上的数据模型

D. 概念模型是以全局性的不涉及 DBMS 具体技术问题的数据视图方式来刻画面向客观世界中数据库用户的概念化结构的模型

7. 关于 E-R 图的基本构成元素及表示方法，说法错误的是（　　　）。

A. 椭圆框即可以表示实体属性，也可以表示联系的属性

B. E-R 模型的基本构成元素包括实体、实体集、属性、关系集（联系集）

C. 用矩形框表示实体，菱形框表示实体集

D. 二元二次式的圆方程 $x^2 + y^2 = 4$ 中，因变量 y 和自变量 x 之间存在多对多关系

8. 有关层次模型的说法，正确的是（　　　）。

A. 用户可以按照树的层次从任何一个点开始向下查找相关目标节点

B. 任何一个子节点有且仅有一个父节点

C. 根节点是其他所有节点的祖先节点，一个层次模型可能有多个根节点

D. 叶节点还可以再派生其他子节点

9. 有关关系模型的说法，错误的是（　　　）。

A. 一个关系中可以有多个表，一个关系数据库就是由若干个表组成的

B. 字段即实体的属性，字段行即表头部分，表示实体的属性集

C. 表中的每个属性都可以取若干个值，域即为属性的取值范围

D. 元组即记录行，表中除字段行外的任一行都是一个元组

10. 关于数据模式的说法，错误的是（　　　）。

A. 概念模式是定义概念模型的模式，是所有用户的全局视图，而不是数据本身

B. 模式就是用数据描述语言 DDL 精确地定义数据模型的程序，用给定的数据模型描述具体的数据，但它没有任何具体数据值

C. 内模式是在逻辑数据模式基础上设计的基于用户视图和外部视图直接面向操作用户的数据模式

D. DBMS 可以有多个外模式，一个数据库中外模式与模式间的映像文件也有多个

## 二、简答题

1. 什么是数据和信息，它们之间的关系如何？

2. 用示意图方式简单描述数据库系统阶段中数据处理过程。

3. 数据库系统可以提供哪些方面的数据控制功能？

4. 简述数据模型与数据模式之间的关系。

5. 简述数据模型的组成要素。

6. E-R 模型中关系的类型有哪些？请简单描述各自的特点。

7. 简述 E-R 模型的设计原则。

8. 数据库系统中存在哪些模式映像关系？请简单描述各自的作用。

9. 分别说明三代数据库系统的基本特点。

10. 请列举常见的数据库系统的功能。

### 三、实训题

实训一：足球比赛情况 E-R 图设计实例。

实验目的：掌握 E-R 模型设计的表示方法和基本原则，对客观世界中的实体和它们的相关属性及其之间的关系进行描述。

实训内容：参考例 1-1，绘制足球世界杯比赛情况 E-R 图。

实训要求：

（1）定义实体及其属性；

（2）确定实体集之间的联系、联系名称、联系属性及其类型；

（3）正确使用矩形框、椭圆框、菱形框，并注明实体名、属性名、联系名及其之间的联系类型。

实训二：关系型数据库系统的建立与操作。

实验目的：简单掌握利用 Access 数据库管理系统建立与操作数据库的方法和过程。

实训内容与要求：

（1）建立一个数据库系统，文件名为"学生"，并建立一个关系，关系名为"student"。关系的数据结构、字段、字段行和数据约束条件如下：

字段名称：学号；字段类型：文本；大小：5；主键；[必填，非空]

字段名称：姓名；字段类型：文本；大小：6；[必填，非空]

字段名称：性别；字段类型：文本；大小：2；[必填，非空]

字段名称：出生年月；字段类型：日期/时间；格式：中日期；[必填]

字段名称：分数；字段类型：数字；大小：整型；有效性规则：大于等于 70（即"分数"属性的值域）。[必填]

（2）数据操作。

在"student"表中，添加两个记录行：

（007，周丽，女，1987-05-12，80）

（008，焦远，男，1986-11-16，85）

（3）对"student"表建立"学生情况"查询，显示性别为"男"的每个记录的学号、姓名、性别、姓名这 4 个字段的信息。

# 第 2 章　关系数据库

**本章要点：**

---

- ☑ 关系的形式化定义、基本概念及性质
- ☑ 关系模式、关系数据库
- ☑ 关系的键与关系的完整性
- ☑ 关系代数及其运算符
- ☑ 关系演算

---

## 2.1　关系模型的数据结构及形式化定义

### 2.1.1　关系的形式化定义

在第 1 章中介绍了关系模型的基本概念及相关知识，关系模型具有简单清晰和数据基础可靠的结构，无论是实体还是实体间的关系，均采用单一的结构类型的由行和列组成的二维表结构来表示。实际上，这仅仅是关系模型的一种非形式化的定义。但关系模型是建立在严格的集合论中的数学概念、关系概念和关系数据理论基础上的，仅从表面的二维表结构方面来讨论关系模型是远远不够的。本章从集合论角度给出关系数据结构的形式化定义。为此，先介绍和关系模型有关的域、笛卡儿积、关系这几个基本概念。

#### 1. 域

属性值即字段值，也称分量，存在于元组中。与表中除字段名外的各字段分别对应的一列称为字段值。在关系中，每个属性都可以取若干个值，属性的取值范围即为域（Domain）。也就是说，域是指一组具有相同数据类型的字段值的集合，又称为值域，本书用 D 来表示域名（或称集合名）；而集合中所包含的每个值又称为域的元素，元素的个数称为域的基数（Cardinal Number），本书用 m 来表示。例如，表 1-4 中每个字段各有 6 个属性值（注意有些值是相同的，有些值是不同的），"学号"字段的域 D1 = {001, 002, 003, 004, 005, 006}，表示"学号"这个字段可以取 6 个不同的属性值，m1 = 6；"性别"字段的域 D2 = {男，女}，表示"性别"这个字段可取两个属性值，m2 = 2；"出生年月"字段的域 D4 = {1988 – 09 – 23, 1989 – 11 – 02, 1987 – 10 – 18, 1988 – 08 – 19, 1989 – 09 – 02, 1987 – 10 – 18}，表示"出生年月"这个字段取 6 个不同的属性值，m4 = 6。元素在域中的排列次序无关紧要。

#### 2. 笛卡儿积

笛卡儿积是法国数学家笛卡儿提出来的。简单说笛卡儿积就是一个域中的任意一个元素

和其他多个域中的任意一个元素进行相乘所得的排列和组合结果，这个结果也是一个域。可以用关系代数来直观表示。

假设 D1，D2，…，Dn 是一组可以包含相同或不同元素的域，它们的基数分别用 $m_i$（$i = 1$，2，…，n）表示，它们的笛卡儿积可以表示为：D1 × D2 × … × Dn = {（d1，d2，…，dn）| di ∈ Di，i = 1，2，…，n}，表示在域 D1，D2，…，Dn 中同时各取任意一个元素进行排列组合，得到一个包含若干个以（d1，d2，…，dn）组形式表示的元素的集合。其中每一个以（d1，d2，…，dn）组形式表示的元素称为一个 n 元组（n - tuple）元素（d1，d2，…，dn）中的每一个 di 称为一个来自相应域的分量（Component）；元素（d1，d2，…，dn）的个数称为笛卡儿积的基数，用 M 表示，它是所有域的基数的累乘，即 M = ∏$m_i$（$i = 1$，2，…，n）。但是要注意元组中分量的排列不是集合中的元素（元组）忽略次序的组合，不满足交换律，分量在元组中是有次序的，按从左到右次序，第 1 个分量总是来自 D1，第 2 个分量总是来自 D2，第 n 个分量总是来自 Dn。例如，（d1，d2，…，dn）和（dn，d2，…，d1）是不同的，集合 {（d1，d2，…，dn），（dn，d2，…，d1）} 和集合 {（dn，d2，…，d1），（d1，d2，…，dn）} 是相同的。例如，域 D1 = {a1，a2}，D2 = {b1，b2}，D3 = {c1，c2}，笛卡儿积 D1 × D2 × D3 的意思就是在这 3 个域中同时各取一个元素进行组合，即完成的这个任务被分为 3 个步骤执行，根据组合规则的乘法原理，组合后的元素（元组）个数是 2 × 2 × 2 = 8 个，每个元素都是一个三元组（按从左到右次序，第 1 个分量总是来自 D1，第 2 个分量总是来自 D2，第 3 个分量总是来自 D3）。因此 D1、D2、D3 的笛卡儿积为：

D1 × D2 × D3 = {（a1，b1，c1），（a1，b1，c2），（a1，b2，c1），（a1，b2，c2），（a2，b1，c1），（a2，b1，c2），（a2，b2，c1），（a2，b2，c2）}。

笛卡儿积的基数 $M = m_1 \times m_2 \times m_3 = 2 \times 2 \times 2 = 8$。

域 D1，D2，…，Dn 的笛卡儿积可以表示为一个由行和列形式组成的二维表格。例如，在前面提到的表 1 - 4 中，"学号"域 D1 = {001，002，003，004，005，006}，"姓名"域 D2 = {张三，李四，王五，孙梅，钱中，周欣}，"性别"域 D3 = {男，女}，"出生年月"域 D4 = {1988 - 09 - 23，1989 - 11 - 02，1987 - 10 - 18，1988 - 08 - 19，1989 - 09 - 02，1987 - 10 - 18}，"分数"域 D5 = {87，85，88，82，81，83}，D1 和 D3 的笛卡儿积 D1 × D2 = {（001，男），（001，女），（002，男），（002，女），（003，男），（003，女），（004，男），（004，女），（005，男），（005，女），（006，男），（006，女）}。D1 × D2 × D3 × D4 × D5 的笛卡儿积表现为表 2 - 1 所示的关系（省略号部分请读者自行补齐）。

表 2-1 笛卡儿积

| 学号 | 姓名 | 性别 | 出生年月 | 考分 |
|------|------|------|----------|------|
| 001 | 张三 | 男 | 1988 - 09 - 23 | 87 |
| 002 | 李四 | 女 | 1989 - 11 - 02 | 85 |
| 003 | 王五 | 男 | 1987 - 10 - 18 | 88 |
| 004 | 孙梅 | 女 | 1988 - 08 - 19 | 82 |
| 005 | 钱中 | 男 | 1989 - 09 - 02 | 81 |
| 006 | 周欣 | 女 | 1987 - 10 - 18 | 83 |
| 001 | …… | …… | …… | …… |
| …… | …… | …… | …… | …… |

### 3. 关系

虽然域 D1，D2，…，Dn 的笛卡儿积可以表示为一个由行和列形式组成的二维表格（无限或有限集合），不过，在通常情况下，二维表格都是 D1，D2，…，Dn 的笛卡儿积的一个有限子集，笛卡儿积中的许多元组是无实际意义的，需要对笛卡儿积进行抽取。例如，为了实现唯一性查找学生信息，把表 2-1 笛卡儿积中学号字段设为主键，但是其字段值明显有重复，这是不符合唯一性查找规则的。所以，可以从中取出有实际意义的元组构造符合任务需要的表格，这是利用笛卡儿积的有限子集实现的。D1 × D2 × … × Dn 笛卡儿积的子集称为在域 D1，D2，…，Dn 上的关系（Relation），通常表示为：R（D1，D2，…，Dn）。其中 R 表示关系的名称，n 表示关系的目或度（Degree），即属性或字段的个数。当 n 取 1 或 2 时，分别称为单元关系或二元关系；n 大于 2 时，称为多元关系。

例如，抽取表 2-1 的字段行和前 6 个记录行组成一个关系，表 2-1 笛卡儿积即变换为表 2-2，关系可以表示为 student（D1，D2，D3，D4，D5）或 student（学号，姓名，性别，出生年月，分数），是一个五元关系。一个学生只有一个学号，是一对一的关系；一个性别可以对应多个学生，是一对多关系。因此，关系 student 包含 6 个不同的元组，这个关系是符合实际任务需求和使用习惯的。

表 2-2　笛卡儿积的有限子集

| 学号 | 姓名 | 性别 | 出生年月 | 考分 |
| --- | --- | --- | --- | --- |
| 001 | 张三 | 男 | 1988 - 09 - 23 | 87 |
| 002 | 李四 | 女 | 1989 - 11 - 02 | 85 |
| 003 | 王五 | 男 | 1987 - 10 - 18 | 88 |
| 004 | 孙梅 | 女 | 1988 - 08 - 19 | 82 |
| 005 | 钱中 | 男 | 1989 - 09 - 02 | 81 |
| 006 | 周欣 | 女 | 1987 - 10 - 18 | 83 |

## 2.1.2　关系的性质

关系主要有基本关系、查询关系和视图关系 3 种类型。基本关系就是通常所称的基本表或基表，是实际存储数据的物理表；查询关系就是查询表，是对基本表按条件进行某种查询所得的表，它的元组个数和度分别小于或等于基本关系的元组个数和度；视图表是由若干个基本表或若干个视图表导出的没有实际数据存储的虚表。在这 3 种关系中，基本关系是其他关系存在的基础，基本关系必须满足一定的规范条件和范式（Normal Form）。讨论关系的范式，主要是通过讨论基本关系的性质来实现的。通过分析，关系具有以下性质。

① 每一个分量都必须是不可再分的数据项，这是关系的最基本的性质。例如，表 2-3 就不符合关系的范式，而表 2-4 是范式化关系。

② 关系是若干个域的笛卡儿积的有限子集，其元素排列是无次序的，即记录行的顺序无关紧要，可以任意交换；而元素的每个分量数据类型相同且有排列次序（不满足交换律），即（d1，d2，…，dn）和（d2，d1，…，dn）是不相同的，每个分量来自对应的域。

③ 在实际利用关系实现某种具体任务时，需要对关系的每个列附加一个属性名，以便使列的次序可以任意交换，无须限定有序性，即使得任意的（d1，d2，…，di，dj，…，dn）和任意的（d2，d1，…，dj，di，…，dn）相等。并且一般把附属列放在最后。例如，在表 2-3 的"考分"列的后面添加一个"平时分"列，转化为表 2-4。

④ 关系中任意两个元组不能完全相同，特别是对某个字段设置了主键需要进行唯一性区别时，该字段域中的各个分量必须互不相同。

⑤ 关系头是属性的集合，其元素就是列名（属性名），元素必须互不相同，但属性的域可以相同。例如，表 2-4 中"考分"字段和"平时分"字段的名称不同，但"考分"域和"平时分"域是相同的。

⑥ 每个关系都有一个关系框架，以关系头（即表头）来体现，是对关系数据库结构的固定描述，具有相同关系框架的关系称为同类关系。如表 2-1 和表 2-2 就是同类关系。

表 2-3　非范式化关系

| 学号 | 姓名 | 性别 | | 出生年月 | 考分 |
| --- | --- | --- | --- | --- | --- |
| | | 性别 1 | 性别 2 | | |
| 001 | 张三 | 男 | 女 | 1988 - 09 - 23 | 87 |
| 002 | 李四 | 女 | | 1989 - 11 - 02 | 85 |

表 2-4　范式化关系

| 学号 | 姓名 | 性别 | 出生年月 | 考分 | 平时分 |
| --- | --- | --- | --- | --- | --- |
| 001 | 张三 | 男 | 1988 - 09 - 23 | 87 | 85 |
| 002 | 李四 | 女 | 1989 - 11 - 02 | 85 | 87 |

## 2.1.3　关系模式

域 D1，D2，…，Dn 的笛卡儿积可以表示为一个由行和列形式组成的二维表格，但是笛卡儿积仅仅描述了各个域中元素的组合规则与排列次序，实际上有很多排列组合结果是没有实际意义的。同样，笛卡儿积的有限子集 - 关系也是按照笛卡儿积的有关定义描述的，是元组的集合。针对不同的关系，必须整体性地描述元组集合的属性构成、属性所属的域，以及属性与域之间的映像关系等数据结构。那么如何才能更有效地对关系进行整体性地描述呢？实际上，对关系的整体性描述，可以直接利用来自不同域的属性的集合即关系模式（Relation Schema）来体现。假设 U = {A1，A2，…，An} 是对应于域的集合 D = {D1，D2，…，Dn} 的一组属性名的集合，R 为关系名，dom 为属性向域的映像集合，F 为属性间数据的依赖关系的集合，把一个 5 元组 R(U,D,dom,F) 称为一个关系模式，域名及映像通常直接声明为属性的类型及长度。更直接地把属性名的集合 R(A1,A2,…,An)，即 R(U) 称为一个关系模式。因此，关系模式是对关系结构框架的一个整体性、抽象层次的描述（或称为表框架），仅仅是固定地、静态地指出了关系由哪些属性构成，数据类型是什么，并没有实现数据库数据的具体值，数据库数据的具体值是关系模式在某时刻产生的某个二维表结构的关系来实现的。因此通过一个关系模式，可以得到若干个同类关系，这些关系是随时间和用户的不同操作而不断变化的。

### 2.1.4 关系数据库与关系数据库模式

在介绍关系模型时，了解到关系是由关系头和关系体组成的，客观实体及其之间的联系可以用一对一、一对多、多对多等关系表示。而用户在实现一个复杂任务时，客观实体及其之间的联系不可能只涉及某种单一关系，这需要许多的关系来共同完成。例如，学生选课时，假设一个老师只能开设一门课程，一门课程也只由一个老师开设，开课老师和课程编号之间的联系是一对一关系；课程编号和考试成绩是一对多关系。关系模式对关系整体进行了描述，但仅仅是固定地、静态地指出了关系由哪些属性构成，数据类型是什么，并没有实现数据库数据的具体值。因此，在一个给定的应用领域中，还需要更进一步地收集与描述各种关系。这就是讨论关系的集合（即关系数据库）的问题了。关系数据库由所有实体及实体之间的关系的集合构成，或者说关系数据库是一组随时间变化、具有各种度的规范化关系的集合，或者说是一组关系头和关系体的集合。关系数据库中包含了所有元素（关系）具体值的动态性实现和整个关系集合结构（关系头）的静态性抽象层次描述，因此关系数据库也涉及抽象框架描述（型）和具体实现（值）的区别。对关系数据库抽象框架的描述就是关系数据库模式（型），包括一组若干个域的定义，以及定义在这些域上的若干个关系模式；关系数据库具体值的实现即关系数据库内容（关系体），代表这些关系模式在某一时刻对应的关系的集合，即表示现实世界中的实体或关系数据库的实例。

自 20 世纪 70 年代以来，涌现出许多功能强大的关系数据库管理系统。目前，市场上有众多的典型产品，例如，DB2、FoxPro、Sybase、Microsoft Access、Informix、Microsoft SQL Server、Oracle 等，它们应用数学方法处理数据库中的数据，在社会各领域的应用范围迅速扩大。

## 2.2 关系的键与关系的完整性

### 2.2.1 候选键、主关系键与外部关系键

#### 1. 候选键

在一个笛卡儿积对应的二维表格中，各元组中的某些分量常常相同；通过对笛卡儿积某些元素的抽取，可以得到一个有限子集所表示的关系，其元组中的某些分量也常常相同。例如，在表 2-2 中，元组（001，张三，男，1988 – 09 – 23，87）、（003，王五，男，1987 – 10 – 18，88）和（005，钱中，男，1989 – 09 – 02，81）虽然分别代表不同的学生记录信息，但存在相同的分量"男"。当用户要对学号为 001 的学生实现唯一性查询时，显然是不能通过性别属性来操作的。在关系型数据库中，用户经常需要唯一标记关系中元组的属性或属性集，使得通过该属性或属性集的值能唯一区别一个记录行，形象地说，就是表中每一个记录行里的值均不相同。这可以通过设置候选键（Candidate Key）来实现。候选键称为候选关键字或候选码，是指在关系中能通过值唯一地标记一个元组的某一属性集。最简单的候选键只包含单个属性，即关系中元组只能通过该属性来区别，它的域中的元素是互不相同的。

候选键的严格形式化的定义如下：假设关系 R 有 n 个属性，关系 R 的属性集用 U = {A1，A2，…，An} 来表示，U 的某个属性子集用 K = {Ai，Aj，…，Ak} 来表示，i，j，…，

$k = 1, 2, \cdots, n$。当且仅当同时满足下列两个条件时，K 就是关系 R(U) 的候选键。

（1）唯一性（Uniqueness）

R(U) 的任何一个关系实例的任意两个不同元组在属性子集 K 上的值不是整体相同。即 K 中至少有一个属性，它的值域中的所有元素互不相同。K 是超键。

（2）最小性（Minimally）

属性子集 K = {Ai, Aj, …, Ak} 中的任一属性都不能移走，即 K 不存在任何真子集。如果 K 存在真子集，即破坏了唯一性。满足最小性的候选键 K 定义为"最小超键"，即无多余属性的超键。

例如，假设关系 R 的属性集 U = {学号，姓名，性别}，U 的属性子集 K = {学号，性别}，虽然元组（001，张三，男）和（002，李四，男）的"性别"字段的值都是"男"，但"学号"这个字段的值不同，"姓名"字段的值也不同，K 中有一个属性的值域中的所有元素互不相同。因此，这两个元组在属性子集 K 上的值不是整体相同的，满足唯一性。如果把"学号"字段从 K 中移走，得到 K 的真子集 {性别}，则元组的值是相同的，破坏了唯一性；如果把"性别"字段从 K 中移走，得到 K 的真子集 {学号}，则元组的值仍然是不相同的，没有破坏唯一性，满足了最小性。所以 K 中有一个字段可以移走，因此 K 不是候选键。因此，"学号"和"姓名"都可作为关系 R 的候选键。

### 2. 主关系键

主关系键（Primary Key）简称为主键、主码、关系键或关键字。候选键的重要作用是能够在关系中唯一标记不同的元组。如果一个关系中有多个候选键，例如关系 R 有"学号"和"姓名"两个候选键，在进行元组查询、插入、修改或删除操作时，每个关系必须选定一个不能随意改变的候选键来唯一标记不同的元组。主关系键就具有这个功能，它是关系数据库中的一个重要概念。实际上，由于任何一个关系都不存在重复的元组，因此每个关系一定满足有且仅有一个不能随意改变的主关系键这个条件。

为了保证进行元组查询、插入、修改或删除操作时的唯一性标记，通常在一个关系的多个候选键中选取一个小的属性集作为主关系键。例如，通常情况下都选取"学号"字段作为主键，因为每个学生的学号的值均不相同。

### 3. 外部关系键

外部关系键又称为外码（Foreign Key），是指在两个关系 R1 和 R2 之间进行相关衔接和引用的一种接口，这种接口由一个关系可以引申到另外一个关系。假设关系 R1 的属性子集 K 不能作为 R1 的主键，但 K 可以作为另一关系 R2 的主键，则 K 被称为关系 R1 的外部关系键。R1 和 R2 之间的关系是参照关系（Referencing Relation）与被参照关系（Referenced Relation）的关系。

例如，员工基本信息关系 R1（员工工号，姓名，年龄，部门）和考勤关系 R2（员工工号，请假天数，加班天数）中都有员工工号这个属性，员工工号分别作为 R1 的外码和 R2 的主码，即关系 R1 的外码和 R2 的主码相符。R1 的外码和 R2 的主码必须定义在同一个域上。

## 2.2.2　关系的完整性

为了保证关系数据库与客观世界的吻合性，以便在进行元组查询、插入、修改或删除操作时遵循一定的完整性约束条件，在关系模型中要保证数据结构和数据内容的完整性，即关系模型的完整性规则。关系模型的完整性规则包括实体完整性、参照完整性和用户定义的完整性 3 种类型。

### 1. 实体完整性

关系模型的实体完整性（Entity Integrity）是指作为主键的字段的任何一个值都不能为空（即所谓不知道或无意义），是针对基本关系而言的。

例如，在表 2-1 中，一条学生记录（一个元组）对应一个学生实体，整个表（即关系）则对应学生实体的集合。由于"学号"域中元素互不相同，当通过"学号"字段作为主关系键来唯一性地标记一个元组时，其属性域中元素的个数必须等于实体集合中元素的个数，即表中记录的个数，"学号"域中的任何一个元素都不能删除或为空，否则以不可区分的实体来误导用户，从而与具有某种唯一性标记的客观实体是可以区分的这一事实相矛盾，或者说通过主键值不能唯一性标记元组。

### 2. 参照完整性

参照完整性（Referential Integrity）是针对参照关系与被参照关系而言的，即被用于定义外键与主键之间的引用规则。假设关系 R1 的外码 K1 和 R2 的主码 K2 是相同的，即 K1 = K2，那么 K1 对应的域中的每个元素与 K2 对应的域中的某个元素相同，或者为空。外码和相对应的主码可以不同名，只要满足相同的值域即可。

例如，"员工工号"字段是员工基本信息表的外码和考勤表的主码，那么员工基本信息表的"员工工号"字段域可以赋为空值，或者赋为考勤表"员工工号"字段域中的某一个元素，这是符合参照完整性规则的。

但是，由于"员工工号"字段是考勤表的主码，根据实体完整性规则，员工基本信息表的外码和考勤表的主码都不能赋一个空值。因此，员工基本信息表的"员工工号"字段域取考勤表"员工工号"字段域中的某一个元素作为参考值。

实体完整性和参照完整性是关系模型的两个固定不变的、任何关系数据库系统必须满足的完整性约束条件。

### 3. 用户定义完整性

除了实体完整性和参照完整性之外，根据关系数据库具体应用环境和数据的不同，需要针对某一个关系数据库设置特殊的必须满足语义要求的约束条件，这就是用户定义完整性（User-defined Integrity）。例如，设置"考分"字段有效性规则为大于等于 70，即"考分"域的每个元素都大于等于 70；"出生年月"字段的数据格式为常规的日期/时间型，即"出生年月"域的每个元素的都为"yyyy – mm – dd"格式。

## 2.3　关系运算

运算是指对实体的各种类型的数据（称为操作数）进行综合加工的过程。例如，6 + 7 就是一个运算。关系是实体的集合，关系模型最突出的特点是具有便于灵活查询和表达的数据库语言，关系之间不仅可以通过设置主键和外键进行相关衔接和引用，多个关系之间还可以通过表示一系列查询条件的运算表达式来进行运算，即关系运算。而查询方法的多样性，又决定了关系的运算形式各不相同，存在着基于数学论基础的关系代数和基于数理逻辑的关系演算等关系运算这两种运算。简单说，按照表示查询的方法不同，关系运算可以分为关系代数和关系演算两种类型。

关系代数以数学论为基础，是以数据库系统中的关系模型和关系作为基本的运算对象，运算结果仍为关系的一组复杂运算的集合。关系演算不仅以数据库系统中的关系模型和关系作为基本的运算对象，而且以数理逻辑（又称一阶逻辑）中可以回答命题真假的谓词演算作为基本的查询表达运算形式。

## 2.3.1　关系代数及其运算符

运算符和操作数是关系运算的两个基本要素。由于关系代数以数据库系统中的关系作为基本的运算对象，因此关系代数中的操作数即是关系。运算符是表示各种不同关系运算的符号。关系代数用到的运算符种类多样，具体如表 2-5 所示。

表 2-5　运算符

| 运算符种类 | 运 算 符 |
| --- | --- |
| 传统的集合运算符 | 并（∪）、差（−）、交（∩）、广义笛卡儿积（×） |
| 专门的关系运算符 | 选择（σ）、投影（Π）、连接（∞）、自然连接（＊）、除法（÷） |
| 比较运算符 | 大于（＞）、大于等于（≥）、小于（＜）、小于等于（≤）、等于（＝）、不等于（≠） |
| 逻辑运算符 | 与（∧）、或（∨）、非（¬） |

运算符的不同，导致关系代数的结果也有差异。如果按运算符的不同对关系代数的种类进行划分，那么关系代数的运算主要可以分为传统的集合运算和专门的关系运算两大类。传统的集合运算是指基于传统的数学上的集合运算方法，把若干个元组的集合看作为一个关系（集合中一个元素就是一个元组），从而通过一系列的数学集合运算方法实现关系的运算，其运算过程是从关系的记录行的方向（即水平方向）开始的；专门的关系运算是指为应用数据库而在传统的数学集合运算方法基础上对关系的行或列进行的一种特殊运算。

### 1. 传统的集合运算

传统的集合运算就是利用分别代表传统数学集合的关系的并、差、交、广义笛卡儿积等运算的"∪、−、∩、×"运算符来对关系进行运算。这些运算都是二目运算（二元，即两个关系之间进行运算）。

（1）并运算

假设关系 R1(U1) 的属性集为 U1 = {A1，A2，…，An}，关系 R2(U2) 的属性集为 U2 = {B1，B2，…，Bn}，并且属性 A1 与属性 B1 的域相同，属性 A2 与属性 B2 的域相同，…，以此类推，即对应的属性值取自同一个域（相容性）。则关系 R1(U1) 与关系 R2(U2) 的"并"运算由属于关系 R1(U1) 或属于关系 R2(U2) 的所有元组组成，即把 R1(U1) 的所有元组和 R2(U2) 的所有元组进行合并，过滤掉一些冗余的重复元组，组成一个新的 n 度关系。可以用数学形式来表示关系 R1(U1) 与关系 R2(U2) 的"并"运算：R1(U1) ∪ R2(U2) = {t | t ∈ R1(U1) ∨ t ∈ R2(U2)}。

（2）差运算

假设关系 R1（U1）的属性集为 U1 = {A1，A2，…，An}，R1（U1）有 n 个属性关系，关系 R2（U2）的属性集为 U2 = {B1，B2，…，Bn}，R2（U2）也有 n 个属性，它们具有相同的度 n，并且属性 A1 与属性 B1 的域相同，属性 A2 与属性 B2 的域相同，……，以此类推。则关系 R1（U1）与关系 R2（U2）的"差"运算由属于关系 R1（U1）但不属于关系 R2（U2）的所有元组组成，即从 R1（U1）中减掉某些元组（这些元组都属于 R2），组成一个新的 n 度关系。可以用数学形式来表示关系 R1（U1）与关系 R2（U2）的"差"运算：$R1（U1）- R2（U2） = \{t \mid t \in R1（U1） \wedge \neg\, t \in R2（U2）\}$。

（3）交运算

假设关系 R1（U1）的属性集为 U1 = {A1，A2，…，An}，R1（U1）有 n 个属性，关系 R2（U2）的属性集为 U2 = {B1，B2，…，Bn}，R2（U2）也有 n 个属性关系，它们具有相同的度 n，并且属性 A1 与属性 B1 的域相同，属性 A2 与属性 B2 的域相同，……，以此类推。则关系 R1（U1）与关系 R2（U2）的"交"运算由属于关系 R1（U1）又属于关系 R2（U2）的元组组成（即 R1 与 R2 中相同的元组），组成一个新的 n 度关系。可以用数学形式来表示关系 R1（U1）与关系 R2（U2）的"交"运算：$R1（U1） \cap R2（U2） = \{t \mid t \in R1（U1） \wedge t \in R2（U2）\}$。如果 R1（U1）与 R2（U2）的元组均不相同，即没有共同元组，那么"交"运算结果为空集。

（4）广义笛卡儿积

假设关系 R1（U1）的属性集为 U1 = {A1，A2，…，An}，R1（U1）有 n 个属性，元组集合记为 T1 = {t1，t2，…，ti}；关系 R2（U2）的属性集为 U2 = {B1，B2，…，Bm}，R2（U2）有 m 个属性，元组集合记为 T2 = {t1，t2，……，tj}。那么关系 R1（U1）与关系 R2（U2）的广义笛卡儿积是一个具有 i×j 个元组的集合，每一个元组都是（n + m）列的，这些元组中每一个的前 n 列表示关系 R1（U1）的一个元组，后 m 列表示关系 R2（U2）的一个元组。

可以用数学形式来表示关系 R1（U1）与关系 R2（U2）的广义笛卡儿积，即 $R1（U1） \times R2（U2） = \{ti \frown tj \mid ti \in R1（U1） \wedge tj \in R2（U2）\}$。

例如，假设关系 R1（U1）的结构和内容如下所示：

学号　姓名　性别
001　张三　男
002　李四　女

关系 R2（U2）的结构和内容如下所示：

出生年月　　考分　平时分
1988 - 09 - 23　　87　　85
1989 - 11 - 02　　85　　87

关系 R1（U1）与关系 R2（U2）的广义笛卡儿积是一个具有 2×2 个元组的集合，组合情况如下：（001，张三，男，1988 - 09 - 23，87，85）、（001，张三，男，1989 - 11 - 02，85，87）、（002，李四，女，1988 - 09 - 23，87，85）、（002，李四，女，1989 - 11 - 02，85，87）。可以得到一个如表 2-6 所示的新关系，因此广义笛卡儿积可用于两个关系的连接操作。

表 2-6 广义笛卡儿积

| 学号 | 姓名 | 性别 | 出生年月 | 考分 | 平时分 |
|------|------|------|------------|------|--------|
| 001 | 张三 | 男 | 1988 - 09 - 23 | 87 | 85 |
| 001 | 张三 | 男 | 1989 - 11 - 02 | 85 | 87 |
| 002 | 李四 | 女 | 1989 - 11 - 02 | 85 | 87 |
| 002 | 李四 | 女 | 1988 - 09 - 23 | 87 | 85 |

关系 R1(U1)与关系 R2(U2)的"∪"运算和"-"运算是两个不能用其他运算表达式表示的基本集合运算，而关系 R1(U1)与关系 R2(U2)的"∩"运算可以通过"-"运算分解表示，即 R1(U1)∩R2(U2) = R1(U1) - ( R1(U1) - R2(U2))。

实际上，在关系数据库中，每一个记录行的插入和添加操作可通过关系的"∪"运算实现，而每一个记录行的删除操作可通过关系的"-"运算实现。

### 2. 专门的关系运算

由于传统的集合运算是指基于传统的数学上的集合运算方法，通过一系列的数学集合运算方法仅仅从关系的记录行方向实现关系的运算，并没有实现字段列的灵活处理和查询操作。需要实现对记录行和字段列的灵活操作，必须引进专门的关系运算。

专门的关系运算是指为应用数据库而在传统的数学集合运算方法基础上对关系的行或列进行的一种特殊运算，不仅对记录行进行操作，而且对字段列进行操作。

（1）选取运算

和传统的集合运算一样，选取运算(Selection)仍然是从记录行的方向进行运算的，又称为限制运算(Restriction)，是通过单目运算符"σ"实现的一种专门的关系运算，它根据一定的逻辑表达式 F(即选取条件)从给定的关系 R(U)中找出若干个使 F 为真的元组，所得结果组成一个与关系 R 的模式相同的新关系(原关系 R 的子集)，这个新关系的属性个数和 R(U) 的属性个数相同，但元素个数不大于 R(U)的元素个数。假设以 t 表示元组，可以用数学形式表示关系 R(U)的选取运算，即 σF(R) = {t | t∈R∧F（t) = 真}。F 由运算对象(如属性名、常数、简单函数等)、算术比较运算符(统一以 θ 表示)和逻辑运算符(统一以 φ 表示)组成。

例如，对表 2-6 进行选取运算，选取条件 F 是"性别 = '男'"，得到一个由元组(001，张三，男，1988 - 09 - 23，87，85)和(001，张三，男，1989 - 11 - 02，85，87)组成的新关系。用数学形式可以表示为：σF( R1( U1) × R2( U2)) = σ$_{性别 = '男'}$( R1( U1) × R2( U2)) = {(001，张三，男，1988 - 09 - 23，87，85)，(001，张三，男，1989 - 11 - 02，85，87)}。

如果条件 F 改为"考分 > 85∧平时分 < 87"，得到一个由元组(001，张三，男，1988 - 09 - 23，87，85)和(002，李四，女，1988 - 09 - 23，87，85)组成的新关系。用数学形式可表示为：

σF( R1( U1) × R2( U2)) = σ$_{考分 > 85∧平时分 < 87}$( R1( U1) × R2( U2))

= {(001，张三，男，1988 - 09 - 23，87，85)，(002，李四，女，1988 - 09 - 23，87，85)}。

（2）投影运算

和传统的集合运算及选取运算不同的是，投影运算(Projection)对关系的列进行运算(垂直方向)，是通过单目运算符"Ⅱ"实现的一种专门的关系运算。投影运算的主要原理是在 R(U)中从左到右开始按照指定顺序，选择出若干属性列并删除冗余的重复元组，组成一个新关系，但这个新关系不是原关系 R(U)的子集。假设 A 为从 R(U)中抽取的属性列，t 为 R(U)中的元组，t[A]为属性列 A 对应的元组，投影运算用数学形式可以表示为：$\Pi A(R) = \{t[A] \mid t \in R(U)\}$。这个新关系的属性个数不大于 R(U)的属性个数，元素个数也不大于 R(U)的元素个数(因为可能需要删除冗余的重复元组)，并且因为在抽取字段组成新关系时，属性的排列顺序可以人为指定，所以新关系属性的排列顺序可能和R(U)不同。

例如，对表 2-6 进行投影运算，抽取的属性列 A = {学号，姓名，性别}，得到 4 个新元组(001，张三，男)、(001，张三，男)、(002，李四，女)和(002，李四，女)，在此基础上，删除冗余的重复元组，所以投影运算的结果是一个由元组(001，张三，男)和(002，李四，女)组成的关系，用数学形式可以表示为：

$$\Pi A(R) = \Pi_{1,2,3}(R) = \{(001,张三,男),(002,李四,女)\}$$

如果抽取的属性列 A = {姓名，学号，性别}，投影运算的结果是一个由元组(张三，001，男)和(李四，002，女)组成的关系，用数学形式可以表示为：

$$\Pi_{2,1,3}(R) = \{(张三,001,男),(李四,002,女)\}$$

(3) 连接运算

关系的连接运算(Join)是在广义笛卡儿积的基础上，通过二目运算符"∞"来实现的一种专门的关系运算，是指从两个关系的广义笛卡儿积中通过算术比较运算符(假如统一以 θ 来表示)或公式(假如统一以 F 来表示)设定的连接条件选取元组，组成一个新的关系。因此，关系的连接运算有 θ 连接和 F 连接两种。

假设关系 R1 的属性集 U1 = {A1，A2，…，An}，其元组集合记为 T1 = {t1，t2，…，ti}，属性子集用 K1 = {AK1，AK2，…，} 来表示，R1(U1)去掉 K1 之外的属性集为¬ K1 = U1/K1；关系 R2 的属性集 U2 = {B1，B2，…，Bm}，其元组集合记为 T1 = {t1，t2，…，tj}，属性子集用 K2 = {BK1，BK2，…，} 来表示，R2(U2)去掉 K2 之外的属性集为¬ K2 = U2/K2；K1 和 K2 中属性列个数相等，并且属性 AK1 与属性 BK1 的域相同，属性 AK2 与属性 BK2 的域相同，……，以此类推，即相对应属性的域相同。则关系 R1(U1)和关系 R2(U2)可以分别表示为：R1(¬ K1，K1)和 R2(¬ K2，K2)。关系 R1(¬ K1，K1)和 R2(¬ K2，K2)在属性集 K1 和 K2 上的连接，就是从 R1(U1)与 R2(U2)的笛卡儿积中通过给定的连接条件 K1θK2 抽取分别对应 K1 属性集上的分量与 K2 属性集上的分量的那些元组，组成一个度为(n + m)的新关系，这就是 θ 连接运算。可用数学形式来表示关系R1(U1)与关系 R2(U2)的 θ 连接运算：R1(U1) ∞ R2(U2) = { ti⌒tj | ti ∈ R1(U1) ∧ tj ∈ R2(U2) ∧ ti[K1]θtj[K2] = 真}。

由于 θ 连接运算是在广义笛卡儿积的基础上按一定的选取条件来实现的，与选取运算很相似，实际上它可以通过选取运算和广义笛卡儿积运算来分解，即 R1(U1) ∞ R2(U2) = $\sigma_{K1\theta K2}$(R1(U1) × R2(U2))。

在 θ 连接运算中，θ 具体可以是" >、≥、<、≤、=、≠ "等运算符，因此 θ 连接运算包括等值连接(Equi - Join)、小于连接、大于连接、小于等于连接、大于等于连接、不等于连接等。其中等值连接运算是 θ 连接运算中是最重要的运算，是指当 θ 取" = "时的连接运算，表示从关系 R1(U1)与 R2(U2)的广义笛卡儿积中抽取 K1、K2 属性值对应相等的那些元组组成一个新的关系。

和 θ 连接运算类似的是 F 连接运算，但 F 连接运算不仅以算术比较运算符来实现的，而且通过设定某一公式"F = F1 ∧ F2 ∧ … ∧ Fn"作为连接条件，从 R1(U1) × R2(U2)中选取属性值满足该条件的那些元组，从而组成一个新的关系。子条件 F1，F2，…，Fn 中的任意一个都是一个 θ 表达式，而 θ 前的操作数和 θ 后的操作数分别是关系 R1(U1)的某个属性的列标号和 R2(U2)的某个属性的列标号。

（4）自然连接运算

在等值连接运算中，自然连接运算（Natural Join）是最常用的，它的特殊性在于关系 R1(U1)与关系 R2(U2)中用于比较的对应分量必须是在同一个属性组中，即连接属性 K1 与 K2 具有相同的属性组，并且通过投影运算把冗余的重复属性列从运算结果中删除，从而得到一个新的关系。即自然连接运算是在相同属性组上通过 θ 等值连接条件，在 R1(U1) × R2(U2)中挑选出一些元组组成一个新关系。自然连接运算不仅对记录行进行了操作而且对字段列进行了操作。假设以 K2 作为关系 R1(U1)与关系 R2(U2)的相同属性组，可以用数学形式来表示关系 R1(U1)与关系 R2(U2)的自然连接运算：

$$R1(U1) * R1(U2) = \{ti \frown tj \mid ti \in R1(U1) \wedge tj \in R2(U2) \wedge ti[K2] = tj[K2] 是真\}$$

如果 K2 为空集合，即 R1(U1)与关系 R2(U2)没有公共的属性，那么上式就是两个关系的广义笛卡儿积运算。

（5）除运算

除运算（Division）又称除法运算。和上面介绍的各种运算不同的是，除运算是通过双目运算符" ÷ "来实现的一种专门的关系运算，即 R1(U1) ÷ R2(U2)就是关系的除法运算形式。假设集合 K1，K2，K3 各为一个属性列组，通过它们组合成两个 R1(K1,K2)和 R2(K2,K3)时，R1(K1,K2)中的 K2 与 R2(K2,K3)中的 K2 的对应属性必须具有相同的域，并且 K2 在 R1(K1,K2)和 R2(K2,K3)中的属性名可以不同；R1(K1,K2)中的元组在 K1 上的分量值 k = ti[K1]的象集为 K2k。那么除运算的主要原理可以理解为所得商是一个以 R1（K1，K2）中的元组在属性集 K1 上的投影来表示的新关系 P(K1)，象集包含关系 R2(K2,K3)在 K2 上投影结果。可以用数学形式来表示关系 R1(K1,K2)和 R2(K2,K3)的除法运算：

$$R1(K1,K2) ÷ R2(K2,K3) = P(K1) =$$
$$\{ti[K1] \mid ti \in R1(K1,K2) \wedge \Pi k(R2(K2,K3)) \subseteq K2k\}。$$

实际上，除法运算是一个非基本的运算，它涉及关系的投影运算、差运算、广义笛卡儿积运算等综合运算操作，如果把上式进行分解，关系 R1(K1,K2)和 R2(K2,K3)的除法运算还可转化为如下数学形式：

$$R1(K1,K2) ÷ R2(K2,K3) =$$
$$\Pi k(R1(K1,K2)) - \Pi k(\Pi k(R1(K1,K2)) \times R2(K2,K32) - R1(K1,K2))$$

## 2.3.2 关系演算

关系代数以数学论为基础，是以数据库系统中的关系模型和关系作为基本的运算对象，运算结果仍为关系的一组复杂运算的集合。关系演算不仅以数据库系统中的关系模型和关系作为基本的运算对象，而且以数理逻辑（又称一阶逻辑）中可以回答命题真假的谓词演算作为基本的查询表达运算形式。谓词可以看作是由函数组成的表达式，例如，R(U)可以表示

U 是人或其他任何实体的属性集合，R(K1，K2)表示 R 可以随着属性子集 K1、K2 变化而变化。根据元数(属性变元)的不同，谓词可以分为一元谓词、二元谓词、三元谓词、多元谓词。关系演算通过对实体或元素(个体)、量词(数量)和谓词(属性)的分析来研究关系，主要是从谓词变元角度来考虑关系的运算。根据谓词变元的不同，关系演算可分为元组关系演算和域关系演算两大类。

### 1. 元组关系演算

元组关系演算通过由一系列原子公式组成的公式所规定的映射条件，以元组变量(即以关系的定长元组为变量)作为谓词变元的基本对象和演算基础。如果把 t 看作是关系 R(U) 的元组变量，映射条件以若干原子公式所组成的公式 F 来表示，那么元组关系演算的一般表达式(简称元组表达式)仍然是一个元组集合 $T = \{t \mid F(t)，t \in R(U)\}$。

在元组关系演算中，由一系列原子公式组成的公式是可以进行有限次递归定义的多元谓词，即一个公式中可以只包含一个原子公式，也可以包含用逻辑运算符连接的若干原子公式，还可以是用存在量词和全称量词连接的表达式。当各种类型的原子公式混合在一起时，每个原子公式都要区别开，其中括号优先级是最高的，算术比较运算符次之，量词再次之(∃、∀ 按从高到低级别)，逻辑运算符级别最低(¬、∧、∨ 按从高到低级别)。

关于元组关系演算原子公式的具体表达式，有下列 3 种基本形式。

(1) 以定长元组作为变元的基本关系表达式

R 是某个关系的名称，$T = \{t1，t2，\cdots，tn\}$ 是该关系的定长元组的集合，即元组变量用 ti 来表示($i = 1，2，\cdots，n$)，该关系可以用 R(ti) 来表示。R(ti) 就表示一个以定长元组作为变量的原子公式，表达了 ti 是关系 R 的一个元组这一简单命题，表示关系 R 由全部的 ti 组成。

(2) 以元组变量作为变元的 θ 连接表达式

以 ti[a] 和 tj[b] 分别表示元组变量 ti 的第 a 个分量和元组变量 tj 的第 b 个分量，原子公式可以用 ti[a]θtj[b] 来表示，表达了元组 ti 的第 a 个分量和元组 tj 的第 b 个分量满足 θ 连接这一命题。例如，ti[2]≠tj[4] 表示元组 ti 的第 2 个分量不等于元组 tj 的第 4 个分量这一条件，并按这一条件取出相关元组组成一个新的关系。

(3) 以元组分量和常量为操作数的 θ 连接表达式

以 ti[a] 来表示元组变量 ti 的第 a 个分量，A 表示一个常量，原子公式以 ti[a]θA 或 Aθti[a] 来表示，表达了元组 ti 的第 a 个分量与常量 A 满足 θ 连接这一简单命题。

例如，ti[5]≥85 表示 ti 的第 5 个分量大于等于 85，并按这一条件取出相关元组组成一个新的关系。

需要注意的是，如果元组变量 ti 不带存在量词 ∀ 或全称量词 ∃，即不存在 ∃ti 或 ∀ti 的形式，那么 ti 被称为自由元组变量，否则就是约束元组变量(即至少有一个元组使得公式为真或所有的元组都使公式为真)。

在数据库系统的实际应用中，元组关系演算一般是通过元组关系演算语言实现的，最典型的元组关系演算语言是 QUEL 和 E. F. Codd 提出的 ALPHA 语言。ALPHA 语言是以谓词公式来定义查询要求的，主要应用于数据库的简单查询、条件查询、排序查询、定额查询、带元组变量的查询、带存在量词的查询、库函数查询等操作，以及数据库的修改、插入和删除等更新操作。具体情况读者可以参考相关文献。

### 2. 域关系演算

和元组关系演算通过由一系列原子公式组成的公式所规定的映射条件并以元组变量作为操作的基本对象和演算基础不同的是，域关系演算通过公式所规定的映射条件以域为变量，即域变量(域变元)是指以某个元组的分量的某个变化范围(值域)作为变量，它从属性的域中取值，而不是从整个元组或整个关系取值。如果关系 R(t) 的域的集合为 D = $\{D1, D2, \cdots, Di\}$，元组集 T1 = $\{tn \mid tn \in R(U)\}$，元组 tn 的分量分别以 $tn[1]$，$\cdots$，$tn[i]$ 来表示，即 tn = $\{tn[1], \cdots, tn[i]\}$，以 P 表示所规定的限制条件公式，每个分量 $tn[i]$ 都引进一个域变量 $tn_i$，即以 $tn_i$ 表示分量 $tn[i]$ 的值变化范围变量(域变量，即 $tn_i \in$ 域 D1)，那么用数学集合表示的域关系演算的一般表达式为：$\{tn_1, \cdots, tn_i \mid P(tn_1, \cdots, tn_i)\}$，所得结果是域的集合或说使 P 为真的域变量 $tn_1$，$\cdots$，$tn_i$ 组成的元组的集合，意思是域集合中每个域变量的取值关系满足公式 P 所规定的条件，这是一个多元谓词。

和元组关系演算相同的是，在域关系演算中，由一系列原子公式组成的公式是可以进行有限次递归定义的多元谓词，即一个公式中可以只包含一个原子公式，也可以包含用逻辑运算符连接的若干原子公式，还可以是用存在量词 ∃ 和全称量词 ∀ 连接的表达式。当各种类型的原子公式混合在一起时，每个原子公式都要区别开，其中括号优先级是最高的，算术比较运算符次之，量词再次之(∃、∀ 按从高到低级别)，逻辑运算符级别最低(¬、∧、∨ 按从高到低级别)。

关于域关系演算原子公式的具体表达式，有下列 3 种基本形式。

(1) 以域变量作为变元的基本关系表达式

以域变量作为变元的原子公式即以 $R(tn_1, \cdots, tn_i)$ 的形式标记关系，其中 $tn_1$，$\cdots$，$tn_i$ 分别是对应于分量 $tn_1$，$\cdots$，$tn_i$ 的域变量，指明了对应分量的变化范围或常量。

(2) 以域变量作为变元的 θ 连接表达式

以 $tn_i$ 和 $tn_j$ 来分别表示 2 个域变量，原子公式可以用 $tn_i \theta tn_j$ 来表示，表达了 $tn_i$ 和 $tn_j$ 满足 θ 连接这一条件。例如，$tn_4 \neq tn_5$ 表示元组 tn 的第 4 个分量不等于第 5 个分量这一条件，并按这一条件取出相关元组组成一个新的关系。

(3) 以元组分量和常量为操作数的 θ 连接表达式

以 $tn_i$ 表示元组变量 tn 的第 i 个分量的域变量，A 表示一个常量，原子公式以 $tn_i \theta A$ 或 $A \theta tn_i$ 来表示，表达了元组 tn 的第 i 个分量的域变量与常量 A 满足 θ 连接这一简单命题。例如，$tn_4 \geq 85$ 表示 tn 的第 4 个分量大于等于 85，并按这一条件取出相关元组组成一个新的关系。例如，查询学生关系中性别为'男'的全班学生的姓名，域关系演算表达式为：

$\{t1 \mid R(t1, t2, t3, t4, t5) \land t3 = '男'\}$。

需要注意的是，如果域变量 $tn_i$ 不带存在量词 ∃ 或全称量词 ∀，即不存在 $\exists tn_i$ 或 $\forall tn_i$ 的形式，那么 $tn_i$ 被称为自由元组变量，否则就是约束元组变量(即至少有一个域变量使得公式为真或所有的域变量都使公式为真)。

在数据库系统的实际应用中，元组关系演算一般是通过域关系演算语言 QBE 来实现的。具体情况读者可以参考相关文献。

# 小结

本章从数学集合论角度介绍了关系数据结构的形式化定义，以及和关系模型有关的域、笛卡儿积、关系这几个基本概念。关系模式是对关系结构框架的一个整体性、抽象层次的描述(或称为表框架),数据库数据的具体值是关系模式在某时刻产生的某个二维表结构的关系实现的。关系的候选键必须满足唯一性和最小性,而主关系键保证了进行元组查询、插入、修改或删除操作时的唯一性标记。一般来说,一个关系数据库应该通过实体完整性、参照完整性和用户定义的完整性规则保证数据结构和数据内容的完整性。关系代数以数学论为基础,是以数据库系统中的关系模型和关系作为基本的运算对象、运算结果仍为关系的一组复杂运算的集合;关系演算是以数理逻辑(又称一阶逻辑)中可以回答命题真假的谓词演算作为基本的查询表达运算形式。

# 习题

**一、选择题**

1. 有关域的说法,错误的是(          )。

A. 属性值在域中有排列次序                        B. 域就是字段值的集合

C. 域中元素的个数称为域的基数                    D. 域 D1 = {001,002,002},则基数为 3

2. 有关关系模式和关系数据库的说法,正确的是(          )。

A. 关系数据库是对关系结构框架的一个整体性、抽象层次的描述

B. 关系数据库又可以称为表框架,仅仅是固定地、静态地指出了关系由哪些属性构成,数据类型是什么

C. 数据库数据具体值是关系模式在某时刻产生的某个二维表结构的关系实现的

D. 通过一个关系模式,得到的若干个不同类的关系,这些关系是随时间和用户的不同操作而不断变化的

3. 候选键的最小性是指 (          )。

A. 任一属性都可以移走

B. 最小超键,即满足最小性的候选键

C. 可能存在真子集

D. 存在多余属性的超键

4. 用"学号"字段作为主关系键来唯一性地标记一个元组时,其属性域 (          )。

A. 元素的个数必须等于实体集合中元素的个数,即表中记录的个数

B. 任一元素都可删除

C. 元素个数小于实体集元素个数

D. 可以是一个空集合

5. 假设关系 R1(U1)和关系 R2(U2)的结构和内容分别如下所示:

| 学号 | 姓名 | 性别 |
|------|------|------|
| 001 | 张三 | 男 |
| 002 | 李四 | 女 |

| 出生年月 | 考分 | 平时分 |
|----------|------|--------|
| 1988 – 09 – 23 | 87 | 85 |
| 1989 – 11 – 02 | 85 | 87 |

则关系 R1(U1) 与关系 R2(U2) 的广义笛卡儿积可以表示为（　　）。

A. {(001,张三,男,1988 - 09 - 23,87,85)、(001,张三,男,1989 - 11 - 02,85,87)、(002,李四,女,1988 - 09 - 23,87,85)、(002,李四,女,1989 - 11 - 02,85,87)}

B. {(001,张三,男,1988 - 09 - 23,87,85)、(001,张三,男,1989 - 11 - 02,85,87)、(002,李四,女,1988 - 09 - 23,87,85)}

C. {(001,张三,男,1989 - 11 - 02,85,87)、(002,李四,女,1988 - 09 - 23,87,85)、(002,李四,女,1989 - 11 - 02,85,87)}

D. {(001,张三,男,1988 - 09 - 23,87,85)、(002,李四,女,1989 - 11 - 02,85,87)}

6. 对表 2-6 进行选取运算，选取条件 F 是"考分 > 85 $\wedge$ 平时分 < 87"，得到的表示式，可以为（　　）。

A. $\sigma F(R1(U1) \times R2(U2)) = \{$ (001，张三，男，1989 - 11 - 02，87，85)，(002，李四，女，1988 - 09 - 23，87，85)$\}$

B. $\sigma F$ (R1 (U1) $\times$ R2 (U2)) $= \{$(001，张三，男，1988 - 09 - 23，87，85)，(002，李四，女，1988 - 09 - 23，87，85)$\}$

C. $\sigma F$ (R1 (U1) $\times$ R2 (U2)) $= \{$(001，张三，男，1988 - 09 - 23，87，85)，(002，李四，女，1989 - 11 - 02，87，85)$\}$

D. $\sigma F$ (R1 (U1) $\times$ R2 (U2)) $= \{$ (001，张三，男，1988 - 09 - 23，87，85)$\}$

7. 假设 $ti[a]$ 和 $tj[b]$ 来分别表示元组变量 $ti$ 的第 $a$ 个分量和元组变量 $tj$ 的第 $b$ 个分量，原子公式可以用 $ti[a]\theta tj[b]$ 表示，下列说法不正确的是（　　）。

A. 原子公式表达 $ti$ 的第 $a$ 个分量和元组 $tj$ 的第 $b$ 个分量满足 $\theta$ 连接

B. $ti[2] \neq tj[4]$ 表示元组 $ti$ 的第 2 个分量不等于元组 $tj$ 的第 4 个分量

C. $ti[a]\theta tj[b]$ 这种表达方式是非法的

D. 运算按 $ti[a]\theta tj[b]$ 这一条件取出相关元组组成一个新的关系

8. 假设以 $ti$ 表示元组 $t$ 的第 $i$ 个分量的域变量，下列说法正确的是（　　）。

A. 一个公式中可以只包含一个原子公式，但不可以包含用逻辑运算符连接的若干原子公式

B. 原子公式以 $ti\theta4$ 表示 $t$ 的第 $i$ 个分量的域变量与常量 4 是逻辑运算

C. 一个公式中可以包含用逻辑运算符连接的若干原子公式，但不存在用量词 $\exists$ 和全称量词 $\forall$ 连接的表达式

D. 原子公式 $ti \geq 4$ 表示 $ti$ 的分量大于等于 4，并按这一条件取出相关元组组成一个新的关系

## 二、简答题

1. 什么是域、笛卡儿积、关系？请简单叙述它们的定义。

2. 关系具有哪些性质？

3. 什么是关系模式，关系数据库和关系数据库模式？

4. 如何定义候选键、主键与外部关系键？

5. 关系模型的完整性规则的作用分别是什么？

6. 什么是关系运算，关系代数和关系演算？

7. 关系代数包括哪两大类运算，具体涉及哪些运算？

8. 简述元组关系演算和域关系演算的区别。

9. 关系演算的公式和原子公式的形式是如何描述的？

### 三、实训题

实训一：求解属性域的笛卡儿积。

实验目的：掌握属性域笛卡儿积的相关求解规则。

实训内容：假设"学号"域 D1 = {001，002，003，003}，"姓名"域 D2 = {张三，李四}，"性别"域 D3 = {男，女}。

实训要求：求解笛卡儿积 D1 × D2 × D3，并建立 Access 表格。

实训二：关系运算求解。

实验目的：

（1）掌握传统的集合运算和专门的关系运算的相关求解规则；

（2）掌握元组关系演算和域关系演算的相关求解规则。

实训内容：假设关系 S1(U) 和 S2(U) 的属性集 U = {学校编号，学校名称，所在城市}，S1(U) 的元组集为 T1 = {（20201，浙江大学，杭州），（20203，浙江师范大学，金华），（20204，温州大学，温州），（20206，温州职业技术学院，温州）}，S2(U) 的元组集为 T2 = {（20202，浙江工业大学，杭州），（20205，杭州师范学院，杭州），（20206，温州职业技术学院，温州），（20207，浙江工商职业技术学院，宁波）}。

实训要求：求解下列运算的运算结果，并分别建立 Access 表格。

（1）求解 $S1(U) \cup S2(U) = \{t \mid t \in S1(U) \lor t \in S2(U)\}$。

（2）求解 $S1(U) - S2(U) = \{t \mid t \in S1(U) \land \neg t \in S2(U)\}$。

（3）求解 $S1(U) \cap S2(U) = \{t \mid t \in S1(U) \land t \in S2(U)\}$。

（4）求 $S1(U) \times S2(U) = \{t_i \frown t_j \mid t_i \in S1(U) \land t_j \in S2(U)\}$。

（5）假设选取条件 F 是"所在城市 = '温州'"，求解 $\sigma F(S1(U))$。

（6）假设抽取的属性列 A = {学校名称，学校编号，所在城市}，求解 $\Pi A\ (S1(U))$。

（7）假设 S1(U) ∪ S2(U) 所得的关系 R 的元组变量以 t 来表示，即关系表现为 R(t) 形式，以 $t_i[3]$ 来表示关系 R 的第 i 个元组变量的第 3 个分量，限制条件 F 为 $t_i[3]$ = '杭州'，求解元组关系演算。

（8）设 S1(U) ∪ S2(U) 所得的关系 R 的元组变量以 t 来表示，其分量分别以 t[1]，t[1]，t[3] 来表示，它们的值域分别为 D1、D2、D3，即关系表现为 R(D1、D2、D3) 形式，限制条件 F 为 D3 = {宁波}，求解域关系演算。

（9）假设 S1(U) 中的元组以 t 表示，即 S1(U) 被表示为 S1(t) 形式，其分量分别以 t[1]，t[1]，t[3] 来表示；S2(U) 中的元组以 s 表示，即 S2(U) 被表示为 S2(s) 形式，其分量分别以 s[1]，s[1]，s[3] 来表示。

求解 $\{t \mid (\exists s)(S1(t) \land S2(s) \land t[1] = s[1])\}$ 的运算结果。

求解 $\{t \mid (\exists s)(S1(t) \land S2(s) \land t[3] \neq s[3])\}$ 的运算结果。

# 第3章 关系数据库规范化理论

**本章要点：**

☑ 函数依赖
☑ 范式和规范化
☑ 关系模式分解

假设要把一组数据存储到数据库中，则应该如何描述这些数据并为它们设计一个合适的逻辑结构。在关系数据库系统中，可以设计多个有关联的关系表及适当的属性。本章主要介绍的关系模式的规范化设计问题就为此作出了科学的规范与指导。

## 3.1 问题的提出

假设以某大学学生选修课程为例，存在关系 ST：

ST（NO，NAME，SEX，CNO，CNAME，DEGR）。

ST 表示"学生表"的表名，其中对应的各个属性依次表示学号、姓名、性别、课程号、课程名和成绩。该关系的主码为（NO，CNO），表 3-1 列出了部分记录。

**表 3-1 关系 ST 结构及数据**

| NO | NAME | SEX | CNO | CNAME | DEGR |
|---|---|---|---|---|---|
| S010002 | 张强 | 男 | C108 | C 语言 | 84 |
| S010002 | 张强 | 男 | C206 | 数据库原理与应用 | 92 |
| S010008 | 陈菲 | 女 | C206 | 数据库原理与应用 | 86 |
| S010008 | 陈菲 | 女 | C108 | C 语言 | 87 |
| S010005 | 陈凯 | 男 | C108 | C 语言 | 78 |
| S010003 | 李斌 | 男 | C206 | 数据库原理与应用 | 83 |

从表 3-1 中，可以发现这个关系模式存在以下几个问题。

### 1. 数据冗余

数据冗余就是指数据库中存在重复存储数据的情况。

当一个学生选修多门课程或多个学生选修同一门课程时就会出现数据冗余。例如，表中第 1、2、3 条记录：（"S010002"，"张强"，"男"，"C108"，"C 语言"，84）、（"S010002"，"张强"，"男"，"C206"，"数据库原理与应用"，92）、（"S010008"，"陈菲"，"女"，"C206"，"数据库原理与应用"，86），其中的 NAME、SEX 和 CNAME 等属性都出现了多次重复存储。

### 2. 不一致性

由于数据存储冗余，当更新某些数据项时，就有可能修改某些字段，而另一些字段未修改，从而造成存储数据的不一致性。例如，当把记录：("S010002"，"张强"，"男"，"C206"，"数据库原理与应用"，92)修改为("S010002"，"张强"，"女"，"C206"，"数据库原理与应用"，92)时，表中出现学号与姓名相同但性别却不同的记录，这就造成了数据的不一致。

### 3. 插入异常

根据关系数据模式规定主码不能为空或部分为空的原则，如果某个学生未选修课程，则其 NO、NAME 和 SEX 属性的值无法插入，因此当 CNO 为空时会出现插入异常。例如，假设有一个学号为 S010011 的新生"李浩"，由于尚未选课，故不能插入关系 ST 中。因此，导致该学生的学号、姓名、性别等基本信息也无法存放。

### 4. 删除异常

当要删除所有学生成绩时，相应记录的所有 NO、NAME 和 SEX 属性的值也都相应的删除了，这便是删除异常。例如，关系 ST 中只有一条学号为 S010005 的学生记录：("S010005"，"陈凯"，"男"，"C108"，"C 语言"，78)，现在将其成绩删除，由于没有其他地方存放该学生的其他信息，因此学生"陈凯"的基本信息也被删除了，这就是删除异常。

为了克服以上这些异常现象，可以将 ST 关系分解为以下 3 个关系：

ST1(NO,NAME,SEX)，主码为(NO)或简写为 NO；

ST2(NO,CN0,DEGR)，主码为(NO,CNO)；

ST3(CN0,CNAME)，主码为(CNO)或简写为 CNO。

做了这样的分解后，再来看看如上所述的异常问题。首先是数据冗余问题，对于选修多门课程的学生，在关系 ST1 中只有一条该学生的记录，只需在关系 ST2 中存放对应的成绩记录，同一学生的 NAME 和 SEX 不会重复出现。由于在关系 ST3 中存放 CNO 和 CNAME，所以关系 ST2 中不需再存放 CNAME，从而避免出现 CNAME 的数据冗余。

数据不一致性的问题主要是由于数据冗余引起的，只要解决了数据冗余，数据不一致性的问题自然就解决了。

由于关系 ST1 和关系 ST2 是分开存储的，如果某个学生未选修课程，可将其 NO、NAME 和 SEX 属性的值插入到关系 ST1 中，由于关系 ST2 中没有该学生的记录，因此不存在插入异常问题。

同样，当要删除所有学生成绩时，只从关系 ST2 中删除对应的成绩记录，而关系 ST1 基本保留，从而解决了删除异常问题。

根据以上分析将关系 ST 分解为关系 ST1、ST2 和 ST3 后，所有异常问题就解决了，因为 ST 关系中的某些属性之间存在数据依赖，而分解后则不存在数据依赖了。数据依赖是现实世界事物之间的相互关联性的一种表达，是属性的固有语义的体现。人们只有对一个数据库所要表达的现实世界进行认真的调查与分析，才能归纳出与客观事实相符合的数据依赖。现在人们已经提出了许多类型的数据依赖，其中最重要的是函数依赖（FD）。

# 3.2 函数依赖

## 3.2.1 函数依赖的定义

### 1. 函数依赖

设 R(U) 是属性集 U 上的关系模式。X，Y 是 U 的子集。对于 R(U) 的任意一个可能的关系 r，若 r 中存在满足如下条件的两个元组：属性值可能与 X 中的属性值相同，而与 Y 中的属性值不同，则称 x 函数确定 Y 或 Y 函数依赖于 X，记作 X→Y。

例如，在职工关系中，职工号是唯一的，也就是说，不存在职工号相同，而姓名不同的职工元组，因此有：职工号→姓名。

在前面的关系 ST 中，显然有：(NO,CNO)→DEGR，即不存在一个学生选修一门课程而获得多个成绩 DEGR。同理有：NO→NAME，NO→SEX，CNO→CNAME。如图 3-1 所示，其函数依赖集为：F = {NO→NAME,NO→SEX,CNO→CNAME,(NO,CNO)→DEGR}。

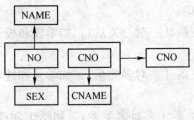

图 3-1 函数依赖

### 2. 平凡函数依赖

设 X→Y 是一个函数依赖，若 Y⊆X，则称 X→Y 是一个平凡函数依赖。

例如，在前面的关系 ST 中，显然有：(NO,CNO)→NO,(NO,CNO)→CNO，这些都是平凡函数依赖关系。

### 3. 完全函数依赖

设 X→Y 是一个函数依赖，并且对于任何 X'⊂X,X'→Y 都不成立（记为 Y ⇸ z），则称 X→Y 是一个完全函数依赖。即 Y 函数依赖于整个 X，记作 x $\xrightarrow{f}$ Y。

在前面的关系 ST 中，(NO,CNO)→DEGR，但 NO→DEGR 和 CNO→DEGR 均不存立，即学生学号 NO 或课程号 CNO 都不能唯一确定一个学生的成绩 DEGR。所以 (NO, CNO)→DEGR 是完全函数依赖关系，记为：(NO, CNO) $\xrightarrow{f}$ DEGR。

### 4. 部分函数依赖

设 X→Y 是一个函数依赖，但不是完全函数依赖，则称 X→Y 是一个部分函数依赖，或称 Y 函数依赖于 X 的某个真子集，记作 X $\xrightarrow{p}$ Y。

例如，在前面的关系 ST 中，(NO, CNO)→NAME，而对于每个学生都有唯一的 NO 值，所以有 NO→NAME。因此，(NO, CNO)→NAME 是部分函数依赖。记为：(NO,

CNO) $\xrightarrow{p}$ NAME。

### 5. 传递函数依赖

设 R（U）是一个关系模式，X，Y，Z⊆U，如果 X→Y（Y⊄X，Y↛X），Y→Z 成立，则称 Z 传递函数依赖于 X，记为 X $\xrightarrow{t}$ Z。

例如，有以下班级关系：

班级（班号，专业名，系名，人数，入学年份）

其中，主码是"班号"。

经分析，可以推出以下这些依赖：班号→专业名，班号→人数，班号→入学年份，专业名→系名。又因为"班号→专业名，专业名↛班号，专业名→系名"，所以还可以推出：班号 $\xrightarrow{t}$ 系名。

## 3.2.2　函数依赖与属性关系

属性之间有 3 种关系，但并不是每一种关系中都存在函数依赖。设 R(U) 是属性集 U 上的关系模式，X，Y 是 U 的子集：

如果 X 和 Y 之间是 1:1 关系（一对一关系），如学校和校长之间就是 1:1 关系，则存在函数相互依赖 X→Y 和 Y→X。

如果 X 和 Y 之间是 1:n 关系（一对多关系），如学号和姓名之间就是 1:n 关系，则存在函数依赖 X→Y。

如果 X 和 Y 之间是 m:n 关系（多对多关系），如学生和课程之间就是 m:n 关系，则 X 和 Y 之间不存在函数依赖。

**【例 3-1】** 求函数依赖关系。

设有以下学生关系：

学生（学号，姓名，出生年月，系名，班号，宿舍区）

其中，主码为"学号"，试分析其中的各种函数依赖关系。

**解：**

由属性之间的关系可推出函数依赖关系：

学号→姓名，学号→出生年月，学号→班号，班号→系名，系名→宿舍区。

学号→系名，系名↛学号，系名→宿舍区，所以有：学号 $\xrightarrow{t}$ 宿舍区。

班号→系名，系名↛班号，系名→宿舍区，所以有：班号 $\xrightarrow{t}$ 宿舍区。

学号→班号，班号↛学号，班号→系名，所以有：学号 $\xrightarrow{t}$ 系名。

## 3.2.3　Armstrong 公理

为了从一组函数依赖中求得逻辑蕴涵的函数依赖，例如已知函数依赖集 F，若要问其是否蕴涵 X→Y，则需要一套推理规则，这组推理规则就是 1974 年首先由 Armstrong 提出来的 Armstrong 公理。

Armstrong 公理表述如下：设 A、B、C、D 是给定关系模式 R 的属性集的任意子集，并把 A 和 B 的并集 A∪B 记为 AB，则其推理规则可归结为以下 3 条。

自反律：如果 B⊆A，则 A→B。这是一个平凡的函数依赖。

增广律：如果 A→B，则 AC→BC。

传递律：如果 A→B 且 B→C，则 A→C。

由 Armstrong 公理可以得到以下推论。

自合规则：A→A。

分解规则：如果 A→BC，则 A→B 且 A→C。

合并规则：如果 A→B，A→C，则 A→BC。

复合规则：如果 A→B，C→D 成立，则 AC→BD。

【例 3-2】　假设有关系模式 R，A、B、C、D、E、F 是它的属性集的子集，R 满足下列函数依赖：F = {A→BC，CD→EF}，证明：函数依赖 AD→F 成立。

证明：

（1）A→BC　　　　给定条件

（2）A→C　　　　　利用分解规则

（3）AD→CD　　　 利用增广律

（4）CD→EF　　　　给定条件

（5）AD→EF　　　　利用传递律

（6）AD→F　　　　 利用分解规则

## 3.2.4　闭包及其计算

### 1. 逻辑蕴涵

设 F 是关系模式 R 的一个函数依赖集，X，Y 是 R 的属性子集，如果从 F 中的函数依赖能够推出 X→Y，则称 F 逻辑蕴涵 X→Y。

### 2. 闭包

被 F 逻辑蕴涵的函数依赖的全体构成的集合，称为 F 的闭包，记为 F+。

设 F 是属性集 U 上的一组函数依赖，X⊆U，则属性集 X 关于 F 的闭包定义为 $X_F^+$ = {A|A∈U 且 X→A 可由 F 经 Armstrong 公理导出}，即 $X_F^+$ = {A|X→A∈F +}。

定理：设关系模式 R(U)，F 为其函数依赖集，X，Y⊆U，则从 F 推出 X→Y 的充要条件是 Y⊆$X_F^+$。

以下是一个求 $X_F^+$ 的算法。

算法：求属性集 X 关于函数依赖 F 的属性闭包 $X_F^+$。

输入：关系模式 R（U）属性集 X 和函数依赖集 F。

输出：$X_F^+$。

方法：按下列步骤计算属性集序列 X(i)(i = 0,1,…)。

（1）令 X(0) = X,i = 0。

（2）求属性集 B = {A|(∃V)(∃W)(V→W∈F∧V⊆$X^{(i)}$∧A∈W)}。

即在 F 中寻找尚未用过的左边是 X(i) 的子集的函数依赖：Yj – zi(j = 0,1,…,k)，其中 Yj⊆X(i)。再在 $Z_i$ 中寻找 $X^{(i)}$ 中未出现过的属性构成属性集 B。若集合 B 为空，则转（4）。

（3）$X^{(i+1)} = B \cup X^{(i)}$，也可以直接表示为 $X^{(i+1)} = Bx^{(i)}$ 或 $X^{(i+1)} = X^{(i)}B$。

（4）判断 $X^{(i+1)} = X^{(i)}$ 是否成立，若不成立则转（2）。

（5）输出 $X^{(i)}$，即为 $X_F^+$。

对于（2）的计算停止条件，以下 4 种方法是等价的。

● $X^{(i+1)} = X^{(i)}$。

● 当发现 $X^{(i)}$ 包含了全部属性时。

● 在 F 中的函数依赖的右边属性中再也找不到 $X^{(i)}$ 中未出现过的属性。

● 在 F 中未用过的函数依赖的左边属性已没有 $X^{(i)}$ 的子集。

【例3-3】　设有关系模式 R（U），其中 $u = \{A, B, C, D, E, I\}$，函数依赖集 F = $\{A \rightarrow D, AB \rightarrow E, BI \rightarrow E, CD \rightarrow I, E \rightarrow C\}$，$X = AE$，计算 $X_F^+$。

解：

首先有 $X^{(0)} = AE$。

在 F 中找出左边是 AE 子集的函数依赖，其结果是 $A \rightarrow D$，$E \rightarrow C$，则 $X^{(1)} = X^{(0)}DC = ACDE$，显然 $X^{(1)} \neq X^{(o)}$。

在 F 中找出左边是 ACDE 子集的函数依赖，其结果是 $CD \rightarrow I$，则 $X^{(2)} = X^{(1)}I = ACDEI$。

虽然 $X^{(2)} \neq X^{(1)}$，但 F 中未用过的函数依赖的左边属性已没有 $X^{(2)}$ 的子集，所以不必再计算下去，即 $X_F^+ = ACDEI$。

【例3-4】　设有关系模式 R（U），其中 $u = \{A, B, C, D, E, F\}$；$F = \{A \rightarrow BC, E \rightarrow CF, B \rightarrow E, CD \rightarrow EF\}$，$X = AB$，计算 $X_F^+$。

解：

首先有 $X^{(0)} = AB$；

在 F 中找左边是 AB 的子集的函数依赖，其结果是 $A \rightarrow BC$，$B \rightarrow E$，则 $X^{(1)} = X^{(0)}BCE = ABCE$；

在 F 中找左边是 ABCE 的子集的函数依赖，其结果是 $A \rightarrow BC$，$B \rightarrow E$ 和 $E \rightarrow CF$，则 $X^{(2)} = X^{(1)}BCECF = ABCEF$；

在 F 中找左边是 ABCEF 的子集的函数依赖，其结果是 $A \rightarrow BC$，$B \rightarrow E$ 和 $E \rightarrow CF$，则 $X^{(3)} = X^{(2)}BCECF = ABCEF$；

$X^{(3)} = X^{(2)}$，则算法结束，$X_F^+ = ABCEF$。

定义：一个关系模式 R（U）上的两个依赖集 F 和 G，如果 $F^+ = G^+$，则称 F 和 G 是等价的，记作 $F \equiv G$。

如果函数依赖集 $F \equiv G$，则称 G 是 F 的一个覆盖；反之亦然。

两个等价的依赖集在表示能力上是完全相同的。

# 3.3　范式和规范化

## 3.3.1　范式

范式来自英文 Normal Form 简称 NF。要想设计一个好的关系，必须使其满足一定的约束条件，该约束即形成了规范，它可分成第一范式、第二范式、第三范式等几个等级，一级比一级要求严格。满足最低要求的关系属于第一范式，在此基础上又满足了某种条件，达到第二范式标准，则称它属于第二范式的关系，……，直到第五范式。显然满足较高条件者必须满足较低范式条件。一个较低范式的关系，可以通过关系的无损分解转换为若干个较高级范式关系的集合，这一过程被称作关系规范化。一般情况下，第一范式和第二范式的关系尚存在着许多不合理的地方，因此实际的关系数据库一般都使用第三范式以上的关系。

## 3.3.2  范式的判定条件与规范化

### 1. 第一范式（1NF）

满足第一范式的关系是从任何关系必须遵守的基本性质演算而来的。

假设 R 是一个关系模式，则当且仅当 R 中每一个属性 A 的值域只包含原子项，即不可分割的数据项时，R 属于第一范式。

本章前面给出的学生关系 ST 就是 1NF 的关系，因为关系 ST 的每一个属件的值域只包含原子项。但由于它存在数据冗余大、数据不一致、插入异常和删除异常等问题，所以 1NF 的关系不是一个合理的关系，对学生关系 ST 的限制太少，造成其中存放的信息太杂。即学生关系 ST 的属性之间存在着完全、部分、传递 3 种不同依赖情况，正是这种原因造成 ST 关系信息太杂乱。

改进的方法是消除同时存在于一个关系中的各个属性间的不同依赖情况，通俗地说，就是使一个关系表示的信息单纯一些。正如前面所分析的，将 ST 关系分解为 ST1、ST2 和 ST3 3 个关系后，问题就得到了解决。

### 2. 第二范式（2NF）

第二范式是基于第一范式演算而来的。假设 R 是一个关系模式，当且仅当 R 是 1NF，且每个非主属性都完全依赖于主码，即不存在部分函数依赖时 R 属于第二范式。

例如，本章前面给出的学生关系 ST，主码为（NO，CNO），虽然有（NO，CNO）$\xrightarrow{f}$ 与 DEGR，但是也存在（NO，CNO）$\xrightarrow{p}$ SEX，（NO，CNO）$\xrightarrow{p}$ CNAME，因此，它不满足 2NF 的条件，所以不属于 2NF。

一个不属于 2NF 的关系模式会产生插入异常、删除异常和修改异常，并伴有大量的数据冗余。可以通过消除关系中非主属性对主码的部分依赖，使之满足 2NF。较为直接的解决办法就是投影分解，且分解后不应丢失原来信息，也就是说，经连接运算后仍能恢复原关系的所有信息，这种操作称为关系的无损分解。假设给定关系模式 R（A，B，C，D），关键字为 {A，B}，若 R 存在函数依赖 A→D，则 R 不属于 2NF。将此关系 R 模式进行投影分解为两个关系 $R_1$ 和 $R_2$：

$R_1$(A,D)　　　　　　主码为(A)

$R_2$(A,B,C)　　　　　主码为(A,B)，A 是 $R_2$ 关于 $R_1$ 的外码

则 $R_1$、$R_2$ 都属于 2NF，利用外码 A 连接 $R_1$ 和 $R_2$ 可重新得到 R，即 $R = R_1 \bowtie R_2$。

### 3. 第三范式（3NF）

第三范式是基于第二范式演算而来的，假设 R 是一个关系模式，当且仅当 R 是 2NF，

且每个非主属性都非传递函数依赖于主码，即不存在传递依赖时 R 属于第三范式。

R 属于 3NF 可理解为 R 中的每一个非主属性既不部分依赖于主码，也不传递依赖于主码。这里，不传递依赖蕴涵着不互相依赖。显然本章前面给出的学生关系 ST 不属于 3NF。

只属于 2NF 而非 3NF 的关系模式也会产生数据冗余及操作异常的问题。一个属于 2NF 但不属于 3NF 的关系模式总可以分解为一个由一些属于 3NF 的关系模式的集合。也可利用投影消除非主属性间的传递函数依赖。假设有关系模式 R(A,B,C)，主码为（A），满足函数依赖 B→C，且 B→A，则 R 不属于 3NF。可将 R 分解为如下的关系 $R_1$ 和 $R_2$：

$R_1$(B,C)主码为（B），$R_1$ 属于 3NF。

$R_2$(A,B)主码为（A），$R_2$ 属于 3NF。

且关系 $R_1$ 和 $R_2$ 连接可以重新得到关系 R，即 $R = R_1 \infty R_2$。

如上所述，3NF 的关系已排除了非主属性对于主码的部分依赖和传递依赖，从而使关系表达的信息单一，因此，一般情况下满足 3NF 的关系数据库能达到令人满意的效果。但是 3NF 仅对非主属性与候选码之间的依赖作了限制，而对主属性与候选码的依赖关系没有任何约束。这样，当关系具有几个组合候选码，而候选码内属性又有一部分互相覆盖时，仅满足 3NF 的关系仍可能发生异常，这时就需要用更高的范式去限制它。

### 4. BC 范式

对于关系模式 R，若 R 中的所有非平凡的、完全的函数依赖的决定因素是码且满足如下条件：

- R 中任意非主属性对任一个码都是完全函数依赖；
- R 中任意主属性对任一个不包含它的码也是完全函数依赖；
- R 中没有任何属性完全函数依赖于非码的所有属性。

则称 R 属于 BC 范式。

若关系模式 R 属于 BCNF，则 R 中不存在任何属性对码的传递依赖和部分依赖，所以 R 也属于 3NF。因此，任何属于 BCNF 的关系模式一定属于 3NF，反之则不然。

BCNF 消除了一些原来在 3NF 定义中仍可能存在的问题，而且 BCNF 的定义没有涉及 1NF、2NF、主码及传递依赖等概念，更加简洁。3NF 和 BCNF 是在函数依赖的条件下关系模式分解所能达到的分离程度的度量。若关系模式 R ∈ BCNF，则在函数依赖范畴内，它已实现了彻底地分离，已消除了插入和删除异常。例如，本章前面给出的学生关系 ST，分解成关系 ST1、ST2 和 ST3，由于关系 ST1、ST2 和 ST3 属于 BCNF，所以解决了数据冗余等问题。

# 3.4  关系模式的分解

## 3.4.1  模式分解中存在的问题

对于存在数据冗余、插入异常、删除异常问题的关系模式，应将一个关系模式分解为多个关系模式进行处理。一个低一级范式的关系模式，通过模式分解可以转换为若干个高一级范式的关系模式，这就是关系模式的规范化过程。规范化过程应该是"可逆"的，即模式分解的结果能重新映像到分解前的关系模式。可逆性在规范化过程中是非常重要的，它意味着在规范化过程中没有信息丢失，且数据间语义联系依然存在。总之，为使分解后的模式保持原模式所满足的特性，要求分解处理具有无损分解和保持函数依赖性。

## 3.4.2　无损分解的定义和性质

### 1. 无损分解的概念

无损分解是指对关系模式进行分解时，原关系模式下任一合法的关系值在分解之后应能通过自然联接运算恢复起来。

定义：设 $\rho = \{R_k | k \in \mathbf{N}\}$ 是关系模式 $R < u, F >$ 的一个分解，如果对于 R 的任一满足 F 的关系 r 都有：

$r = \Pi_{R1}$ （r） $\bowtie \Pi_{R2}$ （r） $\bowtie \Pi_{Rk}$ （r）。

则称这个分解 $\rho$ 是函数依赖集 F 的无损分解。

### 2. 验证无损分解的充要条件

如果 R 的分解为 $\rho = \{R_1，R_2\}$，F 为 R 所满足的函数依赖集合，则无损分解的充分必要条件为：$R_1 \cap R_2 \rightarrow （R_1 - R_2）$ 或 $R_1 \cap R_2 \rightarrow （R_2 - R_1）$。

## 3.4.3　无损分解的测试方法

直接由定义判断一个分解是否为无损分解是不可能的，下面的算法可用于判断一个分解是否为无损分解。

输入：关系模式 R （$A_1$，$A_2$，…，$A_n$），它的函数依赖集 F 及分解 $\rho = \{R_1，R_2，…，R_k\}$。

输出：确定 $\rho$ 是否具有无损分解。

算法：

① 构造一个 k 行 n 列的表，第 i 行对应于关系模式 $R_i$，第 j 列对应于属性 $A_j$。如果 $A_j \in R_i$，则在第 i 行第 j 列上放符号 $a_i$，否则放符号 $b_{ij}$。

② 逐个检查 F 中的每一个函数依赖，并修改表中的元素。其方法如下：取 F 中一个函数依赖 X→Y，在 X 的分量中寻找相同的行，然后将这些行中 Y 的分量改为相同的符号，如果其中有 $a_j$，则将 $b_{ij}$ 改为 $a_j$；若其中无 $a_j$，则改为 $b_{ij}$。

③ 这样反复进行，如果发现某一行变成了 $a_1$，$a_2$，…，$a_k$，则分解 $\rho$ 具有无损分解。

如果 F 中所有函数依赖都不能再修改表中的内容，且没有发现这样的行，则分解 $\rho$ 不是无损分解。

【例3-5】　设有关系模式 R（u,F），其中 u = {A，C，D}，F = {A→B，C→B}，判断一个分解 $\rho = \{AC，BC\}$ 是否具有无损分解。

解：$\rho$ 的无损分解判断结果如表 3-2 所示，由此判断它具有无损分解。

表 3-2　$\rho$ 的无损分解判断结果

| Ri | A | B | C |
|---|---|---|---|
| AC | a1 | a2 | a3 |
| BC | | a2 | a3 |

### 3.4.4　保持函数依赖的分解

定义：设有关系模式 R，F 是 R 的函数依赖集，Z 是 R 的一个属性集合，则称 Z 所涉及的 $F^+$ 中所有函数依赖为 F 在 Z 上的投影，记为 $\Pi_Z(F)$，有：

$$\Pi_Z(F) = \{X \rightarrow Y | X \rightarrow Y \in F^+ \text{且} XY \subseteq Z\}$$

定义：设关系模式 R 的一个分解 $\rho = \{R_1, R_2, \cdots, R_k\}$，F 是 R 的依赖集，如果 F 等价于 $\Pi_{R1}(F) \cup \Pi_{R2}(F) \cup \cdots \cup \Pi_{Rk}(F)$，则称分解 $\rho$ 具有依赖保持性。

一个无损分解不一定具有依赖保持性；同样，一个依赖保持性分解不一定具有无损分解。

【例 3-6】　给定关系模式 R＜U，F＞，其中 U = {A，B，C，D}，F = {A→B，B→C，C→D，D→A}。判断关系模式 R 的分解 $\rho$ = {AB，BC，CD} 是否具有依赖保持性。

解：

$\Pi_{AB}$（F）= {A→B，B→A}

$\Pi_{BC}$（F）= {B→C，C→B}

$\Pi_{CD}$（F）= {C→D，D→C}

$\Pi_{AB}$（F）$\cup \Pi_{BC}$（F）$\cup \Pi_{CD}$（F）= {A→B，B→A，B→C，C→B，C→D，D→C}

从中可以看到，A→B，B→C，C→D 均得以保持，又因为 $D_F^+$ = ABCD，$A \subseteq D_F^+$，所以 D→A 也得到保持，因此该分解具有依赖保持性。

# 小结

本章首先从关系模式可能存在的存储异常问题，引入函数依赖的概念，然后介绍了以函数依赖为基础的关系范式，包括 1NF、2NF、3NF。范式的每一次升级都是通过模式分解实现的，在进行模式分解时应注意保持分解后的关系能够具有无损连接性，并能保持原有的函数依赖关系。关系规范化的根本目的是设计没有数据冗余的操作异常的关系模式。对于一般的数据库应用系统来说，设计到第三范式就足够了。因为规范化程度越高，关系的个数也就越多，因而有可能降低数据的查询效率。只有掌握关系数据库设计理论，在数据库设计过程中才能克服盲目性，做到目标明确。

# 习题

#### 一、简答题

1. 关系规范中的操作有哪些异常？是由什么原因引起的？解决的办法是什么？

2. 什么是函数依赖、部分函数依赖、传递函数依赖？

3. 什么是 1NF，2NF，3NF？

4. 设有关系模式：S1（学号，姓名，出生日期，所在系，宿舍楼），其语义为：一个学生只在一个系学习，一个系的学生只住在一个宿舍楼里。指出此关系模式的候选码，判断此关系模式是第几范式。若不是第三范式，请将其规范化为第三范式的关系模式，并指出分解后的每个关系模式的主码和外码。

**二、实训题。**

实训一：判断范式。

实验目的：掌握判断范式的相关规则。

实训内容：设有关系模式：S2（学号，姓名，所在系，班级号，班主任，系主任），其语义为：一个学生只在一个系的一个班学习，一个系只有一个系主任，一个班只有一名班主任。

实训要求：指出此关系模式的候选码，判断此关系模式是第几范式的。若不是第三范式，请将其规范化为第三范式的关系模式，并指出分解后的每个关系模式的主码和外码。

实训二：关系转换与范式判断。

实验目的：掌握关系转换与范式判断的相关方法。

实训内容：在一个订货数据库中，存有顾客、货物、订货单的信息。

（1）每个顾客应包含：顾客号（唯一的）、收货地址（一个顾客可以有几个地址、不同的顾客地址不能相同）、赊购限额、余额及折扣等属性信息。

（2）每一种货物包含：货物号、制造商、每个厂商的实际存货量、规定的最低存货量和货物描述等属性信息。

（3）每个订单包含：顾客号、收货地址、订货日期、订货细则（每个订货单有若干条）。每条订货细则内容为：货物号及订货数量。

由于处理上的要求，每个订货单的每个细则中还应有一个未发量（此值初始时为订货数量，随着发货将减为零）。

实训要求：请做一个简略的数据库设计，要求设计 E－R 模型，再将其转换为关系模型，并检查该关系模型是否符合 3NF。

# 第 4 章 关系数据库标准语言——SQL

**本章要点:**

- ☑ 数据定义语言
- ☑ 数据操纵语言
- ☑ 数据查询语言

## 4.1 SQL 的基本概念、特点、发展及标准化

### 4.1.1 SQL 的基本概念

SQL 是关系数据库的标准语言,同时又是一个通用的、功能极强的关系数据库编程语言,通过它可以对所有的关系数据库进行数据的定义、查询、更新和控制等操作。为了更好地了解 SQL 的工作原理,本章首先介绍几个基本概念:基本表、视图和存储文件。

#### 1. 基本表

基本表(Base Table)是独立存在的表,即不是由其他的表导出的表。一个关系对应一个基本表,一个或多个基本表对应一个存储文件,一个表可以带若干索引。

#### 2. 视图

视图(View)是一个虚拟的表,是从一个或几个基本表导出的表,用户也可以在视图上再定义视图。它本身不独立存在于数据库中,数据库中只存放视图的定义而不存放视图对应的数据,这些数据仍存放在导出视图的基本表中。

#### 3. 存储文件

存储文件(Storage File)有逻辑结构和物理结构,逻辑结构组成了关系数据库的内模式,而物理结构是任意的,对用户是透明的。

SQL 支持关系数据库的三级模式结构,其中外模式对应于视图和部分基本表,模式对应于基本表,内模式对应于存储文件,如图 4-1 所示。

### 4.1.2 SQL 的特点

#### 1. 语言简洁、易学易用

SQL 语法简单,命令较少,并且接近自然语言,用户只需较少时间即可掌握。SQL 功能极强,完成核心功能只需 9 个命令,如 CREATE、DROP、ALTER、SELECT 等,详见表 4-1。

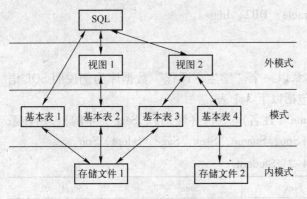

图 4-1　SQL 的三级模式结构

表 4-1　SQL 的主要命令

| SQL 功能 | 命 令 名 称 |
|---|---|
| 数据查询 | SELECT |
| 数据定义 | CREATE、DROP、ALTER |
| 数据操作 | INSERT、UPDATE、DELETE |
| 数据控制 | GRANT、REVOKE |

### 2. 综合统一

SQL 集数据定义语言（DDL）、数据操纵语言（DML）、数据控制语言（DCL）功能于一体。同时 SQL 语言的数据操作符高度统一，使用一门语言就可以独立完成数据库生命周期中的全部活动，如定义关系模式、插入数据、建立数据库；对数据库中的数据进行查询和更新；数据库安全性、完整性控制等。用户数据库投入运行后，可根据需要随时修改模式，这不会影响数据库的运行。

### 3. 高度非过程化

相比非关系数据模型的数据库在操纵中必须提供存取路径而言，SQL 显得非常简单。SQL 的所有的操作只需提出"做什么"，不需要告诉系统"怎么做"，更无须连接存取路径。存取路径的选择，以及 SQL 的操作过程由系统自动完成。

### 4. 面向集合的操作方式

非关系数据模型采用面向记录的操作方式，操作对象是一条记录。而 SQL 采用的是面向集合的操作方式，它的操作对象和查找结果都可以是元组的集合。

### 5. 具有自含式与嵌入式两种形式

SQL 能够独立地用于联机交互的使用方式，用户可直接键入 SQL 命令对数据库进行操作。同时 SQL 又是嵌入式语言，用户能将 SQL 语句嵌入到高级语言（宿主语言），使应用程序充分利用 SQL 访问数据库的能力、宿主语言的过程处理能力。

## 4. 1. 3　SQL 发展及标准化

SQL 是当前最为成功、应用最广泛的关系数据库语言。1974 年 IBM 圣约瑟实验室的 Boyce 和 Chamberlin 为关系数据库管理系统 System – R 设计了一种查询语言，当时称为SEQL（Structured English Query Language），后简称为 SQL。1981 年 IBM 推出关系数据库系统 SQL/DS 后，SQL 得到了广泛应用。1986 年美国国家标准协会（ANSI）公布了第一个 SQL 标准 – SQL86。1987 年，ISO 通过 SQL86 标准。1989 年，ISO 制定 SQL89 标准，SQL89 标准在 SQL86 基础上增补了完整性描述。1990 年，我国制定等同 SQL89 的国家标准。

1992 年，ISO 制定 SQL92 标准，即 SQL2。1999 年，ANSI 制定 SQL3 标准。SQL 目前广泛应用于各种大型数据库，如 SYBASE、INFORMIX、ORACLE、DB2、INGRES 等，也用于

各种小型数据库，如 Sybase、Informix、Oracle、DB2、Ingres。

## 4.1.4 数据库实例

为了更好地理解 SQL 语句的用法，本章以一个"学生 – 课程"数据库为例说明 SQL 语句的各种用法。"学生 – 课程"数据库中包括以下 3 个表。

（1）表 Student：由 Sno（学号）、Sname（姓名）、Ssex（性别）、Sage（年龄）、所在系（Sdept）5 个属性组成，可记为：Student（Sno，Sname，Ssex，Sage，Sdept）Sno。

表 4–2　Student

| Sno | Sname | Ssex | Sage | Sdept |
|---|---|---|---|---|
| 02091201 | 王华 | 男 | 19 | 计算机 |
| 02091202 | 赵峰 | 男 | 20 | 计算机 |
| 02091203 | 周玉 | 女 | 17 | 英语 |
| 02091204 | 陈红 | 女 | 18 | 会计 |

（2）表 Course：由 Cno（课程号）、Cname（课程名）、Cpno（先修课号）、Ccredit（学分）4 个属性组成，可记为：Course（Cno，Cname，Cpno，Ccredit）cno。

（3）表 SC：由 Sno（学号）、Cno（课程号）、Grade（成绩）3 个属性组成，可记为：SC（Sno，Cno，Grade）（Sno，Cno）。

表 4–3　Course

| Cno | Cname | Cpno | 学分 Ccredit |
|---|---|---|---|
| 1 | 数据库原理 | 5 | 4 |
| 2 | 高等数学 | | 4 |
| 3 | C 语言 | | 2 |
| 4 | C ++ 程序设计 | 3 | 2 |
| 5 | 数据结构 | 3 | 4 |

表 4–4　SC

| Sno | Cno | Grade |
|---|---|---|
| 02091201 | 1 | 90 |
| 02091201 | 2 | 87 |
| 02091202 | 4 | 68 |
| 02091202 | 3 | 79 |
| 02091203 | 2 | 92 |
| 02091204 | 2 | 90 |

具体建表过程见第 4.2 节到第 4.4 节。

# 4.2　数据定义语言

## 4.2.1　基本表的定义、删除与修改

### 1. 基本表的定义

基本表定义的基本语法如下：

CREATE TABLE ＜表名＞（＜列名＞ ＜数据类型＞［ ＜列级完整性约束条件＞ ］［,＜列名＞ ＜数据类型＞［ ＜列级完整性约束条件＞ ］］…［,＜表级完整性约束条件＞ ］）；

其中＜表名＞是所要定义的基本表的名字，它可以由一个或多个属性（列）组成。如果完整性约束条件涉及该表的多个属性列，则必须定义在表级上，否则既可以定义在列级也

可以定义在表级。

【例 4-1】　参照表 4-2 建立表 Student，Sno 是主码，姓名取值唯一。

脚本如下：

```
CREATE TABLE Student
(Sno CHAR(5) PRIMARY KEY,/* 列级完整性约束条件*/
Sname CHAR(20) NOT NULL UNIQUE ,/* 姓名不能为空且不能重复*/
Ssex CHAR(1),
Sage INT,
Sdept CHAR(15));
```

### 2. 基本表的修改

修改基本表的命令是 ALTER，基本格式如下：

ALTER TABLE ＜表名＞[ ADD ＜新列名＞ ＜数据类型＞ [ 完整性约束] ][ DROP ＜完整性约束名＞ ][ ALTER COLUMN＜列名＞ ＜数据类型＞ ];

【例 4-2】　向 Student 表增加 S_entrance DATE（入学时间）列，其数据类型为日期型。

脚本如下：

ALTER TABLE Student ADD S_entrance DATE;

注意：不论基本表中原来是否已有数据，新增加的列一律为空值。

【例 4-3】　将年龄的数据类型改为半字长整数。

脚本如下：

ALTER TABLE Student MODIFY Sage SMALLINT;

注意：修改原有的列定义有可能会破坏已有数据。

【例 4-4】　删除学生表中姓名（Sname）必须取唯一值的约束。

脚本如下：

ALTER TABLE Student DROP UNIQUE(Sname);

### 3. 基本表的删除

删除基本表的命令是 DROP，基本格式如下：

DROP TABLE ＜表名＞[RESTRICT|CASCADE];

其中参数 RESTRICT 表示删除表是有限制的，被删除的基本表不能被其他表的约束所引用。如果存在依赖该表的对象，则无法删除。参数 CASCADE 表示删除该表没有限制，此时在删除基本表的同时，相关的依赖对象一起删除，如表上建立的索引、视图、触发器等一般也将被删除。

## 4.2.2　索引的建立与删除

### 1. 索引的建立

通过给基本表建立索引，可以加快数据库的查询速度和保证数据行的唯一性。通常把按照索引的字段排列记录，并且依照排好的顺序将记录存储在表中的索引称为聚集索引，而排列的结果并不存储在表中，而是另外存储的索引称为非聚集索引。同时索引根据索引跟数据表中的字段对应关系可以分为唯一索引和复合索引。唯一索引是指表中每一个索引值只对应唯一的数据记录，而复合索引是将两个字段或多个字段组合起来建立的索引，其中单独的字段允许有重复的值。

建立索引的语法格式如下：

> CREATE［UNIQUE］［CLUSTER］INDEX ＜索引名＞ON ＜表名＞（＜列名＞［＜次序＞］［，＜列名＞［＜次序＞］］…）；

其中 UNIQUE 表明建立唯一索引，CLUSTER 表示建立聚集索引。次序用来指定索引值的排列顺序，可为 ASC（升序）或 DESC（降序），缺省值为 ASC。

建立索引的原则如下：

① 在最经常查询的列上建立聚集索引以提高查询效率；

② 一个基本表上最多只能建立一个聚集索引；

③ 经常更新的列不宜建立聚集索引，否则当数据量非常大的时候，插入和更新数据将会异常缓慢。

【例 4-5】 为"学生—课程"数据库中的 Student 表和 SC 表建立索引。

其中 Student 表按 Sno 升序建唯一索引，SC 表按学号升序和课程号降序建立唯一索引。脚本如下：

> CREATE UNIQUE INDEX Stusno ON Student( Sno )；
> CREATE UNIQUE INDEX SCno ON SC( Sno ASC,Cno DESC )；

### 2. 索引的删除

删除索引的语法格式：DROP INDEX ＜索引名＞；

删除索引时，系统会从数据字典中删去有关该索引的描述。

【例 4-6】 删除课程表（Course）中课程名（Cname）的索引。

脚本如下：

> DROP INDEX Cname；

## 4.3　数据操纵语言

### 4.3.1　INSERT 语句

通过 INSERT 语句可以向数据库中一次插入一至多个元组，或者插入子查询结果。

INSERT 语句的语法格式如下：

> INSERT INTO ＜表名＞［（＜属性列1＞［，＜属性列2＞…）］VALUES（＜常量1＞［，＜常量2＞］…）；

其中 INTO 子句字段的顺序可与表定义中的顺序不一致，或者只指定部分字段。VALUES 子句提供的值必须与 INTO 子句匹配值的个数和值的类型。如果某些字段在 INTO 子句中没有出现，则新记录在这些字段上将取空值。但必须注意的是，在表定义时预先说明了 NOT NULL 的字段不能取空值，否则会出错。如果 INTO 子句中没有指明任何列名，则新插入的记录必须在每个属性列上均有值。

## 4.3.2　UPDATE 语句

UPDATE 语句即修改语句，又称为更新语句，其一般格式如下：

UPDATE ＜表名＞SET ＜列名＞=＜表达式＞[,＜列名＞=＜表达式＞]…[WHERE ＜条件＞]；

修改指定表中满足 WHERE 子句条件的元组，若省略 WHERE 子句，则修改表中的所有元组。

【例 4-7】　将 Student 表中学号为 02091201 的学生的性别改为女。

脚本如下：

```
UPDATE Student
SET Ssex ='女 '
WHERE Sno ='02091201 ';
```

【例 4-8】　将 Student 表中学号为 02091201 的学生的学号修改为 01091201

脚本如下：

```
UPDATE Student
SET Sno ='01091201 ';
WHERE Sno ='02091201 ';
```

注意，以上修改将会导致学生选课表（SC）中的数据不一致，因此执行 UPDATE 语句的时候要注意语句带来的数据不一致性。为了解决个问题，数据库系统通常都引入了事务（Transaction）或者触发器，有关内容将在后续章节详细介绍。

## 4.3.3　DELETE 语句

DELETE 语句即删除表记录语句，基本格式如下：

DELETE FROM ＜表名＞[WHERE ＜条件＞]；

删除指定表中满足 WHERE 子句条件的所有元组，若省略 WHERE 子句则表示清空指定表的所有数据，表结构保持不变，这和前面在基本表的删除中提到的 DROP 有着本质的区别，DROP 语句将整个表删除，包括表的结构。

【例 4-9】　删除学号为 02091202 的学生的成绩。

脚本如下：

```
DELETE FROM SC WHERE Sno = '02091202 ';
```

# 4.4　数据查询语言

查询语句 Select 是 SQL 中使用最频繁的语句之一，同时也是最终要的语句。掌握查询语句的运用是学习数据库的最基本必备技能。

查询语句的一般格式如下：

SELECT [ALL|DISTINCT] <目标列表达式>[, <目标列表达式>] …FROM <表名或视图名> [, <表名或视图名>] …[ WHERE <条件表达式>][ GROUP BY <列名 1>[ HAVING <条件表达式>]][ ORDER BY <列名 2>[ ASC|DESC]]

其中 ALL 表示选择满足条件的所有元组，DISTINCT 表示在选择的结果中取消重复的值，默认为 ALL。GROUP BY 表示将结果按指定属性列的值进行分组，该属性列值相等的元组为一个组。HAVING 表示输出满足指定条件的组。ORDER BY 子句表示查询的结果按指定属性列排序，ASC 表示升序，DESC 表示降序，默认是 ASC。

Select 有多种查询方式，下面进行简单介绍。

## 4.4.1 投影查询

### 1. 查询指定列

例如，查询全体学生的学号与姓名的脚本如下：

SELECT Sno,Sname FROM Student;

### 2. 查询全部列

例如，查询全体学生的详细记录的脚本如下：

SELECT * FROM Student;

### 3. 给列起标题（别名）

例如，SELECT Snameas 姓名，Sageas 出生年份 FROM Student;

## 4.4.2 选择查询

### 1. 取消重复行

使用 DISTINCT 关键字，默认为 ALL 。

### 2. 比较大小

【例 4-10】 查询考试成绩有不及格的学生的学号。

脚本如下：

SELECT DISTINCT Sno FROM SC WHERE Grade <60;

其中比较运算符共有以下几种：=，>，<，>=，<= ,! =，<>,! >,! <。

### 3. 确定范围

确定范围查询的常见格式如下：

BETWEEN … AND … NOT BETWEEN … AND …

【例 4-11】 查询年龄在 18 ~ 20 岁（包括 18 岁和 20 岁）之间的学生的姓名、系别和年龄。

脚本如下：

> SELECT Sname,Sdept,Sage FROM Student WHERE Sage BETWEEN 18 AND 20;

上面的 SQL 语句等价于：

> SELECT Sname,Sdept,Sage FROM Student WHERE Sage >=18 AND Sage <=20;

### 4. 确定集合

确定集合查询的常见格式如下：IN <值表>,NOT IN <值表>。

**【例 4-12】** 查询所有计算机系和会计系的学生姓名和性别。

脚本如下：

> SELECT Sname,Ssex FROM Student WHERE Sdept IN ('计算机 ','会计 ');

### 5. 字符匹配

字符匹配的查询格式如下：

> [NOT] LIKE '<匹配串>'

其中 <匹配串> 可以是%，也可以是 "–"。"%"：表示任意知长度的字符串；"_" 表示任意单个字符。

**【例 4-13】** 查询所有姓王的学生的学号和姓名。

脚本如下：

> SELECT Sname,Sno FROM Student WHERE Sname LIKE '王%';

同理，查询所有名字为两个字且姓赵的学生的学号、姓名：

> SELECT Sname,Sno FROM Student WHERE Sname LIKE '赵_';

### 6. 多重条件查询

多重条件通过 AND 或 OR 关键字连接，AND 表示两个条件之间是且的关系，OR 表示两个条件之间是或者的关系。

## 4.4.3 排序查询

排序查询语句的格式如下：

> [ ORDER BY <列名> [ ASC|DESC ] [ , <列名> [ ASC|DESC ]]]。

**【例 4-14】** 查询学生的所有信息并以学号升序排列。

脚本如下：

> SELECT * FROM Student ORDER BY Sno ASC;

以上 SQL 语句中 ASC 可以省略。

同理，查询学生的所有信息并以年龄降序排列，学号升序排列（注意：当第前一个排序条件出现相等的时候才会去比较后一个排序条件），脚本如下：

SELECT ＊ FROM Student ORDER BY Sage DESC, Sno ASC;

## 4.4.4　使用聚合函数

为了进一步方便用户，增强检索功能，SQL 提供了许多统计函数，统称为聚合函数，主要包括：

COUNT（[DISTINCT|ALL] ＊）统计元组个数

COUNT（[DISTINCT|ALL] ＜列名＞）统计一列中值的个数

SUM（[DISTINCT|ALL] ＜列名＞）计算一列值的总和（此列必须是数值型）

AVG（[DISTINCT|ALL] ＜列名＞）计算一列值的平均值（此列必须是数值型）

MAX（[DISTINCT|ALL] ＜列名＞）求一列值中的最大值

MIN（[DISTINCT|ALL] ＜列名＞）求一列值中的最小值

【例 4-15】　查询学生总人数。

脚本如下：

SELECT COUNT（＊）FROM Student;

同理，查询选修了课程的学生人数：

SELECT COUNT（DISTINCT Sno）FROM SC;

其中 DISTINCT 表示去消除重复值，因为存在一个学生选修多门课程的情况。

查询学生 02091203 选修课程的总学分数：

SELECT SUM（Ceredit）FROM SC, Course

　　WHER Sno ='02091203' AND SC. Cno = Course. Cno;

计算 3 号课程的学生平均成绩：

SELECT AVG（Grade）FROM SC WHERE Cno ='3';

查询学习 1 号课程的学生最高分数：

SELECT MAX（Grade）FROM SC WHERE Cno ='1';

## 4.4.5　表的连接查询

当查询涉及两个以上的表（自身出现多次也算多个表）时，称为连接查询，连接查询分为等值连接、非等值连接查询、自身连接查询、外连接查询和复合条件连接查询。

连接查询的一般格式如下：

[＜表名 1＞.]＜列名 1＞　＜比较运算符＞ [＜表名 2＞.]＜列名 2＞

[＜表名 1＞.]＜列名 1＞ BETWEEN [＜表名 2＞.]＜列名 2＞ AND [＜表名 2＞.]＜列名 3＞

### 1. 等值与非等值连接查询

【例 4-16】　查询所有学生的选课成绩。

脚本如下：

SELECT Student. ＊,SC. ＊ FROM Student,SC WHERE Student. Sno = SC. Sno;

注意：当比较运算符为"＝"时，称为等值连接，其他情况为非等值连接。

### 2. 自身连接

一个表与其自己进行连接，为了表示区别，需要给表起别名，同时由于所有属性名都是同名属性，因此必须使用别名前缀。

**【例 4-17】** 查询每一门课的间接先修课（即先修课的先修课）。

脚本如下：

```
SELECT FIRST.Cno,SECOND.Cpno FROM Course FIRST,Course SECOND
WHERE FIRST.Cpno = SECOND.Cno;
```

### 3. 外连接

通常两个表连接时，两张表中只有满足条件的元组才会出现在结果集中，为了在查询结果中输出不满足连接条件的元组，引入了外连接。外连接分为左外连接和右外连接。

LEFT（OUTER）JOIN：显示符合条件的数据行，以及左边表中不符合条件的数据行，此时右边数据行会以 NULL 来显示，此称为左连接。

RIGHT（OUTER）JOIN：显示符合条件的数据行，以及右边表中不符合条件的数据行，此时左边数据行会以 NULL 来显示，此称为右连接。

例如，查询学生的所有信息及学生的选课信息（当某学生没有选课时，选课信息为空）：

```
SELECT Student.Sno,Sname,Ssex,Sage,Sdept,Cno,Grade
FROM Student LEFT OUTER JOIN SC ON (Student.Sno = SC.Sno);
```

### 4. 复合条件连接

**【例 4-18】** 查询所有学生的学号、姓名、选修的课程名及成绩。

脚本如下：

```
SELECT Student.Sno,Sname,Cname,Grade FROM Student,SC,Course
WHERE Student.Sno = SC.Sno and SC.Cno = Course.Cno;
```

## 4.4.6　子查询与相关子查询

在 WHERE 子句中包含一个形如 SELECT…FROM…WHERE 的查询块，此查询块称为子查询或嵌套查询，包含子查询的语句称为父查询或外部查询。嵌套查询可以将一系列简单查询构成复杂查询，增强查询能力。子查询的嵌套层次最多可达到 255 层，以层层嵌套的方式构造查询充分体现了 SQL "结构化"的特点。

嵌套查询在执行时由里向外处理，每个子查询是在上一级外部查询处理之前完成，父查询要用到子查询的结果。注意：子查询不能使用 ORDER BY 子句。

子查询分为不相关子查询和相关子查询。当子查询的查询条件不依赖于父查询时称为不相关子查询；反之称为相关子查询。

**【例 4-19】** 查询所有选修了 1 号课程的学生姓名（不相关子查询）。

脚本如下：

```
SELECT Sname / * 外层查询/父查询 * /
FROM Student WHERE Sno IN ( SELECT Sno FROM SC WHERE Cno = '1' );
```

不相关子查询的执行顺序：

① 执行子查询，然后把子查询的结果作为父查询的查询条件的值。

② 普通子查询只执行一次，而父查询所涉及的所有记录行都与其查询结果进行比较以确定查询结果集合。

【例 4-20】 查询所有选修了 1 号课程的学生姓名（相关子查询）。

脚本如下：

```
SELECT Sname / * 外层查询/父查询 * /
FROM Student WHERE EXISTS FROM SC WHERE Sno = Student. Sno AND Cno = '1' );
```

相关子查询的执行顺序：

① 选取父查询表中的第一行记录；

② 内部的子查询利用此行中相关的属性值进行查询，然后父查询根据子查询返回的结果判断此行是否满足查询条件；

③ 如果满足条件，则把该行放入父查询的查询结果集合中。重复执行这一过程，直到处理完父查询表中的每一行数据。

由此可以看出，相关子查询的执行次数是由父查询表的行数决定的。

## 4.4.7　带 EXISTS 测试的子查询

EXISTS 表示存在量词，带有 EXISTS 的子查询不返回任何实际数据，它只得到逻辑值"真"或"假"。因此，由 EXISTS 引出的子查询，其目标列表达式通常都用"＊"表示，因为带 EXISTS 的子查询只返回真值或假值，给出列名无实际意义。

当子查询的查询结果集合为非空时，外层的 WHERE 子句返回真值，否则返回假值。NOT EXISTS 与此相反。

注意：含有 IN 的查询通常可用 EXISTS 表示，但反过来不一定。

【例 4-21】 查询所有选修了 1 号课程的学生姓名。

脚本如下：

```
SELECT Sname FROM Student WHERE EXISTS
```

等价于：

```
SELECT * FROM SC WHERE Sno = Student. Sno AND Cno = '1';
```

## 4.4.8　空值及其处理

当某个字段没有值时称为空值（NULL）。空值不同于零和空格，它不占任何存储空间。空值只能用 IS NULL 或 IS NOT NULL 来判断，其中 IS 不能用"＝"替代。

例如，某些学生选课后没有参加考试，有选课记录，但没有考试成绩，考试成绩为空值，这与参加考试，成绩为零分是不同的。

【例 4-22】 查询缺少成绩的学生的学号和相应的课程号。

脚本如下：

SELECT Sno,Cno FROM SC WHERE Grade IS NULL;

# 小结

本章从 SQL 的概念、发展及特点出发，详细地阐述了 SQL 的相关知识，使读者对 SQL 有一个直观理解。SQL 是一个非过程化语言，使用者只需要说明"做什么"而不需要说明"怎么做"，同时 SQL 是一个集定义、操作、查询和控制为一体的语言。本章通过真实案例分别介绍了数据定义语言、数据操纵语言、数据查询语言具体语句的使用方法。

# 习题

## 一、选择题

1. SQL 是（　　）的语言，易学习。

A. 过程化　　　　　B. 非过程化　　　　　C. 格式化　　　　　D. 导航式

2. SQL 是（　　）语言。

A. 层次数据库　　　B. 网络数据库　　　　C. 关系数据库　　　D. 非数据库

3. SQL 具有（　　）的功能。

A. 关系规范化、数据操纵、数据控制

B. 数据定义、数据操纵、数据控制

C. 数据定义、关系规范化、数据控制

D. 数据定义、关系规范化、数据操纵

4. SQL 的数据操纵语句包括 SELECT、INSERT、UPDATE 和 DELETE，其中最重要的也是使用最频繁的语句是（　　）。

A. SELECT　　　　　B. INSERT　　　　　C. UPDATE　　　　　D. DELETE

5. SQL 具有两种使用方式，分别称为交互式 SQL 和（　　）。

A. 提示式 SQL　　　B. 多用户 SQL　　　　C. 嵌入式 SQL　　　D. 解释式 SQL

6. 数据库中只存放视图的（　　）。

A. 操作　　　　　　B. 对应的数据　　　　C. 定义　　　　　　D. 限制

## 二、简答题

1. 简述 SQL 的 4 个主要功能。

2. SQL 数据定义语句对操作对象（如基本表、视图、索引）有哪 3 种操作方式？

3. 基本表和视图有哪些区别和联系？

4. SQL 有哪些特点？

## 三、实训题

实训一：SQL 语句的使用。

实验目的：掌握利用 SQL 语句建立数据表的相关规则。

实训内容及要求：

（1）建立一个"学生"表 Student，它由 Sno（学号）、Sname（姓名）、Ssex（性别）、

Sage（年龄）、Sdept（所在系）5 个属性组成。其中学号为主码。

（2）建立一个"图书"表 Book，它有 Bno（书号）、Bname（书名）、Bauthor（作者）、Bpirce（价格）、Bdept（出版社）5 个属性组成。其中书号为主码。

（3）建立一个"图书借阅"表 SB，它由 Sno（学号）、Bno（书号），Date（借阅日期）组成，其中（Sno，Bno）为主码。

实训二：数据库操作。

实验目的：掌握操作数据库的 SQL 语句的使用。

实训内容及要求：基于实训一所建的数据表，按下列要求实现数据库的操作。

（1）查找学号为 02091212 的学生。

（2）查找所有年龄小于 20 岁且性别为"男"的学生。

（3）查找学号为 02091212 的学生的所有借阅书籍。

（4）统计学号为 02091212 的学生的借阅书籍本数。

（5）统计书号为 8 的书籍的外借数量。

# 第 5 章　数据库设计

**本章要点：**

- ☑ 数据库设计的生命周期
- ☑ 数据库设计各阶段任务
- ☑ 数据库系统物理结构设计，实施和维护

## 5.1　数据库设计概述

数据库设计就是通过建立数据库的相关方法，设计具体的数据库。如果从数据库技术与相关抽象理论的层次分析，数据库设计的定义就是在操作系统中和一个已有的实际数据库应用环境下，根据众多数据库用户的需求和特定数据库管理系统的具体功能特点，将客观现实世界中的数据对象的抽象特征表示为数据库的概念模型，最后通过模式转换构造出最佳的数据库模式，使该模式不仅可以正确地反映客观现实世界中的的相关对象及其联系，还可以满足数据库用户众多具有数据库应用需求的过程。实际上，数据库设计技术是一门全面性、整体性的综合技术，建设一个数据库系统，也是一项规模庞大、实施过程复杂、开发周期长、所需人员多、耗资巨大、风险较高、维护费用高的工程项目。

通常来说，一个数据库设计质量的高低将直接影响数据库系统开发和使用的最终效果与活动。但是，数据库设计并不是单一的活动，它需要与相关的应用系统设计紧密结合。

一个数据库的开发周期类似于软件工程中的生命周期。根据实际需求，它的生命周期可以包括系统规划、系统分析、系统设计、系统实施、系统运行与维护及系统停止（由新系统取代）等过程，即生存期。因此，根据描述，可以把一个数据库的生命周期分为需求分析、概念结构设计、逻辑结构设计、物理结构设计、系统实施和运行维护共 6 个阶段。如图 5-1 所示。下面分别介绍数据库设计的 6 个阶段。

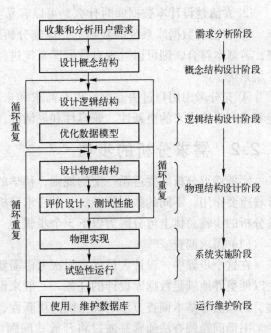

图 5-1　数据库设计的生命周期

## 5.2　需求分析

作为在数据库设计全程中的第一个阶段和基本开始起点，需求分析的主要任务是通过相关分析手段与途径，深入有关领域收集和分析与用户的需求有关的众多资料，从而确定与掌握用户的需求，帮助用户获得有价值的客户需求信息，进而按需求设计数据库。因此，从这个角度来说，数据库设计需求分析阶段所获得的有意义的分析结果不仅可以比较准确地反映客户的实际需求与数据库的最佳模式的选择，而且直接影响到数据库生命周期中后续阶段实现的有效性、稳定性和安全可靠性。

### 5.2.1　需求分析的任务

需求分析的目标就是按照一定规范写出数据库整体设计所需的需求分析说明书。要实现这个目标，具体来说，就是通过一些相关的调查活动（如初步调查、详细调查），将领域现行的应用系统的性质和运作环境（如操作系统环境、应用系统是否兼容）等相关情况归纳在需求分析说明书中。需求分析说明书中要以通俗易懂（即非形式化）的完整的表达语言说明处理流程、数据流量等相关信息，并对数据安全性、可靠性及完整性进行深入分析。

但是，由于数据库系统的复杂性、动态性、演化性，以及设计人员的文字功底不够、缺乏积极性，导致用户实施数据库需求分析不是容易的事。那么，用户到底应该如何进行需求分析呢？需求分析的任务是什么呢？下面将需求分析的任务归纳为如下几点。

① 具有高度的责任感和无畏心态。设计人员和调查员在面对可能存在的极大困难时，要抱有一种积极、无畏的心态和高度的责任感，树立不怕困难、人人参与的意识，充分调查市场行情和用户需求，从而获得有价值的完整信息。

② 弄清楚设计本数据库时什么是可以容易实施的，什么是很难实施的。

③ 在已有数据库系统的基础上，反复分析现有资料，明确用户的需求是否符合已有系统，若基本符合，则可以对现有数据库系统进行修改；若不符合或存在很大差距，则应该开发新系统。

④ 充分考虑用户过去需求、现有需求和未来需求，以便数据库系统设计在第一阶段就能考虑到系统未来的更新性、兼容性和灵活性，节省系统升级所带来的成本。

### 5.2.2　需求分析的步骤

实施需求分析需要遵循一定的规则，科学的需求分析步骤对整个数据库系统的高效设计有着重要作用。不同的数据库系统，其需求分析步骤是不同的，但是，基于一般性考虑，需求分析的步骤总体上可分解为以下 3 个步骤。

（1）需求调查

在这个步骤中，设计人员从多层次考虑需要获得信息的全面性与有效性，采用正确的方法以便更好地满足数据库设计的任务。一般来说，可以采用书面问卷调查法、网络在线调查法、访谈法等基本调查方法明确系统的更新性、兼容性和灵活性需求。

书面问卷调查法通常是通过将开放式问题（回答不受限制）和封闭式问题（答案预先设定）的书面资料，发放给客户填写，然后收回问卷进行统计分析。

网络在线调查法是利用内部网、外部网和因特网等网络环境实施的一种调查方法。通过设计网络在线问卷并发布到网络中，由客户浏览问题并选择、提交，再由设计人员对这些反馈信息进行分析统计，从而获取有价值的需求信息。这种方法比书面问卷调查法容易实现。

访谈法是通过座谈会的形式实施的一种调查方法，由设计人员与目标客户进行互动，确定访谈目标，由目标客户自由发表意见，然后把客户的意见记录下来，最后对这些信息进行分析，从而获得有意义的结论。

（2）文档整理

文档整理就是把所有的已经获得的信息经过分析后，将数据库设计所需要的价值信息编写为永久保存的文档。具体涉及哪些文档，这可以根据情况而定，一般来说，数据库系统都有系统定义文档、系统需求文档和软件需求文档。

系统定义文档其实是一个用户需求报告，说明用户的需求；系统需求文档是规格说明书，说明系统需求的相关规格；软件需求文档是指系统中具体某个软件的规格说明书。

（3）需求评审

需求评审是一个为了保证需要分析完整性、一致性和有效性的需求验证过程。

## 5.2.3 需求分析的方法

需求分析主要有自顶向下、自底向上、结构化分析方法、面向对象的分析方法等几种。下面逐一作简单介绍。

自顶向下的方法采用从上至下逐层分解的方式，用指示处理过程关系的数据流图和容描述更详细信息和逻辑结构的数据字典来分析相关资料。一般情况下，数据字典通常包括数据项、数据结构、数据流、数据存储、处理过程这 5 个部分。其中数据项是数据的最小的不可分割的基本组成单元，如字段名称、字段类型，取值约束范围、长度等。而数据库系统的数据结构是一个抽象关系，是由若干个数据项组成的。数据流即是指数据库系统中数据结构在系统内传输的方向。包括流名，输入方向、输出方向，组成及备注等。数据存储就是保存数据，要说明数据名称、数据量和访问方式。处理过程就是如何具体处理数据库数据的过程，包括数据名、数据输入输出等。

自底向上的方法基于底层（具体部件）开始，根据系统功能要求，先设计一些层次比较低的子程序，然后通过这些子程序进行完整组合，从而得到完整的程序。

结构化分析方法是一种传统的需求分析方法，最大的好处是在数据库设计的第一阶段仅通过结构化的业务框架形式（如图表、图例及相关文字）即可实现分析目标，而不需要通过精确的系统定义。因此具有灵活性和整体性。

面向对象的分析方法是基于客观现实世界的对象来实现的一种需求分析方法。它的作用体现在运用面向对象的思维，以对象为分析问题的基本单元，通过分析对象的属性和行为，来达到获得相关信息的目的。

# 5.3 概念结构设计

概念结构设计是指利用综合、归纳与抽象手段，把需求分析阶段得到的用户需求信息表示成抽象概念模型的过程。目前，常用的数据库概念结构设计模型是 E-R 模型，所以又称为 E-R 模式设计。关于 E-R 模型定义及基本方法，请见 1.5.3 小节。概念结构设计不是数据库逻辑结构，它仅仅是将需求文档中的有关信息表示成一些概念实体，仅仅是客观现实世界中的信息与真实数据库系统的交互接口，它对于数据库管理系统而言是独立存在的，数据库概念结构设计的目标就是在数据字典的基础上，进一步表示有价值的需求分析资料。

概念结构设计主要分为设计局部 E-R 模式、合并局部 E-R 模式、设计总体概念 E-R 模型（优化全局 E-R 模式）等几个设计步骤。

## 5.3.1 设计局部 E-R 模式

设计局部 E-R 模式又可分解为确定局部 E-R 模式的范围、定义实体型、定义联系等几个步骤。确定局部 E-R 模式的范围是在相关需求信息的支持下，对概念结构设计中某些对象确定基本的局部领域范围，从而明确了概念设计的基本要素。通俗地说，就是按照组织机构或服务种类将需求分析阶段的相关对象划分成内容明显相似而外部不相似的若干个类别，这样就容易画出结构清晰、属性明确的 E-R 图。

根据 1.5 节的介绍知道，每一个 E-R 图中都包括一些实体。因此，定义实体型就是在概念结构设计过程中对某些对象确定基本的局部领域范围后，从而明确了概念设计基本要素的局部范围，确定每一个对象实体的类型、属性、行为、主键等数据项。

关于定义联系相关情况的介绍，读者可以参考第 1.5 节内容。

## 5.3.2 合并局部 E-R 模式

当局部性的 E-R 图设计完成后，需要把这些局部性的 E-R 图综合成一个全局性的 E-R 图。因此，合并局部 E-R 模式的过程实际上是一个综合成初步 E-R 图的过程或全局 E-R 图的集成过程，一般可以先从合并公共实体型开始，然后两两合并局部 E-R 图，再进行整体合并。这样考虑的目的是减少复杂性，提高清晰度。

此外，合并局部 E-R 模式需要考虑属性冲突、命名冲突、结构冲突等一般性的冲突问题。这些问题是伴随着合并进程的发展而存在的，影响了合并的效果，因此，在合并局部 E-R 图时必须消除这些冲突。可以采用实体属性并运算、属性与实体互转和实体联系调整等具体方法。

实体属性并运算是指把各个局部 E-R 图中相同的实体属性取出来，再进行集合的并运算，组成新的集合，作为同一个实体的属性；属性与实体互转是指根据建图时的实际情况，需要把某些属性转化为是实体，反过来也需要把某些实体转化为属性；实体联系调整是指当设计 E-R 图完成后，需要根据实际问题，需要重新调整实体之间的联系，以便使 E-R 图更好地满足任务需要。

## 5.3.3 总体概念 E-R 模型设计

设计总体概念 E-R 模型又称优化全局 E-R 模式或者是初步全局 E-R 图的优化。

完成了第 5.3.2 节的步骤后，就可以得到一个存在冗余数据初步的全局 E-R 模式，此时的 E-R 图仅仅是一个粗糙的全局 E-R 图。因此，在得到初步的全局 E-R 模式后，还应当进一步消除全局 E-R 图中的冗余成分。

优化全局 E-R 模式主要遵循合并实体型、消除冗余属性和消除冗余联系这几个原则。

合并实体型是指将某些相似或相同类型的实体进行合并，减少类型冗余；消除冗余属性是指将某些相似或存在相同属性的实体进行合并，减少属性冗余；消除冗余联系是指将 E-R 图中的某些相似或相同的实体联系进行合并，减少实体联系冗余。

当优化全局 E-R 图的过程完成后，概念结构设计也总体完成了，剩下的工作就是完成局部视图和视图集成的设计，并将资料充实完整。

# 5.4　逻辑结构设计

这个阶段是数据库物理设计的前导阶段，在该阶段完成后，就可以根据这个阶段的设计结果设计真实的实体数据库。在概念结构设计阶段完成后，用户一般都会得到一个概念结构模型，但是这个模型仅仅是一个概念框架，还远远没有涉及实际的实体数据库的设计过程，需要先通过数据库管理系统的作用和规范化处理方法，把概念结构模型转换为逻辑结构模型，包括 E-R 模式到关系模式的转换和关系模式的优化等方面。

## 1. E-R 模式到关系模式的转换

E-R 模式仅仅是一个概念框架，需要完成到关系模式的转换，这是比较容易实现的，对于 E-R 模式到关系模式的转换问题，请参阅第 1 章、第 2 章的相关介绍。此处主要补充由 E-R 模式向关系模式转换过程中值得注意的一些问题。

（1）实体型及其属性的命名问题

每个实体型都对应于一个包括实体型的所有属性、下划线来表示主键的关系模式。关系模式及其属性的名称可以是 E-R 模式中实体型及其属性原来的名称，一般都是中文名字。当然少数情况也可以采用英文名称。例如，圆关系的 E-R 图如图 5-2 所示。

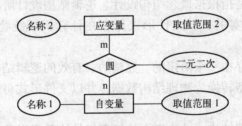

图 5-2　圆关系的 E-R 图

图 5-2 所示的应变量和自变量两个实体型，可以直接通过原名称或英文名称将这两个实体型分别转换为关系模式：应变量（名称 2，取值范围 2）和自变量（名称 1，取值范围 1），或者 V（Vname，Vfields）和 F（Fname，Ffields）

（2）联系及其属性的命名问题

由于实体集有多种联系，如有一对一联系、一对多联系和多对多联系等，它们的命名规则可以参考实体型及其属性的命名规则。

## 2. 关系模式的优化

关系模式的优化效果直接影响到逻辑结构设计的质量，而逻辑结构设计的效果则直接影响到用户数据库的效果。因此，用户在完成了 E-R 模式到关系模式的转换后，还需要对该关系模式进行某些规范化处理，以及进行模式的评价与修正。

（1）规范化处理

关系模式的规范化处理，其目的是为了消除各种可能存在的异常现象，提高关系模式的效果。规范化处理可以从确定规范级别和实施规范化分解两方面来实现。

确定规范级别是指关系模式的规范化程度和层次的确定，但是由于关系模式对实体及其属性的依赖程度比较高，并且更多地要根据数据库系统设计的实际情况来衡量。因此，确定规范级别时需要取决于关系模式对实体及其属性类型和实际的数据库系统应用需要这两个因素。

实施规范化分解是指在确定关系模式的规范级别后，按照保持属性依赖和无损连接的要求，通过模式分解方法，把将关系模式分解为相应级别的范式。

（2）模式评价与修正

关系模式经过规范化处理后，原则上可以为数据库设计的后续阶段提供服务，但是关系模式的规范化处理的侧重点在于关系模式在理论上的合理性，对数据库系统设计的实际情况关注较少。因此，用户还必须对关系模式进行相关的模式评价和反复修正工作。

模式评价是指使用有效的评价体系来综合衡量关系模式的有效性，如使用大量的实体验证关系模式是否满足整体需求。

模式修正是指对关系模式进行整体评价后，得出该关系模式是否有效的结论。如果满足数据库设计的要求，则不必修正，直接转入数据库物理结构设计阶段；如果不满足数据库设计的要求，那么需要检查问题所在，然后对关系模式进行反复修正，直到满足要求为止。

# 5.5　物理结构设计

数据库物理结构设计是指根据概念结构设计、逻辑结构设计阶段的成果，通过相应数据库管理系统的转换建立真实的、以文件形式保存在计算机系统物理磁盘上的数据文件的过程。

也就是说，如果已经存在一个给定的、完整的、有效的逻辑结构模型，那么接下来应选取一个应用环境，将该模型转换为物理结构数据，并以文件形式将数据长期存储在计算机系统的物理存储器中。

设计数据库的一个物理结构，首先需要按照逻辑结构并通过数据库管理系统设计数据结构，如确定字段个数、各字段名称、各字段类型、长度、约束条件等；其次需要确定数据的存储方式，存储方式包括二进制存储、字符存储等方式；再次是确定数据库访问方法，如直接或间接方式；然后是考虑数据库物理结构的完整性、保密性、稳定性和兼容性。最后还需要实施相关模块的程序设计，这主要包括前台界面的设计和后台数据库的规划两方面。

实际上，程序设计部分可以被认为是整个数据库物理结构设计的中心，目前无论是基于C/S模式或B/S模式的数据库物理结构设计，都需要结合Visual Basic、C/C++、Java等程序设计语言和Access、SQL Server等数据库管理系统实现。

【例5-1】　设计一个数据库系统，其设计结果通过Visual Basic语言显示，如图5-3所示。

首先建立一个物理数据库，文件名为"学生修改"，并建立一个关系，关系名为"student"。关系的数据结构、字段、字段行和数据约束条件如下：

　　字段名称:学号;字段类型:文本;大小:5;主键;[必填,非空]。

　　字段名称:班级;字段类型:文本;大小:6;[必填,非空]。

　　字段名称:姓名;字段类型:文本;大小:6;[必填,非空]。

　　字段名称:性别;字段类型:文本;大小:2;[必填,非空]。

　　字段名称:出生日期;字段类型:日期/时间;格式:中日期;[必填]。

| 学生修改 | | | | |
|---|---|---|---|---|
| 学号 | 班级 | 姓名 | 性别 | 出生日期 |
| 1001 | 信息501 | 黄鹏 | 男 | 1981-10-12 |
| 1002 | 信息501 | 张寅秋 | 女 | 1998-06-12 |
| 1003 | 信息501 | 赵程 | 男 | 1986-08-26 |
| 1004 | 信息501 | 刘玉春 | 女 | 1982-07-12 |
| 1005 | 信息501 | 姜晓娟 | 女 | 1981-11-03 |
| 1006 | 信息501 | 王玲 | 女 | 1982-02-14 |
| 1007 | 信息501 | 李国 | 男 | 1982-07-02 |
| 2001 | 计应501 | 张宇敏 | 男 | 1984-11-06 |
| 2002 | 计应501 | 庄烨炜 | 男 | 1989-02-16 |
| 2003 | 计应501 | 郑闻闻 | 女 | 1984-05-08 |

图 5-3　数据库物理结构设计结果

　　然后输入如关系的各记录行（元组），并将结构保存在计算机硬盘中。

　　最后以"学生修改"数据库为基础,设置数据源,使之能连接到用 Visual Basic 设计的界面中,并在某界面中显示数据库的内容。

# 5.6　数据库的实施和维护

　　在数据库的需求分析、概念设计、逻辑设计、物理设计等阶段完成以后,数据库的生命周期并没有结束,后续阶段是实施和运行维护阶段。数据库的实施其实就是数据库的实现,主要包括系统试运行、装入数据、系统漏洞测试及性能测试等。系统试运行就是初步装入数据库系统结构数据,观察运行情况;而系统漏洞测试主要是查找系统运行时的异常及错误,如采用 Debug 方法等;性能测试主要是测试系统运行的稳定性等指标。

　　数据库应用系统经过试运行阶段后即可投入正式运行。但是,在一个数据库设计的生命周期中,数据库管理与维护至关重要,这个阶段所花费的成本和时间约占整个工程项目的 60% ~ 70%。数据库管理与维护涉及面比较广,主要包括建立数据库管理系统系统缓冲区、数据库操纵管理、数据库更新管理、数据库存储管理、数据库重组管理、数据库结构维护、安全性与完整性控制、系统进程控制管理、并发控制管理、数据库备份与恢复、性能监视、数据库升级、错误数据查找与修改等。数据库管理系统一般包含有数据库管理系统初始化启动程序、安全性控制程序等。所有这些活动的目的都是为了改善物理数据库系统的运行性能和减少操作开销,这是因为成本低但性能达不到标准或投入大量成本而提高了性能的数据库系统都不是数据库设计的主要目标。高效的数据库系统设计,不仅能极大地缩短查询响应时间、减少更新成本,重新组织与设计数据库,而且能够有效设计故障恢复方案,保障数据库系统的安全性。

# 小结

　　本章对数据库设计的基本知识进行了介绍。数据库设计的生命周期主要有需求分析、概念结构设计、逻辑结构设计、物理结构设计、系统实施和运行维护共 6 个阶段。需求分析的目标就是通过一些相关的调查活动，经整理与分析资料后，按一定规范写出需求分析报告；概念结构设计和逻辑结构设计是一个将用户需求信息表示成抽象概念模型并转化为关系模式的过程；物理结构设计是生成真实的数据库系统的过程。数据库系统维护在整个工程项目中占了极大比重，数据库建设主要是围绕管理与维护而实施的。

# 习题

## 一、选择题

1. 下面有关数据库系统设计生命周期所含阶段的说法，正确的是（　　）。
A. 需求分析、概念和逻辑结构设计、物理结构设计、系统实施和运行维护
B. 需求分析、概念和逻辑结构设计、物理结构设计、系统测试
C. 市场调查、概念和逻辑结构设计、物理结构设计、系统实施和运行维护
D. 需求分析、逻辑结构设计、物理结构设计、系统实施和运行维护

2. 有关需求分析的说法，不正确的是（　　）。
A. 作为在数据库设计全程中的第一个阶段和基本开始起点
B. 收集和分析与用户的需求有关的众多资料，从而确定与掌握用户的需求
C. 帮助用户获得有一切的需求信息
D. 影响数据库系统的有效性、稳定性和安全可靠性

3. 关于概念结构设计的步骤，说法正确的是（　　）。
A. 设计局部 E-R 模式、合并局部 E-R 模式、分解全局 E-R 模式
B. 设计局部 E-R 模式、合并局部 E-R 模式、操作全局 E-R 模式
C. 设计局部 E-R 模式、分解局部 E-R 模式、优化全局 E-R 模式
D. 设计局部 E-R 模式、合并局部 E-R 模式、设计总体概念 E-R 模型

4. 关于逻辑结构设计的说法，错误的是（　　）。
A. 这个阶段是数据库物理设计的前导阶段，完成后，就可以设计物理数据库
B. 可以得到一个一个概念框架
C. 由概念结构模型转换为逻辑结构模型而得名
D. 包括 E-R 模式到关系模式的转换和关系模式的优化等方面

5. 关于数据库物理设计的说法，错误的是（　　）。
A. 是指根据概念结构设计、逻辑结构设计阶段的成果，建立真实数据库的过程
B. 设计结果以文件形式保存在计算机系统物理磁盘上
C. 设计数据库的一个物理结构，首先需要设计数据结构
D. 数据结构设计可以被认为是整个数据库物理结构设计的中心

## 二、简答题

1. 实现 E-R 模式到关系模式的转换时需要注意什么问题?
2. 设计局部 E-R 模式又可分解为哪几个步骤?
3. 什么是属性与实体互转?
4. 优化全局 E-R 模式主要遵循哪几个原则?
5. 关系模式的规范化处理阶段的目的是什么?
6. 数据库物理设计阶段的程序设计是如何实现的?
7. 数据库管理与维护主要涉及哪些方面?

## 三、实训题

简单数据库系统的设计。

实验目的:掌握数据库设计的基本步骤。

实训内容:通过分析数据库设计生命周期各阶段的功能,实现数据库系统的设计。

实训要求:

(1) 参照例 5-1,实现简单数据库系统的设计;

(2) 数据库的数据结构、数据库内容由读者自行设计。

# 第 6 章　Access 2007 数据库

**本章要点：**

- ☑ Access 2007 的界面组成和对象
- ☑ 数据库的创建、格式转换和备份
- ☑ 表的创建和编辑
- ☑ 记录的增加、修改与删除
- ☑ 创建表间的关系、查询的创建

　　当今的时代是一个信息的时代，在日常工作、学习、生活中，人们经常需要处理大量的数据。例如，合同管理人员要处理大量的合同数据，人力资源管理人员要处理人力资源信息，财务人员需要处理财务数据，统计人员要从大量的数据中筛选出有用的汇总数据，客户管理人员需要记录大量的客户信息等。这些数据信息的处理会占用管理人员大量的工作时间，是每一个管理人员所面临的比较棘手问题，也是企事业单位亟待解决的问题。对这些数据的处理，较好的办法就是建立相应的数据库系统，将海量的信息保存在数据库中，这样就可以根据自身的需要，随时提取有用的数据信息，既可以提高工作效率，也可以减轻管理人员的劳动强度。如果管理人员能够利用开发工具自己创建数据库系统，那么就可以随心所欲地利用计算机这个高级工具处理比较棘手的大量数据信息。

　　Access 2007 是目前相对较新的桌面型数据库管理系统，它不仅具有高效管理数据的能力，并且还具有相应的开发功能。Access 2007 的集成开发环境提供了大量的向导，可以帮助用户快速建立数据管理的基本框架，内置的宏命令编制工具及编程环境，使数据管理的工作更加高效、灵活和方便。

## 6.1　Access 2007 简介

　　Access 2007 是微软公司开发的办公自动化软件 Microsoft Office 2007 中的数据库管理系统。通过使用 Access 2007，可以轻松使数据库应用程序适应不断变化的业务需求。

### 6.1.1　Access 2007 的开始使用界面

　　Access 2007 中的新用户界面由多个元素构成，这些元素定义了用户与产品的交互方式。选择这些新元素不仅能帮助用户熟练运用 Access，还有助于更快速地查找所需命令。这项新设计还使用户能够轻松发现以不同方式隐藏在工具栏和菜单后的各项功能。

　　如果 Access 2007 是按默认方式安装的，通过依次选择 "开始" → "程序" → "Microsoft Office" → "Microsoft Office Access 2007" 即可启动 Access 2007，进入全新的 "开始使用

Microsoft Office Access"的界面，如图 6-1 所示。Access 2007 相比 Access 2003 发生了很大的变化，这些变化旨在帮助用户轻松快捷、更加高效地工作。

图 6-1　Access 2007 的开始使用界面

在图 6-1 界面中，可以创建新的数据库、打开以前创建的数据库、浏览来自 Office On-line 的最新内容等。通过"开始使用界面"可以采用不同的方式创建数据库。用户可以创建自己的数据库，也可以使用系统中原先设计好的、具有专业水准的数据库模板快速创建数据库。

窗口的左侧是"模板类别"区域，默认状态下选中的是"功能"选项，包括图 6-1 中所示的"新建空白数据库"、"特色联机模板"和"Office Online"三部分功能。当单击相应的类别选项时，会在窗口的中间部分显示相应的模板，用户可以方便地选择符合需求的模板创建数据库。

## 6.1.2　Access 2007 的工作界面

当用户创建一个数据库后，弹出 Access 2007 的工作界面，如图 6-2 所示。主要包括 Office 按钮、快速访问工具栏、功能区、导航窗格、工作区等几个部分。

### 1. Office 按钮

Office 按钮是开始界面左上角的圆形按钮，单击后打开下拉式的 Office 菜单，如图 6-3 所示，它类似于老版本里面的"文件"菜单。通过该菜单可以进行的主要操作如下。

"新建"：创建一个空白的数据库，即不包含任何现有数据或对象的 Microsoft Office Access 数据库。单击"新建"选项，窗体右边区域将展开"新建数据库"对话框，输入 ACCDB 数据库名称，如 A. accdb，并选择该数据库文件存放的位置；单击"创建"按钮来完成数据库的创建。

"打开"：打开保存在存储设备中的多种类型的 Access 文件，如数据库、数据库模板、签名包等。

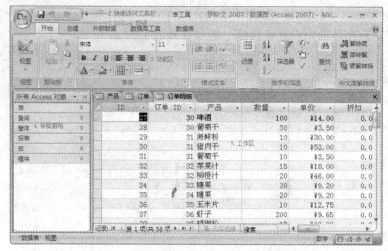

图 6-2　Access 2007 的工作界面

图 6-3　Access 2007 的 Office 菜单

"保存"：保存新建的或修改过的 Access 对象，第一次保存时会弹出"另存为"窗口，用户可以自定义保存的属性。在 Access 2007 中数据库以后缀名"*.accdb"保存。

"打印"：以不同的方式打印，同时可以预览打印的效果。"打印"选项可以在打印前设置打印机属性，"快速打印"选项则按默认设置直接打印当前对象。

"管理"：定期对数据库进行压缩、修复、备份、检查和设置数据库基本属性等操作，确保数据的完整性，防止数据丢失。

"电子邮件"：以 Excel 97、Excel 2000、Excel 2003 工作簿、Excel 二进制工作簿、HTML、RTF 等输出格式发送对象到指定的邮箱中。

"发布"：可以把数据库保存到文档管理服务器实现数据库共享。数据库系统设计完毕后，通过"打包和签署"功能将数据库打包并应用数字签名。

"设置 Access 选项"：在"管理"选项中选择"Access 选项"，中用户可以修改创建数据库的默认文件格式、保存文件夹，自定义 Access 中数据表的外观、快速访问工具栏，更改自动更正数据库的内容，查看和管理 Microsoft Office 的加载项等。

"最近使用的文档"：在 Office 菜单的右侧列出了系统最近使用过的文档，用户可以通过"Access 选项"对话框中的"高级"选项中的"显示"选项修改显示最近使用文档的数量。

## 2. 快速访问工具栏

快速访问工具栏是一个可自定义的工具栏，它包含一组独立于当前所显示的选项卡的命令。用户可以向快速访问工具栏中添加命令按钮，还可以移动快速访问工具栏的位置。

（1）自定义快速访问工具栏

单击快速访问工具栏右边的下拉箭头，在弹出的常用命令列表中选择需要的选项，该命令按钮将自动添加到快速访问工具栏中。如果要添加更多的命令按钮，需要在"Access 选项"对话框中设置。步骤如下。

鼠标右键单击快速访问工具栏，选择"自定义快速访问工具栏"命令，打开"Access 选项"对话框，如图 6-4 所示，单击"从下列位置选择命令"下拉列表，选择命令所在的功能区，然后在下方的命令列表中选中命令，单击"添加"按钮即可自定义快速访问工具栏。

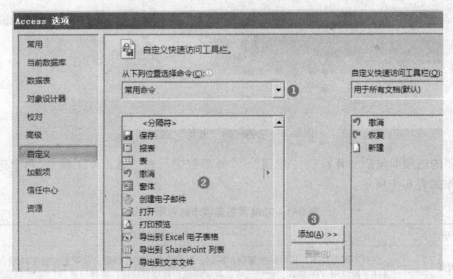

图 6-4　"Access 选项"对话框

另外，用户还可以直接把功能区中的命令添加到快速访问工具栏，这只需在功能区中右击该按钮，在快捷菜单中选择"添加到快速访问工具栏"命令即可。

对已经添加到快速访问工具栏的命令按钮，可以直接右击工具栏，从"从快速访问工具栏删除"把相应的命令按钮移除。

（2）调整快速访问工具栏的位置

快速访问工具栏的默认位置在"Office 按钮"的右侧，功能区的上方，如图 6-5（a）所示。如果不希望快速访问工具栏在该位置显示，可以将其移到靠近工作区的位置，即功能区的下方，如图 6-5（b）所示，以方便用户的操作。单击"快速访问工具栏"右边下拉箭头，在列表中单击"在功能区下方显示快速访问工具栏"或"在功能区上方显示快速访问工具栏"，即可实现两个位置的互换。

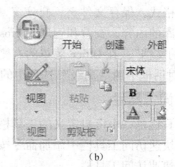

（a）　　　　　　　　　　（b）

图6-5　快速访问工具栏

### 3. 功能区

功能区位于 Access 主窗口的顶部，代替了以前版本中的菜单和工具栏，将菜单栏转换为选项卡，每个选项卡的下方列出了不同功能的组，每个组中包含若干个命令。功能区的外观更改取决于 Access 环境中的任务种类，处理不同的对象时，功能区当前的内容是截然不同的，如图6-6 所示的是"开始"选项卡的部分内容。

图6-6　功能区的"开始"选项卡

主要的选项卡包括"开始"、"创建"、"外部数据"和"数据库工具"，每个选项卡的常用操作如表6-1 所示。

表6-1　功能区各选项卡的常用操作

| 选 项 卡 | 可以执行的常用操作 |
| --- | --- |
| 开始 | 选择不同的视图，从剪贴板复制和粘贴，设置当前的字体特性，设置当前的字体对齐方式，对备注字段应用 RTF 格式，使用记录，对记录进行排序和筛选，查找记录 |
| 创建 | 插入新的空白表，使用表模板创建新表，在 SharePoint 网站上创建列表，在设计视图中创建新的空白表，基于活动表或查询创建新窗体，创建新的数据透视表或图表，基于活动表或查询创建新报表，创建新的查询、宏、模块或类模块 |
| 外部数据 | 导入或链接到外部数据，导出数据，通过电子邮件收集和更新数据，使用联机 SharePoint 列表，创建保存的导入和保存的导出，将部分或全部数据库移至新的或现有 SharePoint 网站 |
| 数据库工具 | 启动 Visual Basic 编辑器或运行宏，创建和查看表关系，显示/隐藏对象相关性或属性工作表，运行数据库文档或分析性能，将数据移至 Microsoft SQL Server 或 Access 数据库，运行链接表管理器，管理 Access 加载项，创建或编辑 Visual Basic for Applications（VBA）模块 |

（1）隐藏和还原功能区

操作过程中用户有时可能需要腾出更多的空间作为工作区，此时可以将功能区折叠，只保留一个包含选项卡的条形区域。若要关闭功能区，请双击活动的命令选项卡（突出显示的选项卡）。若要再次打开功能区，请再次双击活动的命令选项卡。或者利用右击快捷菜单中的"功能区最小化"命令。

（2）利用快捷键来访问功能区

在 Access 2003、Access 2000 中，可以通过"Alt + 快捷键"方式访问系统主菜单上的命令。而在 Access 2007 中访问快捷键的方法有所改变，用户只需要使用 2 ~ 5 个键就可以访问功能区上的大部分命令。

按下 Alt 键或 F10 键后立即释放，就可以在当前视图相关联的功能区上显示相应的键字母或数字提示，如图 6-7 显示的是截图所示。

当按 Alt 键或 F10 键后，可以使用向左或向右的箭头键来切换不同的选项卡，在每个选项卡中可以通过上、下、左、右 4 个箭头键和 Tab、Shift + Tab 键来选择不同的功能区上的控件。

当需要取消操作时，只需按 Alt 键或 F10 键移动焦点即可回到当前操作的文档视图。如果要一层一层退上去，则需按 Esc 键。

下面是几个常用的快捷键。

Ctrl + F1 键：显示或隐藏功能区。

F11 键：隐藏和显示导航窗格。

Shift + F10 键：相当于鼠标右键，显示快捷菜单。

F6 键：在功能区的活动选项卡、窗口底部的视图工具栏、活动文档和导航面板之间转移焦点。

### 4. 导航窗格

导航窗格位于 Access 2007 主窗口的左侧区域，用于显示数据库对象的名称，代替了 Access 2000 - 2003 中的数据库窗口，如图 6-8 所示。

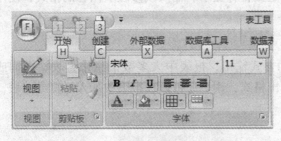

图 6-7　快捷键信息提示状态　　　　　　图 6-8　导航窗格

通过这种新式的导航窗格，可以获得一个综合的表、窗体、查询和报表等视图。可以按对象类型、创建日期、修改日期、表和相关视图来组织对象，甚至可以创建自定义组，组织和查看与单个表相关的全部窗体和报表。还可以通过右上角的"百叶窗开/关按钮"将导航窗格折叠后停靠在左侧，为工作区腾出更多的空间。

### 5. 工作区

工作区占用 Access 2007 工作界面的大部分区域，用来显示数据库中的各种对象，是使用Access进行数据库操作的主要工作区域。

## 6.1.3　Access 2007 中的对象

Access 2007 包含丰富的对象，主要有表、查询、窗体、报表、宏和模块等，如表6-2所示。

表6-2　Access 2007 主要对象

| 对　象 | 说　明 |
|---|---|
| 表 | 保存各种数据 |
| 查询 | 搜索、排序和检索特定的数据 |
| 窗体 | 以自定义的格式输入和显示数据 |
| 报表 | 显示和打印格式化数据 |
| 宏 | 不需要通过编程来实现任务的自动化 |
| 模块 | 包含使用 Visual Basic for Applications（VBA）编程语言编写的程序 |

### 1. 表

表是 Access 2007 存储数据的对象，是同一类数据的集合体，它是其他几个对象如"查询"、"报表"等进行操作的基础。一个数据库可能有一个或多个表，在每一个表中有若干个数据属性（字段），如学生信息表中的字段包括学号、姓名、性别、班级等。

### 2. 查询

查询是 Access 2007 数据库的另外一个对象，它的主要作用是查询出满足客户要求的数据，并显示出来。利用查询对象指定不同查询条件和需要的字段，可以产生不同的查询结果。例如，查询属于同一个班级的学生的学号和姓名信息。

### 3. 窗体

窗体就是用户的操作界面，可以自定义各种显示、输入或修改表内容的格式，使用户操作更加直观，且不易出现错误。

### 4. 报表

报表的作用就是将数据以格式化的方式输出，报表中大多数信息来自表、查询或 SQL 语句。通过报表不仅可以产生美观的输出格式，用户还可以在报表中加入运算或图表，使报表更具说服力。

### 5. 宏

宏是指若干个操作的集合，用于简化一些经常性的操作。当数据库中有大量重复性的工作需要处理时，宏成为最佳的选择。

一般用户在操作数据库时，一次只能执行一条命令，但利用宏可以事先将要执行的多个命令组合在一起，当需要的时候，再执行该宏，系统将自动依次执行宏中的命令。通过触发一个宏可以更为方便地在窗体或报表中操作数据，如执行打开表或窗体、运行查询、运行打印等操作。

#### 6. 模块

模块是 Access 2007 提供的 VBA 语言编写的程序段。应用 VBA 程序语言，可以加强数据库的处理能力。

模块对象是用来编写 VBA 程序的窗口。通常情况下，用户不需要创建模块，除非要建立比较复杂的应用程序，或者为了更加方便地实现某些功能。当然，如果能利用好模块，将会收到事半功倍的效果。

## 6.2　数据库的设计与维护

数据库类似于一个容器，里面可以容纳表、查询、报表等数据库对象。在设计数据库应用系统的时候，首先要创建数后缀名为"＊.accdb"的据库。

### 6.2.1　数据库的创建

Microsoft Access 2007 提供了多种创建数据库的方式，如"使用模板创建数据库"和"直接创建数据库"。

#### 1. 使用模板创建数据库

模板是随时可用的数据库，其中包含执行特定任务时所需的所有表、窗体和报表。通过对模板的修改，可以方便、快速创建符合个人需求的数据库。

Office Access 2007 自带了一个数据库模板集合，也可以使用图 6-1 所示的"开始使用 Microsoft Office Access 窗口"连接到 Microsoft Office Online 并下载最新的模板。

提供的模板包括商务、个人、示例和教育四大类，共计 11 种，分别是资产、问题、事件、营销项目、项目、销售渠道、任务、联系人、罗斯文 2007、教职员工和学生。

使用模板创建数据库的步骤如下。

① 启动 Access，打开"开始使用 Microsoft Office Access"窗口。

② 在图 6-1 所示的界面中选择所需模板类别，如"教育"，再选择教育分类里的"学生"模板，单击该模板，并在"文件名"文本框中输入文件名，如"student.accdb"，也可以使用默认的名称，如图 6-9 所示。

③ 单击"创建"按钮或"下载"按钮，Access 将自动从本地或远程获取模板，再根据该模板创建新的数据库，并将该数据库存储在默认的文件夹（如"我的文档"文件夹，用户可以自行修改）中，然后打开该数据库，如图 6-10 所示。如果要链接到 Windows SharePoint Services 网站，可以选中"创建数据库并将其链接到 Windows SharePoint Services 网站"复选框。

需要说明的是，如果是从"本地模板"创建数据库，窗体中显示的是"创建"按钮，如果是"联机模板"创建数据库，窗体中显示的则是"下载"按钮。

#### 2. 直接创建数据库

采用这种方式将创建一个不包含任何现有数据或对象的空数据库，用户可以根据实际情况在数据库中添加表、查询、窗体等对象。虽然该方法比较灵活，但是工作量相对较大，所有添加的对象都要自己定义所包含的各类元素。

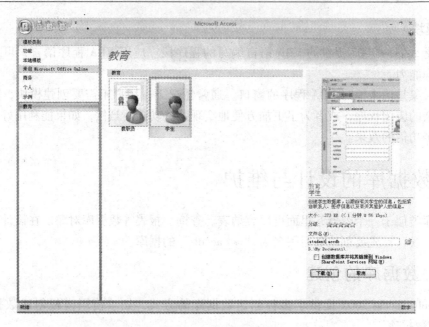

图6-9 使用模板创建数据库

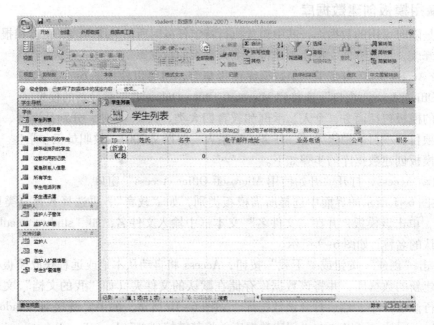

图6-10 数据表

直接创建数据库的步骤如下。

① 启动 Access 2007，打开如图 6-1 所示的界面。

② 在"开始使用 Microsoft Office Access"窗口中选择新建空白数据库中的"空白数据库"项，窗口右侧"最近打开的数据库列表"被"空白数据库"区域代替，在该区域"文件名"文本框中输入文件名，如"stu_score.accdb"，也可使用默认的名称，如图 6-11 所示。这个过程也可通过"OFFICE 菜单"或"自定义快速访问工具栏"中的"新建"命令来完成。

③ 单击"创建"按钮，Access 2007 将创建新的数据库，并将其保存在指定的文件夹中。勾选完成后自动打开数据库，窗口上显示设计新表的状态，如图 6-12 所示。

图 6-11　"空白数据库"区域

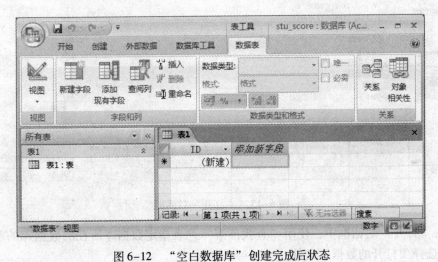

图 6-12　"空白数据库"创建完成后状态

## 6.2.2　数据库的打开

可以通过不同的方法打开现有的数据库，如从 Windows 资源管理器直接打开 Access 2007 数据库，或从 Access 2007 主界面中打开数据库等。

对于已创建的数据库，Access 2007 提供了 4 种打开方式，即共享方式、独占方式、只读方式和独占只读方式。各种打开方式的区别详见表 6-3。

表 6-3　Access 2007 数据库打开方式

| 打开方式 | 说　　明 |
|---|---|
| 共享方式 | 选择共享方式打开时，允许在同一时间有多位用户同时读取与写入数据库 |
| 独占方式 | 选择独占方式打开时，当有一个用户读取和写入数据库期间，其他用户都无法使用该数据库 |
| 只读方式 | 选择只读方式打开时，只能查看而无法编辑数据库 |
| 独占只读方式 | 用户以"独占只读方式"打开某一个数据库之后，其他用户将只能以只读模式打开此数据库，而并非限制其他用户都不能打开此数据库 |

对于某数据库的唯一用户，建议以独占方式打开数据库，该方式将阻止其他用户同时使用该数据库，从而有助于提高性能。独占方式也是网络应用中共享数据的一种普遍方式。

下面说明如何在 Access 2007 中以指定方式打开数据库。

① 启动 Access 2007，单击"Office 按钮"，然后单击"打开"按钮，出现"打开"对话框，如图 6-13 所示。

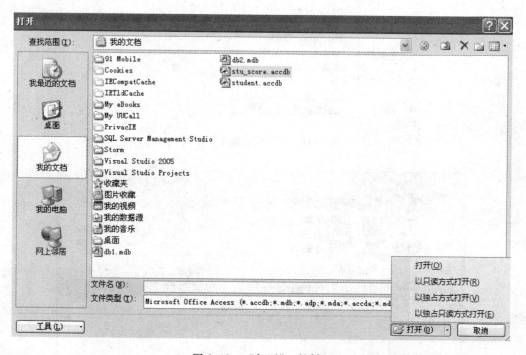

图 6-13　"打开"对话框

② 在"打开"对话框中，使用"查找范围"列表指定数据库所在的数据库的驱动器或文件夹，选择要打开的数据库文件。

③ 单击"打开"按钮上的箭头，在弹出的菜单中选择一种打开方式打开数据库。

## 6.2.3　数据库格式的转换

Access 发展到现在有很多种数据库文件格式，如 Access 97、Access 2000、Access 2002 - 2003 和 Access 2007 等。如果在 Access 2007 中打开以前版本的数据库文件或让 Access 2007 格式的数据库在以前的版本中使用，就需要用格式转换功能。

Access 2000 或 Access 2003 文件格式的数据库可以在 Office Access 2007 中正常打开并使

用它。但是，无法使用要求 ". accdb" 文件格式的新功能，例如，复杂数据、附件日期类型、仅追加备注字段、以附件形式使用的电子邮件数据库、使用数据库密码加密等。要想 Access 2000 或 Access 2002 – 2003 文件格式的数据库使用这些新功能，必须先将这些格式的数据库转换为 Office Access 2007 （. accdb） 文件格式。

同样，使用 Microsoft Office Access 2007 创建的数据库，如果要在早期版本的 Access 中共享该数据库，就需要将该数据库转换为早期文件格式。

Access 2000、Access 2002 – 2003 和 Access 2007 格式的数据库文件相互转换的具体步骤如下。

① 打开 Access 2007 工作界面，打开某种格式的数据库，单击 "Office 按钮"，然后指向 "Office 菜单" 中的 "另存为"，弹出下一级菜单，如图 6–14 所示。

图 6–14　　"另存为" 菜单

② 在 "将数据库另存为其他格式" 区域中有 "Access 2007 数据库、Access 2002 – 2003 数据库、Access 2000 数据库" 3 个选项，选择要转换的格式，打开 "另存为" 对话框。

③ 在 "另存为" 对话框的 "文件名" 框中，输入数据库文件的名称，然后单击 "保存" 完成格式转换。Access 会关闭原格式版本的数据库并打开转换后的新格式的数据库。

如果要把以前版本的数据库转换为 Access 2007 格式的，也可以通过 "Office 菜单" 中的 "转换" 功能来实现。

Access 97 或更早版本的文件第一次在 Office Access 2007 中打开时，会出现如图 6–15 所示的 "数据库增强功能" 对话框，建议升级数据库。如果选择 "是"，则把数据库升级到 Access 选项中默认文件格式的数据库，默认文件格式可以在 "Access 选项" 中修改。如果选择 "否"，则以原来的格式打开数据库，此时，只能查看对象及对数据进行更改，但不能进行更改。

图 6-15　"数据库增强功能"对话框

如果不打算在早于 Access 2007 的 Access 版本中使用 Access 97 或更早版本的数据库，并且不使用复制功能或用户级安全性，则应将数据库文件升级为新型"．accdb"格式。这样可以启用最新的增强功能，并尽可能带给用户最好的体验。

Access 97 或更早版本数据库以原来格式用 Access 2007 打开后，也可以通过"另存为"功能转换为 Access 2000、Access 2002－2003 或 Access 2007 格式。但是，若要将 Access 2007 数据库转换为与 Access 97 或更早版本兼容的文件格式，必须先使用 Access 2007 将数据库转换为 Access 2000 文件格式或 Access 2002－2003 文件格式。然后，再使用早期版本的 Access 将数据库转换为所需的格式。例如，使用 Access 2003 中的"转换数据库"命令，可以将 Access 2000 数据库或 Access 2002－2003 数据库转换为 Access 97 文件格式。

### 6.2.4　数据库的备份

对用户来说，数据库系统的安全性非常重要，要养成平时定期备份所有活动数据库的习惯，以免数据丢失，造成无法挽回的损失。当出现系统故障或数据出错时，通过使用备份，可以轻松地还原整个数据库或选定的数据库对象。

备份数据库时，Access 2007 首先会保存并关闭在"设计"视图中打开的所有对象，接着压缩并修复数据库，然后使用可以指定的名称和位置保存数据库文件的副本。随后，Access 会按照对象的"默认视图"属性值所指定的方式重新打开关闭的所有对象。具体步骤如下。

① 打开要备份的数据库。

② 单击"Office 按钮"→"管理"，在弹出的"管理此数据库"菜单中选择"备份数据库"命令，弹出"另存为"对话框。

③ 在"另存为"对话框中的"文件名"文本框中，更改数据库备份的名称，默认名称由原始数据库文件的名称和执行备份的日期构成。在还原数据或对象时，需要知道备份文件的原始数据库及备份时间。因此，建议使用默认的文件名。选择要保存数据库备份文件的位置，然后单击"保存"按钮即可完成备份过程。

## 6.3　创建和编辑数据表

表是关系型数据库系统的基本对象。数据库创建完毕后，就可以在其中创建表，进而存储数据和创建数据库其他对象。

## 6.3.1　创建数据表

创建一个新的数据表是指定义一个表的结构及确定表中所需字段的各种属性，如字段类型、完整性约束条件。在 Access 2007 中创建表的 4 种方法如下：使用模板创建表、使用表设计器创建表、在数据表视图中创建表和利用 SharePoint 列表创建表。这里以前两种方法来说明数据表的创建过程。

### 1．使用模板创建表

使用模板创建表是一种快速建表的方式。Access 2007 内置了一些常见主题的表模板，如联系人、任务和问题等。这些表模板中都包含了足够多的字段名，用户可以根据需要在数据表中添加和删除字段，步骤如下。

① 打开一个数据库，把功能区切换到"创建"选项卡。

② 单击"表"组中的"表模板"，出现各种主题的模板列表，如图 6-16 所示。

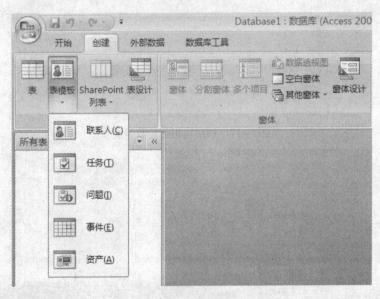

图 6-16　表模板列表

③ 在模板列表中选择一种模板，如"任务"，即可创建一个基于该模板的数据表，如图 6-17 所示。

④ 单击自定义快速访问工具栏中的"保存"命令，或按 Ctrl + S 键，弹出"另存为"对话框，在"表名称"文本框中输入文件名，单击"确定"按钮，完成创建任务。

### 2．使用表设计器创建表

表设计器是一种可视化工具，用于设计和编辑数据库中的表。该方法以设计器所提供的设计视图为界面，引导用户通过人机交互来完成对表的定义，它是专业设计开发人员的首选方式。利用模板创建的数据表在修改时也需要使用表设计器，步骤如下。

① 打开一个数据库，把功能区切换到"创建"选项卡。

② 单击"表"组中的"表设计"选项，打开"设计视图"窗体，如图 6-18 所示。

　　③ 打开"设计视图"后，光标处在"字段名称"下方，在此输入一个名称，如"s_number"，作为表的第一个字段。当字段名取英文名称时，最好在"说明"列为字段加上一个容易理解的注解，以提高应用程序的可读性和可理解性。

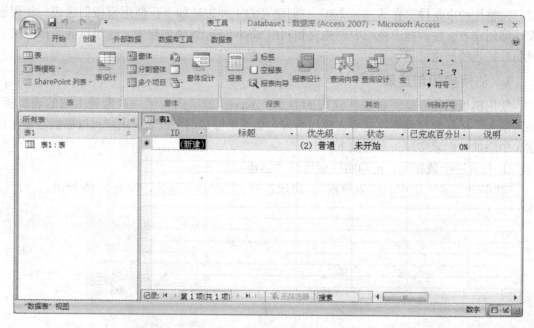

图 6-17　利用模板创建数据表

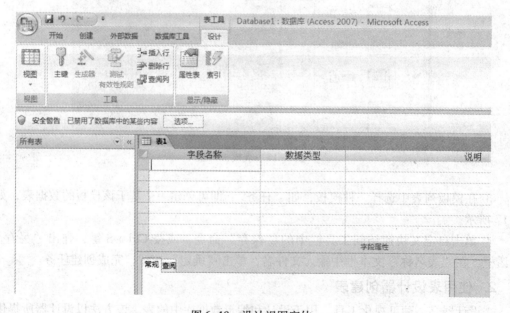

图 6-18　设计视图窗体

　　④ 字段名称输入后，其右边的"数据类型"自动设为"文本"，把光标移到"数据类型"方格，再单击方格右侧的按钮，弹出一个下拉列表框，可以修改字段的数据类型，如把 s_number 设为"字符类型"。Office Access 2007 中的字段可用的数据类型见表6-4。

表 6-4　Access 2007 的数据类型

| 数据类型 | 说明 | 大小 |
|---|---|---|
| 文本 | 用于不在计算中使用的文本或文本和数字,例如,学生的姓名 | 最大为 255 个字符 |
| 备注 | 用于长度超过 255 个字符的文本,或用于使用 RTF 格式的文本。例如,注释、较长的说明和段落等经常使用"备注"字段 | 最大为 1 GB 字符,或 2 GB 存储空间(每个字符 2 个字节),可以在控件中显示 65 535 个字符 |
| 数字 | 用于存储要在计算中使用的数字,货币值除外 | 1、2、4 或 8 个字节,或 16 个字节 |
| 日期/时间 | 用于存储日期/时间值。请注意,存储的每个值都包括日期和时间两部分 | 8 个字节 |
| 货币 | 用于存储货币值 | 8 个字节 |
| 自动编号 | 添加记录时自动插入的一个唯一的数值。可以按顺序增加指定的增量,也可以随机选择 | 4 个字节或 16 个字节 |
| 是/否 | 布尔值。例如,"是/否"或"真/假" | 1 位 |
| OLE 对象 | OLE 对象或其他二进制数据 | 最大为 1 GB |
| 附件 | 用于存储数字图像和任意类型的二进制文件的首选数据类型。如图片、Office 文件等 | 对于压缩的附件,为 2 GB。对于未压缩的附件,大约为 700 k |
| 超链接 | 用于存储超链接,还可以链接至数据库中存储的 Access 对象 | 最大为 1 GB 字符或 2 GB 存储空间 |
| 查阅向导 | 用于启动"查阅向导",可以创建一个使用组合框在其他表、查询或值列表中查阅值的字段 | 基于表或查询:绑定列的大小。基于值:存储值的文本字段的大小 |

　　字段除了数据类型属性外,还有很多其他属性需要设置,如字段大小、格式、输入掩码、默认值、有效性规则、有效性文本、必填字段、索引等,常用的字段属性说明见表 6-5。但是,每个字段可用的属性取决于该字段的数据类型,可以通过设计视图下方的"常规"选项卡来设置,如图 6-19 所示。

表 6-5　常用字段属性说明

| 属性 | 说明 |
|---|---|
| 字段大小 | 决定为每个值分配的空间量。文本字段可在 1~255 个字符间变化。数值字段设置数值类型。为获得最佳性能,建议分配足够的最小空间量 |
| 格式 | 决定当字段在数据表或绑定到该字段的窗体或报表中显示或打印时字段的显示方式 |
| 默认值 | 添加新记录时自动向此字段分配指定值 |
| 标题 | 默认情况下,以窗体、报表和查询的形式显示此字段的标签文本。如果此属性为空,则会使用字段的名称。允许使用任何的文本字符串 |
| 有效性规则 | 提供一个表达式,该表达式必须为 TRUE 才能在此字段中添加或更改值。该表达式和"有效性文本"属性一起使用 |
| 有效性文本 | 设置在输入值违反有效性规则属性中的表达式时显示的消息 |
| 必填字段 | 设置字段是否需要值 |
| 允许空字符串 | 允许在超链接、文本或备注字段中输入零长度字符串 |
| 索引 | 指定字段是否具有索引,不要为用于主键的字段更改此属性 |
| Unicode 压缩 | 当存储的字符数少于 4096 时,压缩此字段中存储的文本 |
| 输入法模式 | 当焦点移到该字段时,希望设置的输入法模式 |
| 输入掩码 | 为输入的数据指定模式,以确保所有输入的数据格式统一。例如,设置中文的长日期格式为 "9999 \ 年 99 \ 月 99 \ 日;0;_" |
| 智能标记 | 向字段附加一个智能标记 |
| 文本对齐 | 指定控件内文本的默认对齐方式 |

⑤ 重复步骤③、④，插入其他字段。

⑥ 为表设置一个"主关键字"，把光标定位在要设为关键字的字段所在的行的任意方格，单击"工具"组中的"主键"按钮，此时在该行的左边字段选择器处会出现一个钥匙状的图标，表示该字段已经设为"主关键字"，如图 6-20 所示。

⑦ 单击"保存"按钮，在弹出的"另存为"对话框中输入表的名称，如 stu_info，单击"确定"按钮，完成表的创建，该表出现在左侧的导航窗格中。

图 6-19　字段属性"常规"选项卡

图 6-20　设置主关键字

## 6.3.2　编辑数据表

创建数据库前，虽然经过精心规划，但随着数据库系统规模的扩大和需求的改变，有时仍需要对表做某些修改。例如操作数据表记录、插入或删除数据表字段、修改字段属性、更改字段顺序。

### 1. 操作数据表记录

操作数据表记录包括添加记录、修改记录、删除记录、查找记录等。

（1）添加记录

在数据表视图中，单击带"＊"标记行的任意一个单元格，直接输入数据即可添加新记录。输入任意内容后，带"＊"标记的行自动会下移一行，以待再次输入新的记录，如图 6-21 所示。

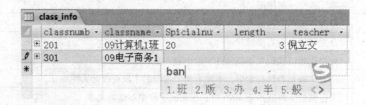

图 6-21　输入新记录

（2）修改记录

要修改记录，可以单击需修改数据所在的单元格，用 Delete 键或 Backspace 键删除原有的数据，输入新内容即可。

（3）删除记录

有时，因为数据过时或误操作等原因需要删除记录，如某学生退学了，则可以从表中将其删除。在删除记录时必须要谨慎，它不仅删除记录本身，还要删除相关表中的记录。

要删除记录，将鼠标移到记录左侧的小框（记录选定器），此时光标变成向右箭头，单击鼠标右键，在弹出的菜单中选择"删除记录"命令，即可删除选定记录，如图 6-22 所示。

可以删除连续的多条记录，首先单击第一条记录的记录选定器，然后拖至删除范围的最后一条记录。在橙色的边框上单击鼠标右键，在弹出的快捷菜单中选择"删除记录"命令，即可一次性删除多条记录。

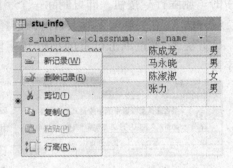

（4）查找数据

在大量的记录中人工查找数据，是相当费力的事情，用户可以通过查找功能快速定位到所要找的记录。步骤如下：把功能区切换到"开始"选项卡，单击查找选项组中的"查找"命令，弹出"查找和替换"对话框，在"查找内容"中输入如图 6-23 所示的内容。当然也可以通过快捷键"Ctrl + F"打开该对话框。

图 6-22　删除记录

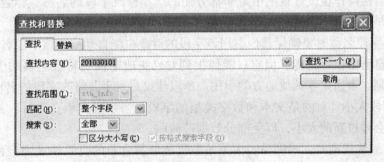

图 6-23　"查找和替换"对话框

设置好查找内容、字段匹配方式、搜索方向等选项，单击"查找下一个"按钮，开始搜索符合条件的内容，如果匹配成功，则停在第一个符合条件的记录上，可以继续单击"查找下一个"按钮，查找下一条符合条件的记录。在该对话框中除了查找记录外，还可以批量替换记录的数据。

需要说明的是，在实际应用中，很少直接通过数据表视图操作数据表记录，而是通过创建窗体的方式来实现有关的操作。

## 2. 插入或删除数据表字段

（1）插入字段

在"导航窗格"中右击数据表，在弹出的快捷菜单中选择"设计视图"命令，打开该表的设计视图窗口。同时，功能区出现"设计"选项卡。把光标定位在要插入新字段的下一行，单击"设计"选项卡"工具"组中的"插入行"按钮，即可在该行的前面插入一个新的字段，输入字段的有关属性，新字段插入完毕。

插入字段后，要为该字段补上数据，并且在其他需要该字段的查询、窗体等对象中加入该字段。

（2）删除字段

当数据表处于设计视图状态时，删除一个字段可以采用下面3种方法单击。

方法1：把光标定位在要删除的字段，选择功能区中"设计"选项卡，单击"工具"组中的"删除行"按钮，即可删除一个字段。

方法2：在要删除字段上右击，选择快捷菜单中的"删除行"命令，即可删除字段。

方法3：通过单击行首的小框（字段选择器）选定某字段所在的行，按 Delete 键删除字段。

图 6-24　删除字段提示框

当删除包含数据的字段时，会弹出如图 6-24 所示的提示框，警告将永久删除选中的字段及其所有数据，如果确认删除，选择"是"，否则选择"否"。确认删除字段后，可以立即选择工具栏"撤销"按钮来恢复被删除的字段及其数据，但是必须在保存更改的表定义或对表设计进行其他更改之前。

### 3. 修改字段属性

修改字段属性操作在设计视图中是非常方便的，如修改字段的名称、标题、输入掩码、默认值等。但是要注意下面几个问题。

① 修改某字段名称时要确保其他引用该字段的对象也能自动修改该字段名称。虽然 Access 提供了"自动更正"功能，但它只能捕捉到对已更改字段名称最明显的引用，而无法更新有效性规则、表达式等其他地方的引用。所以建议尽量不要修改字段的名称。

② 修改字段大小针对的是文本和数字类型的字段，当字段大小变小时，务必确保表中的数据长度不会超过新的大小，以免部分数据被截取。

③ 修改有效性规则时，要确保表中原始数据能够符合新的有效性规则，否则会发生冲突现象。

### 4. 更改字段顺序

数据表中的顺序是由设计时输入的顺序决定的，用户可以修改字段的位置，来改变显示的顺序。方法是单击"字段选择器"直接把字段拖到新的位置。

## 6.4　创建表间的关系

在一个数据库中常包含多个数据表，其目的是使每个表的数据信息相对独立。同时，这些表之间又存在着一定的关联，否则数据库的存在将变得毫无意义。

在表之间创建关系，可以确保 Access 2007 将某一表中的改动反映到相关联的表中，可以避免某些错误的发生。例如，当将一个数据库中学生信息表里的某一位学生信息删除时，如果学生信息表没有和选课表建立关系，则该学生的已选课程信息可能仍然保留着，这将造成数据的不一致性。所以，可以在不同的表中设置一个公共字段，通过该字段在表之间建立关系。

下面以学生成绩管理系统的数据库中的学生信息表 stu_info 和班级信息表 class_info 为

例，介绍建立表间关系的方法。这两个表有个共同的"班级编号"字段，字段名为"class-
number"。步骤如下：

① 打开需要创建表间关系的数据库 stu_score. accdb。

② 打开 Access 2007 的"关系工具"菜单。单击 Access 功能区的"数据库工具"选项
卡，再单击"关系"按钮，如图 6-25 所示。

③ 若第一次创建表间关系，单击"关系"按钮后将出现"显示表"对话框，如
图 6-26 所示。该对话框共有 3 个选项卡，用来显示当前数据库中的表或查询。当选择
"表"或"查询"选项卡，则单独显示表或查询；而选择"两者都有"选项卡则同时显
示表和查询。选择学生信息表 stu_infor 和班级信息表 class_info，然后单击"添加"按钮，
选中的表被添加到关系窗口中。

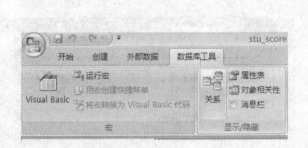

图 6-25　"关系项"菜单

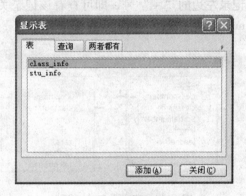

图 6-26　"显示表"对话框

④ 在"显示表"对话框中，单击"关闭"按钮，回到关系窗口。此时表之间没有任何
关系，如图 6-27 所示。

⑤ 单击 class_info 表中的"classnumber"字段并将其拖曳至 stu_info 表中的"classnum-
ber"字段。此时将出现"编辑关系"对话框，如图 6-28 所示。

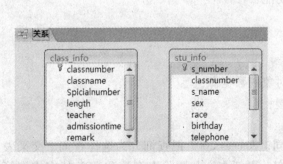

图 6-27　表间关系状态窗口

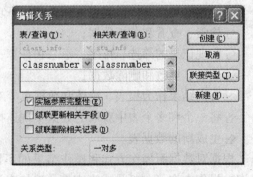

图 6-28　"编辑关系"对话框

此外，还可以设置是否要启用"实施参照完整性"。选中"实施参照完整性"后，"级
联更新相关字段"和"级联删除相关记录"选项变为可用。通过这几个选项可以很大程度
上提高数据的一致性和完整性。

　　⑥ 设置好"编辑关系"对话框中的有关参数后，单击"创建"按钮关闭该对话框，完成关系的创建。两个表之间出现了一条线，表示表之间的关系，称之"关系连接线"。如果选中了"实施参照完整性"，则会在 class_info 表的链接端出现了数字"1"，而 stu_info 表的链接端出现一个无限大符号"∞"，这表示两个表之间是"一对多"关系，如图 6-29 所示。此时把 stu_info 表称为主表，class_info 表称为从表。

　　通过关系连接线，可以方便地编辑和删除先前建立的关系。双击关系窗口中的关系连接线，弹出"编辑关系"对话框，即可修改表间关系的有关参数。右键单击关系连接线，选择快捷菜单中的"删除"选项，可以删除选中的关系。

　　当表之间创建了关系之后，可以在数据表视图中查看记录的关联情况。在"导航窗格"中双击一对多关系中的主表，打开该表的数据表视图，如 stu_info 表。在数据表视图中单击记录左边的"＋"号，即可查看该记录关联的多个记录，如图 6-30 所示。可以看到 class-number 为"201"的记录有 2 条关联记录。

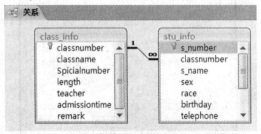
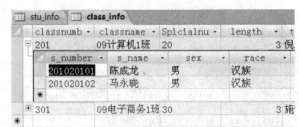

图 6-29　建立表间关系状态　　　　　　　图 6-30　一对多关系关联

# 6.5　创建查询

　　查询是 Access 2007 数据库的重要对象之一，也是数据库处理和分析数据的工具。它可以让用户根据指定的条件从一个或多个表中检索特定的信息，筛选出符合条件的记录，构成一个新的数据集合。概括起来查询具有如下功能：

　　　　↳ 检索、查看和分析数据；
　　　　↳ 实现记录的筛选、排序、汇总和计算；
　　　　↳ 追加、更改和删除数据；
　　　　↳ 查询结果作为报表、窗体和数据页等对象的数据源；
　　　　↳ 将一个和多个表中获取的数据实现连接；
　　　　↳ 生成新的数据表。

　　根据对数据源操作方式和操作结果的不同，Access 2007 把查询分为选择查询、交叉表查询、操作查询（包括生成表查询、追加查询、更新查询和删除查询）和 SQL 特定查询等多种类型，常见的查询类型参见表 6-6。

　　用户在执行查询过程中，有时常需要通过传递参数来确定检索条件。这种带有参数的查询也称参数查询，它是建立在选择查询或交叉查询的基础之上的一种查询。执行这种带参数的查询时，会跳出一个输入对话框以提示用户输入信息。

表 6-6　常见的查询类型及功能说明

| 查询类型 | | 说　明 |
|---|---|---|
| 选择查询 | | 从数据库的一个或多个表中检索指定条件的信息，将结果显示在一个数据表上供查看或编辑，可以对记录进行分组、统计、汇总等计算 |
| 交叉表查询 | | 可以计算数据的统计、平均值、计数或其他类型的总和，并重新组织数据的结构，方便进行数据分析 |
| 操作查询 | 生成表查询 | 利用一个或多个表中的全部或部分数据创建新表 |
| | 追加查询 | 可将一个或多个表中的一组记录追加到一个或多个表的末尾 |
| | 更新查询 | 对一个或多个表中的一组记录进行修改 |
| | 删除查询 | 从一个或多个表中删除一组记录 |
| SQL 特定查询 | | 使用 SQL 语句创建的查询。又分为联合查询、传递查询、数据定义查询 |

　　Access 2007 中创建查询的方法有两种，分别是"使用向导创建查询"和"在设计视图中创建查询"。下面介绍这两种创建查询的方法。

## 6.5.1　使用向导创建查询

　　通过 Access 2007 提供的查询向导，可以快速创建"简单查询"、"交叉表查询"、"查找重复项查询"和"查找不匹配项查询" 4 种类型的查询。下面以创建简单查询为例说明向导的使用方法。

　　例如，查询学生的基本信息，要求显示"学号"、"姓名"、"班级"和"联系电话"。

　　① 打开数据库，从"功能区"选项卡切换到"创建"选项卡，单击"其他"组中的"查询向导"按钮，打开"新建查询"对话框，如图 6-31 所示。

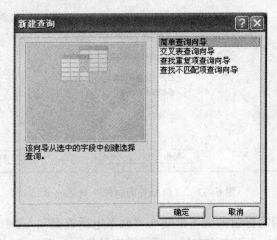

图 6-31　"新建查询"对话框

　　② 在类型列表中选择"简单查询向导"，单击"确定"按钮，打开"简单查询向导"对话框，如图 6-32 所示。

　　③ 因为要求显示的字段信息不在同一个表中，所以这里需要从多个表中选取字段。首先，在"表/查询"下拉列表框中选择学生信息表 stu_info，在"可用字段"列表框中分别选择"s_number"、"s_name"和"telephone"字段，单击 按钮把字段添加到"选定字

段"列表框中。把"表/查询"下拉列表框中的表切换到班级信息表 class_info,再把"c_name"字段添加到"选定字段"列表框中。利用 ＜ 按钮可以把选错的字段从"选定字段"列表框中删除,另外两个按钮 ≫ 和 ≪ 可以整体添加或删除全部字段。选定字段后,单击"下一步"按钮,进入"简单查询向导"的另一个界面,如图 6-33 所示。如果添加的字段里包含数值类型的数据,还会要求确定"明细查询"或"汇总查询"。

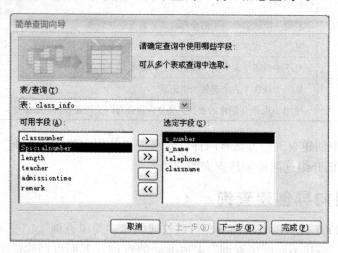

图 6-32　"简单查询向导"对话框 A

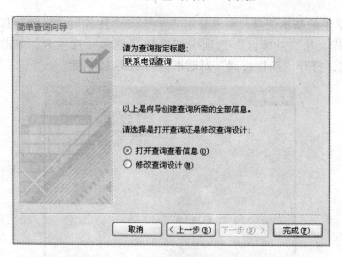

图 6-33　"简单查询向导"对话框 B

④ 在"请为查询指定标题"文本框输入"联系电话查询",选中"打开查询查看信息"项,单击"完成"按钮,关闭查询向导,显示查询结果,如图 6-34 所示。

| s_number | s_name | telephone | classname |
|---|---|---|---|
| 201020101 | 陈成龙 | 13508888888 | 09计算机1班 |
| 201020102 | 马永晓 | 13012345658 | 09计算机1班 |
| 201030102 | 张力 | 13653147777 | 09电子商务1班 |
| 201030101 | 陈淑淑 | 13757711111 | 09电子商务1班 |

图 6-34　查询结果

## 6.5.2　在设计视图中创建查询

通过查询向导，用户可以方便快速地创建查询，其方法简单，操作方便，但是不够灵活，而且查询向导只能生成一些简单的查询，对于要求比较复杂的查询，它就无法实现。这时就需要使用设计视图来解决这一问题。使用设计视图可以自行设置查询条件，创建基于单表或多表的不同选择查询。

查询设计视图窗口分为两大部分，窗口的上部是"表/查询显示窗口"，下部是"查询设计网格"。"表/查询显示窗口"显示查询所用到的数据源。窗口中的每个表或查询都列出了它们的所有字段，方便用户选择查询字段。在查询设计网格中，既能够增加、移动、插入和删除字段，也能够设置准则和排序次序，计算总计和平均值等。

接下来以带参数的选择查询为例，讲解在设计视图中创建查询的过程。例如，查询指定班级学生的考试成绩，要求显示"姓名"、"课程"和"成绩"，按课程名称升序排列，班级名称由传递的参数决定。

① 打开数据库，从"功能区"选项卡切换到"创建"选项卡，单击"其他"组中的"查询设计"按钮，弹出"显示表"对话框，如图6-35所示。

② 根据题目要求可知，需要添加班级信息表 class_info、学生信息表 stu_info、课程信息表 c_info 和成绩表 score_info 共 4 个表，选择这 4 个表，单击"添加"按钮，把它们添加到"表/查询显示窗口"中，4 个表之间会自动创建关系。单击"关闭"按钮，回到查询设计窗口，如图 6-36 所示。

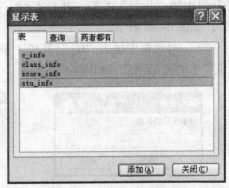

图 6-35　"显示表"对话框

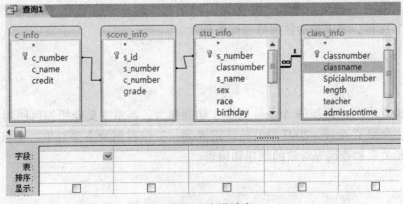

图 6-36　查询设计窗口

③ 在 stu_info 表中，双击"s_name"字段，将该字段添加到查询设计网格中，同理，把 class_info 表中的"classname"、c_info 表中的"c_name"字段和 score_info 表中的"grade"字段添加到查询设计网格中。在"classname"列下面的"条件"单元格内输入查询参数"=［请输入班级名称］"。在"c_name"列下面的"排序"单元格选择"升序"，如图6-37所示。

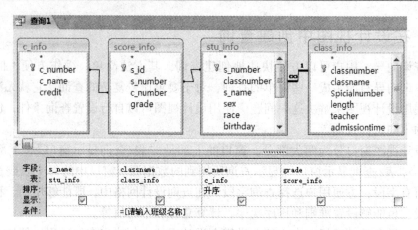

图 6-37　添加字段和规则

④ 至此，参数基本设置完毕，用户可以检查查询是否正确。选择"设计"选项卡"结果"组中的"运行"按钮，执行查询，弹出"输入参数值"对话框，提示"请输入班级名称"，如图 6-38 所示。

⑤ 在对话框中输入"09 计算机 1 班"，单击"确定"按钮，接着显示出所有 09 计算机 1 班学生的成绩信息，如图 6-39 所示。

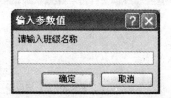

图 6-38　"输入参数值"对话框

图 6-39　查询结果

⑥ 单击"保存"按钮，弹出"另存为"对话框，输入查询名称"按班级查询成绩"，单击"确定"按钮，完成带参数选择查询的创建。

# 小结

Access 2007 是目前最新的 Access 版本、功能强大，本章主要介绍如何使用 Access 2007 的基本功能，介绍了 Access 2007 的开始使用界面、工作界面及主要对象。重点讲解了数据库、表、表间关系和查询等对象的创建和编辑。

# 习题

## 一、选择题

1. Access 是一个（　　　）系统。

A. 文字处理　　　　B. 电子表格　　　　C. 网页制作　　　　D. 数据库管理

2. 退出 Access 2007 可以使用的快捷键是（　　　）。

A. Alt + F + X　　　B. Alt + X　　　　C. Ctrl + C　　　　D. Ctrl + O

3. 在 Access 中，"文本"数据类型的字段最大可以输入（　　）个字节。

A. 64　　　　　　　B. 128　　　　　　C. 255　　　　　　D. 256

4. Access 中表和数据库之间的关系说明正确的是（　　）。

A. 一个数据库可以包含多个表　　　　B. 一个表只能包含两个数据库

C. 一个表可以包含多个数据库　　　　D. 一个数据库只能包含一个表

5. Access 查询的数据源可以是（　　）。

A. 表　　　　　　　B. 查询　　　　　　C. 表和查询　　　　D. 报表

6. 关于主关键字的说法正确的是（　　）。

A. 同一个数据表中可以设置一个主关键字，也可以设置多个主关键字

B. 主关键字的内容具有唯一性，而且不能为空值

C. 排序只能依据主关键字字段

D. 设置多个主关键字时，每个主关键字的内容可以重复，但全部主关键字的内容组合起来必须具有唯一性

7. Access 2007 表中字段的数据类型不包括（　　）。

A. 文本　　　　　　B. OLE 对象　　　　C. 日期/时间　　　D. 实型

二、填空题

1. Access 2007 的工作界面包括_____、_____、_____、_____、_____等几个部分。

2. Access 2007 数据库的扩展名是_____。

3. Access 2007 包含丰富的对象，主要有_____、_____、_____、_____、_____和_____等。

4. 对于已创建的数据库，Access 2007 提供了 4 种打开方式，即_____、_____、_____和_____。

5. 根据对数据源操作方式和操作结果的不同，Access 2007 把查询分为_____、_____、_____、_____、_____和_____等类型。

三、实训题

实训一：按要求创建数据库、表及表间关系。

实验目的：

（1）学会创建数据库；

（2）学会设计表的结构和输入数据；

（3）学会创建表之间关系；

（4）学会数据库的备份。

实训内容：

（1）新建数据库 stu_score. accdb，并在该数据库中添加"学生"表、"课程"表和"成绩"表，并输入有关数据。表的部分结构和数据如表 6-7 到表 6-12 所示。

表 6-7　"学生"表结构

| 字段名 | 学号 | 姓名 | 性别 | 出生日期 | 专业 |
|---|---|---|---|---|---|
| 类型 | 文本 | 文本 | 文本 | 日期 | 文本 |
| 大小（格式） | 9 | 16 | 2 | 长日期 | 40 |

表6-8　"学生"表内容

| 学号 | 姓名 | 性别 | 出生日期 | 专业 |
|------|------|------|----------|------|
| 201020101 | 胡斌 | 男 | 1997 - 5 - 1 | 计算机信息管理 |
| 201020102 | 曹阅 | 女 | 1996 - 10 - 1 | 计算机信息管理 |
| 201020103 | 周皓 | 女 | 1995 - 8 - 8 | 广告设计与制作 |

表6-9　"课程"表结构

| 字段名 | 课程号 | 课程名 | 学时数 | 学分 |
|--------|--------|--------|--------|------|
| 类型 | 文本 | 文本 | 数字 | 数字 |
| 大小 | 3 | 16 | 整型 | 整型 |

表6-10　"课程"表内容

| 课程号 | 课程名 | 学时数 | 学分 |
|--------|--------|--------|------|
| 601 | 大学英语 | 76 | 5 |
| 602 | 数据结构 | 82 | 6 |
| 603 | Web 应用开发 | 80 | 5 |

表6-11　"成绩"表结构

| 字段名 | 学号 | 课程号 | 成绩 |
|--------|------|--------|------|
| 类型 | 文本 | 文本 | 数字 |
| 大小 | 9 | 3 | 小数（小数位数为1） |

表6-12　"成绩"表内容

| 学号 | 课程号 | 成绩 |
|------|--------|------|
| 201020101 | 601 | 85 |
| 201020101 | 602 | 90 |
| 201020102 | 602 | 98 |
| 201020103 | 602 | 98 |

（2）为3个数据表定义主键。学生表主键为学号字段，课程表主键为课程号，成绩表主键为（学号 + 课程号）。

（3）建立上述3个表之间的关系，在建立过程中要求选择"实施参照完整性"。

"学生"表"学号"（主键）与"成绩"表的"学号"（外键）。

"课程"表"课程号"（主键）与"成绩"表的"课程号"（外键）。

（4）备份数据库，备份文件的名称为"原数据库名" + "备份日期"。

实训二：在实训一的基础上为数据库创建查询。

实验目的：掌握常用查询的创建。

实训内容：

（1）创建名为"考试信息选择查询"的选择查询，要求如下：

① 查询所有同学的有关基本信息和考试成绩；

② 查询显示字段为：学号、姓名、年龄、课程号、课程名、成绩。

（2）创建一个名为"按出生等条件选择查询"的选择查询，要求如下：

① 查询所有 1995 年 10 月 1 日之后出生、数据结构成绩高于 80 分的女同学；

② 查询显示字段为：学号、姓名、性别、课程名、成绩。

（3）创建一个名为"按学号课程名参数查询"的参数查询，要求如下：

① 要求根据用户输入的"学号"和"课程名"，查询某同学某门课程的成绩；

② 查询显示字段为：学号、姓名、课程名、成绩。

# 第 7 章　SQL Server 2005 数据库系统

**本章要点：**

---

☑ SQL Server 的发展历史及版本功能比较
☑ SQL Server 2005 的硬件、软件及网络需求
☑ SQL Server 2005 的安装与配置
☑ SQL Server 2005 的工具和实用程序
☑ SQL Server 2005 程序设计基础

---

## 7.1　SQL Server 2005 系统简介

SQL Server 2005 是微软公司于 2005 年发布的一款基于 Client/Server 模式结构的关系数据库平台。与以前的版本相比，它新增了许多功能，集成了商业智能、企业级数据管理功能，使系统更加安全、稳定和可靠。

### 7.1.1　SQL Server 的发展历史

SQL Server 经历了长期的发展，现在已经成为商业应用中非常重要的组成部分，该产品的发展历史大致如表 7-1 所示。

表 7-1　SQL Server 发展历史

| 时　间 | 产品信息或事件 |
| --- | --- |
| 1987 年 | Sybase 公司发布 UNIX 系统下的 SQL Server 系统 |
| 1988 年 | 微软和 Sybase 公司合作开发 SQL Server 系统，试图进入数据库市场 |
| 1992 年 | 微软和 Sybase 公司联合开发 Windows NT 环境下的 SQL Server 系统 |
| 1993 年 | 微软推出 SQL Server 4.2 桌面数据库系统，宣布微软正式进入企业应用市场 |
| 1994 年 | 微软正式中止与 Sybase 在数据库开发方面的合作 |
| 1995 年 | 发布 SQL Server 6.0，重写了大部分核心的系统，提供小型商业应用数据库方案 |
| 1996 年 | 发布 SQL Server 6.5，提升了系统的性能 |
| 1998 年 | 发布 SQL Server 7.0，再次重写了核心数据库系统，提供中小型商业应用数据库方案，同时包含了初始的 Web 支持 |
| 2000 年 | 发布企业级数据库系统 SQL Server 2000，该版本有丰富的前端工具和完善的开发工具，并支持 XML |
| 2005 年 | SQL Server 2005 发布，功能进一步增强，集成了商业智能 |
| 2008 年 | 正式发布 SQL Server 2008，更紧密地整合 .NET 应用程式开发环境，导入概念化的资料实体模型等 |

　　SQL Server 2005 的发布历时 5 年，它已经不单纯是数据库系统，而是一个可伸缩的企业平台、改良的数据引擎、先进的服务架构。其中四大服务架构 Analysis Services、Intergratjion Services、Notification Services、Reporting Services 让 SQL Server 2005 显示了强大功能，能够胜任企业的各种特殊需求。

## 7.1.2　SQL Server 2005 的各种版本

　　为了满足不同的数据库管理需要，SQL Server 的许多产品都提供了不同的版本，SQL Server 2005 也不例外。SQL Server 2005 主要有 6 个版本，每个版本都为特定的环境设计。

### 1. 企业版

　　企业版（Enterprise Edition）是功能最全面的 SQL Server 2005 版本，是超大型企业的理想选择。它达到了支持超大型企业进行联机事务处理（OLTP）、高度复杂的数据分析、数据仓库系统和网站所需的性能水平。Enterprise Edition 的全面商业智能和分析能力及其高可用性功能（如故障转移群集），使它可以处理大多数关键业务的工作负荷。

　　SQL Server 2005 还推出了适用于 32 位或 64 位平台、试用期为 180 天的评估版（Evaluation Edition），它支持与 SQL Server 2005 Enterprise Edition 相同的功能集。

### 2. 标准版

　　标准版（Standard Edition）是适合中小型企业的数据管理和分析平台，限制了 Enterprise Edition 中的一些高级功能，包括电子商务、数据仓库和业务流解决方案所需的基本功能。它所集成的商业智能和高可用性功能仅为企业提供支持其运营所需的基本功能。

### 3. 工作组版

　　对于那些需要在大小和用户数量上没有限制的数据库的小型企业而言，工作组版（Workgroup Edition）是理想的数据管理解决方案。Workgroup Edition 可以用作前端 Web 服务器，也可以用于部门或分支机构的运营。它包括 SQL Server 产品系列的核心数据库功能，并可以升级到 Standard Edition 或 Enterprise Edition 版本。

### 4. 开发版

　　开发版（Developer Edition）允许开发人员在 SQL Server 2005 顶部生成任何类型的应用程序。该应用程序包括 Enterprise Edition 的所有功能，但它只能用作开发和测试系统，而不用作生产服务器。Developer Edition 是独立软件供应商、咨询人员、系统集成商、解决方案供应商，以及生成和测试应用程序的企业开发人员的理想选择。

### 5. 简化版

　　简化版（Express Edition）是的一款免费的 SQL Server 2005 数据库产品，旨在提供一个便于使用的数据库平台。它也可以替换 Microsoft Desktop Engine（MSDE）。通过与 Microsoft Visual Studio 2005 集成，该版本简化了功能丰富、存储安全且部署快速的数据驱动应用程序的开发过程。

　　Express Edition 可以再分发，还可以充当客户端数据库及基本服务器数据库。和 Developer

Edition 一样 Express Edition 也是独立软件供应商、服务器用户、非专业开发人员、Web 应用程序开发人员、网站主机和创建客户端应用程序的编程爱好者的理想选择。如果需要使用更高级的数据库功能，也可以将 Express Edition 无缝升级到更复杂的 SQL Server 2005 版本。

### 6. 移动版

移动版（Compact Edition）是简版压缩数据库系统，是唯一为智能设备提供关系数据库管理功能的 SQL Server 2005 版本。可以部署在台式机、智能设备和 Tablet PC 上。Compact Edition 能够复制 SQL Server 2000 的数据，并且允许用户维护与主数据库同步的移动数据存储。通过使用 Microsoft Visual Studio 开发环境，可以开发使用 Microsoft SQL Server 2005 Compact Edition 的应用程序。鉴于 Compact Edition 应用环境的高度复杂性和特殊性，此处不作详细介绍，请读者自行参考其他资料。

SQL Server 2005 的各个版本在功能或特征上有许多不同之处，了解这些不同之处能够帮助用户准确定位自己的需求。表 7-2 列出了 SQL Server 2005 常用版本的主要功能或特征。

**表 7-2　SQL Server 2005 常用版本的主要功能或特征**

| 功能/特征 | 企 业 版 | 标 准 版 | 工 作 组 版 | 简 化 版 |
|---|---|---|---|---|
| Management Studio | 有 | 有 | 有 | 没有 |
| Analysis Service | 支持 | 支持 | 不支持 | 不支持 |
| Report Builder | 支持 | 支持 | 支持 | 不支持 |
| 数据库镜像 | 支持 | 支持（安全模式） | 不支持 | 不支持 |
| 数据库大小限制 | 没有限制 | 没有限制 | 没有限制 | 最大 4 GB |
| 故障转移集群 | 支持 | 支持（仅 2 个节点） | 不支持 | 不支持 |
| 日志传送 | 支持 | 支持 | 支持 | 不支持 |
| 数据引擎优化顾问 | 有 | 有 | 没有 | 没有 |
| 全文搜索 | 支持 | 支持 | 支持 | 不支持 |
| 合并复制 | 支持 | 支持 | 支持（最多发布 25 个订阅服务器） | 支持（只有订阅服务器） |
| 事务复制 | 支持 | 支持 | 支持（最多发布 5 个订阅服务器） | 支持（只有订阅服务器） |
| 支持 CPU 个数 | 无限制 | 4 个 | 2 个 | 1 个 |

# 7.2　环境需求

用户选择不同版本的 SQL Server 2005 产品时，除了考虑功能和特性不同外，还要了解它在软件、硬件及网络方面的要求，即环境需求。SQL Server 2005 的安装过程会自动检查系统的硬件、软件等资源是否满足安装条件。

## 7.2.1　硬件和软件需求

### 1. 硬件需求

诸如存储数据的硬盘空间、系统可用的内存空间和 CPU 的运算速度等硬件平台的性能都会影响和制约 SQL Server 2005 的运行性能。因此，需要为 SQL Server 2005 选择合适的硬件资源配置，以求达到最优的性能。

（各版本）SQL Server 2005 所需的最低硬件配置如下。

（1）显示器

要求 VGA 或者分辨率至少在 1024×768 像素以上的显示器。

（2）定位设备

Microsoft 鼠标或者兼容的点触式设备。

（3）光驱启动器

通过 CD 或者 DVD 媒体进行安装时，需要相应的 CD 或 DVD 驱动器。

（4）硬盘空间

所有版本所需的磁盘空间取决于所选择安装的 SQL Server 2005 服务和组件。完全安装需要 350 MB 硬盘空间，若需要安装示例数据库，则要再加 390 MB，如表 7-3 所示。

表 7-3　SQL Server 2005 服务和组件所需磁盘空间

| 服务和组件 | 硬盘需求 | 服务和组件 | 硬盘需求 |
| --- | --- | --- | --- |
| 数据库引擎及数据文件，复制，全文搜索等 | 150 MB | 客户端组件 | 12 MB |
| 分析服务及数据文件 | 35 KB | 管理工具 | 70 MB |
| 表服务和报表管理器 | 40 MB | 开发工具 | 20 MB |
| 通知服务引擎组件，客户端组件及规则组件 | 5 MB | 范例以及范例数据库 | 390 MB |

（5）内存空间

32 位的 SQL Server 2005 除了 Express Edition 至少需要 192 MB 内存（推荐 512 MB 或更大）外，其他版本都至少需要 512 MB 内存（推荐 1 GB 或更大）。而所有 64 位的 SQL Server 2005 具有相同的内存要求，至少需要 512 MB 内存（推荐 1 GB 或更大）。

（6）CPU

所有 32 位版本的 SQL Server 2005 都需要 Pentium Ⅲ 兼容处理器，最低处理速度为 600 MHz，建议使用 1 GHz 或更快的处理器。而 64 位的 SQL Server 2005 因服务器中处理器类型不同而有所不同。

所有版本至少需要 IA64（最低 1 GHz）或更快的 Itanium 处理器。

X64（最低 1 GHz）或更快的 AMD Opteron、AMD Athlon 64、支持 Intel EM64T 的 Intel Xenon、支持 EM64T 的 Intel Pentium 4。

## 2. 软件需求

SQL Server 2005 安装程序需要 Microsoft Windows Installer 3.1 或更高版本，以及 Microsoft 数据访问组件 2.8 SP1 或更高版本。如果要支持报表服务，还需安装 .NET。下面主要讨论 SQL Server 2005 对操作系统的要求，32 位和 64 位版本分别如表 7-4 和表 7-5 所示。

表 7-4  32 位 SQL Server 2005 操作系统需求

| 版　本 | 操　作　系　统 |
|---|---|
| Enterpeise | Windows Server 2003 Standard Edition，同时安装 SP1 或更高版本<br>Windows Server 2003 Enterprise Edition，同时安装 SP1 或更高版本<br>Windows Server 2003 Datacenter Edition，同时安装 SP1 或更高版本<br>Windows Small Business Server 2003 Standard Edition，同时安装 SP1 或更高版本<br>Windows Small Business Server 2003 Premium Edition，同时安装 SP1 或更高版本<br>Windows 2000 Server，同时安装 SP4<br>Windows 2000 Advanced Server，同时安装 SP4<br>Windows 2000 Datacenter Server，同时安装 SP4 |
| Standard | 满足 Enterprise 版本要求的所有操作系统<br>Windows 2000 Professional，同时安装 SP4<br>Windows XP Professional，同时安装 SP2 或更高版本 |
| Workgroup | 满足 Standard 版本要求的所有操作系统<br>Windows XP Media Edition，同时安装 SP2 或更高版本<br>Windows XP Tablet Edition，同时安装 SP2 或更高版本 |
| Express | 满足 Workgroup 版本要求的所有操作系统<br>Windows Server 2003 Web Edition，同时安装 SP1 或更高版本<br>Windows XP Home Edition，同时安装 SP2 或更高版本 |
| Developer | 满足 Workgroup 版本要求的所有操作系统<br>Windows XP Home Edition，同时安装 SP2 或更高版本 |

表 7-5  64 位 SQL Server 2005 操作系统需求

| 版　本 | | 操　作　系　统 |
|---|---|---|
| Enterpeise<br>Standard<br>Developer | IA64 | Windows Server 2003 64 位 Itanium Enterprise Edition，同时安装 SP1 或更高版本<br>Windows Server 2003 64 位 Itanium Datacenter Edition，同时安装 SP1 或更高版本 |
| Enterpeise<br>Standard<br>Developer | X64 | Windows Server 2003 64 位 X64 Standard Edition，同时安装 SP1 或更高版本<br>Windows Server 2003 64 位 X64 Enterprise Edition，同时安装 SP1 或更高版本<br>Windows Server 2003 64 位 X64 Datacenter Edition，同时安装 SP1 或更高版本 |

## 7.2.2　Internet 和网络需求

32 位和 64 位版本的 SQL Server 2005 在 Internet 和网络方面的需求是相同的，具体要求见表 7-6。

表 7-6  SQL Server 2005 的 Internet 和网络需求

| 具 体 内 容 | 需　　求 |
|---|---|
| 浏览器软件 | 在安装所有版本的 SQL Server 2005 之前，需安装 Microsoft Internet Explorer 6.0 SP1 或者其升级版本。因为微软控制台及 HTML 帮助都需要此软件 |
| Internet 信息服务 | 需要安装 IIS 5.0 或更高版本，以支持 SQL Server 2005 的 Reporting Service 和编写 XML 应用程序 |
| 网络 | Windows Server 2003、Windows XP 和 Windows 2000 都具有 SQL Server 安装所需的内置网络软件。安装之前必须启用 TCP/IP |

## 7.3　SQL Server 2005 的安装

　　了解 SQL Server 2005 的软硬件需求，可以方便地在特定的操作系统中安装适当版本的 SQL Server 2005。在安装前用户还要注意下面几个问题。

　　① 系统中已经安装某个 SQL Server 版本的，如果采用升级方式安装，则要做好数据的备份工作；

　　② 需要具有系统管理员权限的用户登录安装 SQL Server 2005；

　　③ 要选择未压缩的硬盘分区作为安装保存路径；

　　④ 为了确保正确安装，建议关闭杀毒软件。

下面介绍 Windows XP SP3 系统下安装 SQL Server 2005 Standard Edition 版的步骤。

　　① 打开安装目录，双击 splash.hta 文件（如果是光盘在默认情况下会自动运行），启动 SQL Server 2005 安装程序。出现如图 7-1 所示的界面。

图 7-1　SQL Server 2005 安装开始界面

　　在开始界面中，可以选择"服务器组件、工具、联机丛书和示例"、"运行 SQL Native Client 安装向导"、"检查硬件和软件要求"、"阅读发行说明"、"安装 SQL Server 升级顾问"、"访问 SQL Server 网站"等。

　　② 选择开始界面中的"服务器组件、工具、联机丛书和示例"选项，打开如图 7-2 所示的"最终用户许可协议"对话框。

　　③ 选中"最终用户许可协议"对话框中"我接受许可条款和条件"复选框，单击"下一步"按钮，打开"安装必备组件"对话框，继续单击"下一步"按钮，开始安装"Microsoft SQL Native Client"和"Microsoft SQL Server 2005 安装程序支持文件"必备组件，如图 7-3 所示。

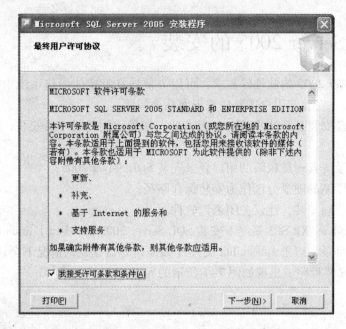

图7-2　Microsoft SQL Server 2005 安装程序界面1

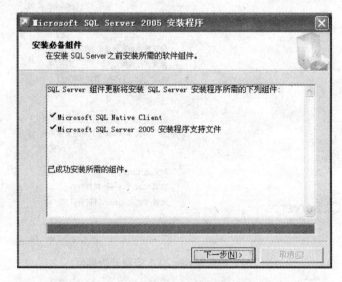

图7-3　Microsoft SQL Server 2005 安装程序界面2

④ 单击"下一步"按钮，开始安装"Microsoft SQL Server"安装向导，如图7-4所示。

⑤ 继续单击"下一步"按钮，开始系统配置检查，检查系统中是否存在潜在的安装问题，检查完毕后弹出检查报告对话框，如图7-5所示。检查的项目有 WMI 服务要求、MSXML 要求、操作系统最低级别要求、操作系统 Service Pack 级别要求、SQL Server 版本的操作系统兼容性、最低硬件要求、IIS 功能要求、挂起的重新启动要求、性能监视器计数器要求、默认安装路径权限要求、Internet Explorer 要求、COM + 目录要求、ASP. Net 版本注册要求、MDAC 版本的最低要求等。

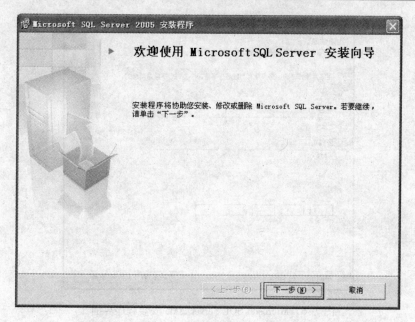

图 7-4　Microsoft SQL Server 2005 安装程序界面 3

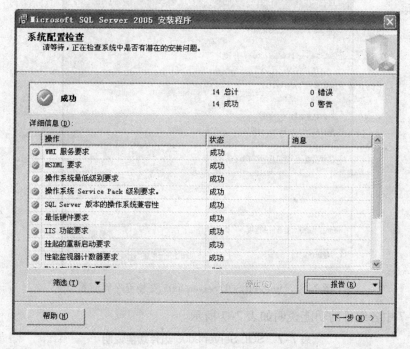

图 7-5　Microsoft SQL Server 2005 安装程序界面 4

⑥ 通过检查后，单击"下一步"按钮，安装程序准备安装向导，继而开始安装前的准备工作，如磁盘空间检测等，然后接着弹出注册信息窗口，如图 7-6 所示。该对话框中要求输入姓名、公司和 25 个字符的产品密钥。

⑦ 输入相关注册信息后，单击"下一步"按钮，打开"要安装的组件"对话框，如图 7-7 所示。用户可以根据需要选择要安装或升级的组件。部分组件说明见表 7-7。

图7-6　Microsoft SQL Server 2005 安装程序界面 5

图7-7　Microsoft SQL Server 2005 安装程序界面 6

在图7-7中各组件的功能说明如表7-7所示。

表7-7　SQL Server 2005 组件功能说明

| 组 件 名 称 | 功 能 说 明 |
| --- | --- |
| SQL Server Database Services | 包括数据库引擎（用于存储、处理和保护数据的核心服务）、复制、全文搜索，以及用于管理关系数据和 XML 数据的工具 |
| Analysis Services | 包括用于创建和管理联机分析处理及数据挖掘应用程序的工具 |
| Reporting Services | 用于开发报表应用程序的可扩展平台，包括用于创建、管理和部署表格、矩阵、图形等报表的服务器和客户端组件 |
| Notification Services | 用于开发和部署将个性化即时信息发送给各种设备上的用户的应用程序 |
| Integration Services | 是一组图形工具和可编程对象，用于移动、复制和转换数据 |

"要安装的组件"对话框中，用户可以单击"高级"按钮进行更加详细的功能选择或默认安装路径的修改，如图 7-8 所示。

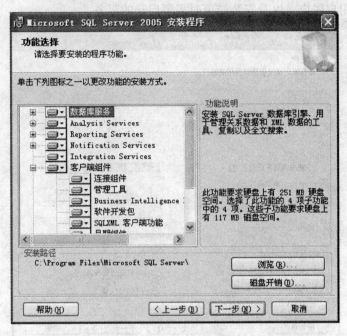

图 7-8　Microsoft SQL Server 2005 安装程序界面 7

⑧ 选择好所需功能，单击"下一步"按钮，进行实例名的设置，这里选择了"命名实例"单选按钮，并在其下面的文本框中输入"mytest"，如图 7-9 所示。

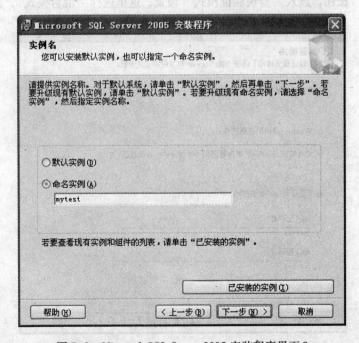

图 7-9　Microsoft SQL Server 2005 安装程序界面 8

⑨ 单击图7-9所示界面中的"下一步"按钮，打开如图7-10所示界面。这一步用户可以设置 SQL Server 服务和 SQL Server Agent 服务是否使用相同的账户，还可以选择使用内置系统账户或域用户账户，以及安装结束时需要启动的服务。

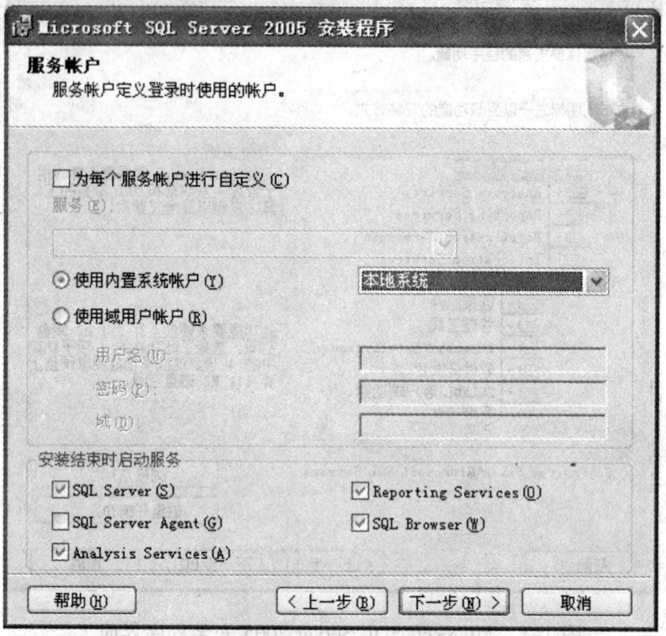

图7-10　Microsoft SQL Server 2005 安装程序界面9

⑩ 选择"使用内置系统账户"单选按钮，并选择"本地系统"选项，设置好服务账户，然后单击"下一步"按钮，进入"身份验证模式"设置，这里选择"混合模式"，如图7-11所示。

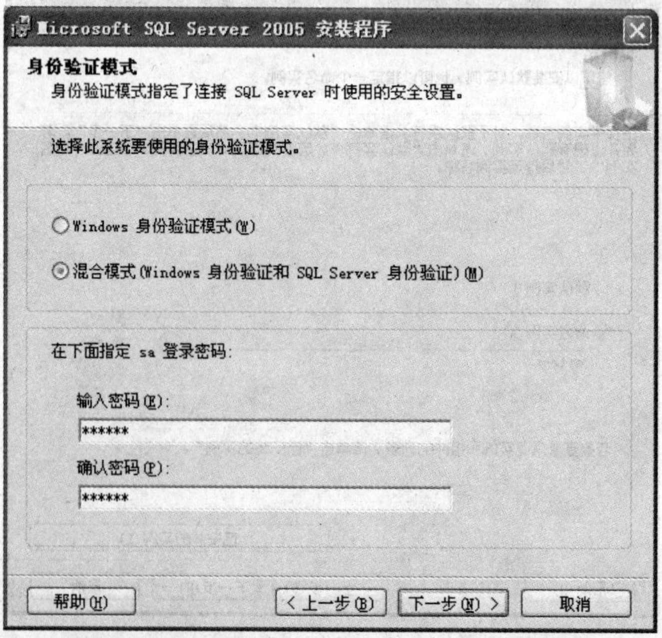

图7-11　Microsoft SQL Server 2005 安装程序界面10

⑪ 单击"下一步"按钮进入"排序规则设置"界面，如图 7-12 所示。这里无须修改任何选项，采用默认方式继续安装。

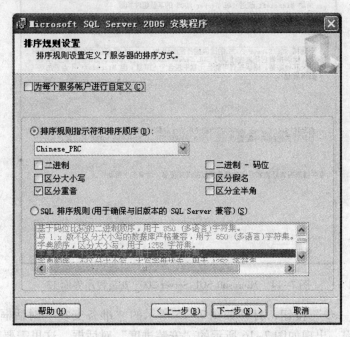

图 7-12　Microsoft SQL Server 2005 安装程序界面 11

⑫ 单击"下一步"按钮，打开"报表服务器安装选项"对话框，选择"安装默认配置"，如图 7-13 所示。

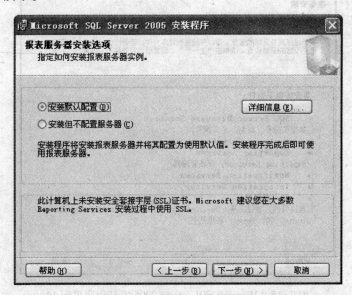

图 7-13　Microsoft SQL Server 2005 安装程序界面 12

⑬ 单击"下一步"按钮，打开"错误和使用情况报告设置"对话框，选择传输报告的内容，如图 7-14 所示。

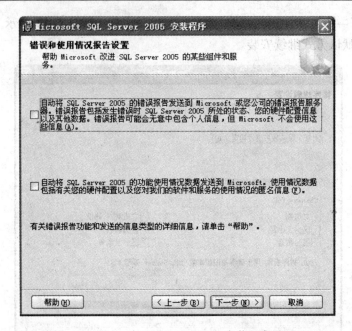

图 7-14　Microsoft SQL Server 2005 安装程序界面 13

⑭ 单击"下一步"按钮，打开如图 7-15 所示的"准备安装"对话框，单击"安装"按钮开始安装过程，出现如图 7-16 所示的"安装进度"对话框，这里需要花费较多的时间安装，过程中会提示插入第二张光盘。

图 7-15　Microsoft SQL Server 2005 安装程序界面 14

⑮ 安装进度满格后，"下一步"按钮变为有效，单击后弹出如图 7-17 所示的"Microsoft SQL Server 2005 安装完成"的对话框，单击"完成"按钮，整个安装过程结束。

SQL Server 2005 自 2005 年 11 月正式发布以来，先后于 2006 年 4 月和 2007 年 3 月发布

了两个重要的补丁包 SP1 和 SP2。补丁就客户反馈的一些问题做出了修正，并添加了部分新功能，以满足客户新的需求。如新增了数据库镜像功能，新增了 SQL Server 2005 Express Edition 新管理工具——SQL Server Management Studio Express，加强了 SAP NetWeaver 智能商务系统的报告反馈支持功能等。用户可以自行到微软官方下载补丁进行安装。

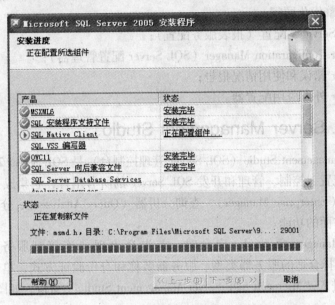

图 7-16　Microsoft SQL Server 2005 安装程序界面 15

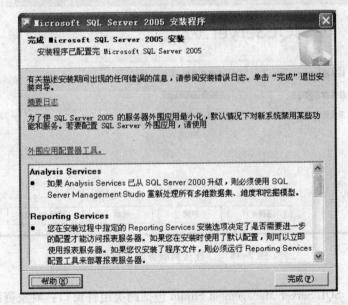

图 7-17　Microsoft SQL Server 2005 安装程序界面 16

# 7.4　SQL Server 2005 的工具和实用程序

SQL Server 2005 提供了丰富的工具和实用程序，通过这些工具和程序足以完成对

SQL Server 2005 的管理和开发任务，主要如下内容：

① SQL Server Management Studio（SQL Server 管理控制台）；

② SQL Server Business Intelligence Development Studio（SQL Server 企业智能开发工具）；

③ SQL Server Profiler（事件探查器）；

④ 数据库引擎优化顾问；

⑤ Reporting Services 配置（报表服务配置）；

⑤ SQL Server Configuration Manager（SQL Server 配置管理器）；

⑦ SQL Server 错误和使用情况报告；

⑧ SQL Server 外围应用配置器。

## 7.4.1  SQL Server Management Studio

SQL Server Management Studio（SQL Server 管理控制台）是 SQL Server 2005 的核心管理工具，用于访问、配置、控制、管理和开发 SQL Server 的所有组件，它集成了 SQL Server 2000 中的企业管理器（Enterprise Manager）、查询分析器（Query Analyzer）、分析管理器（Analysis Manager）等方面的功能。

SQL Server Management Studio 启动时，首先会出现"连接到服务器"对话框，如图 7-18 所示。选择合适的服务器类型、服务器名称和身份验证方式，单击"连接"按钮，通过验证后即可进入"Microsoft SQL Server Management Studio"窗口，如图 7-19 所示。

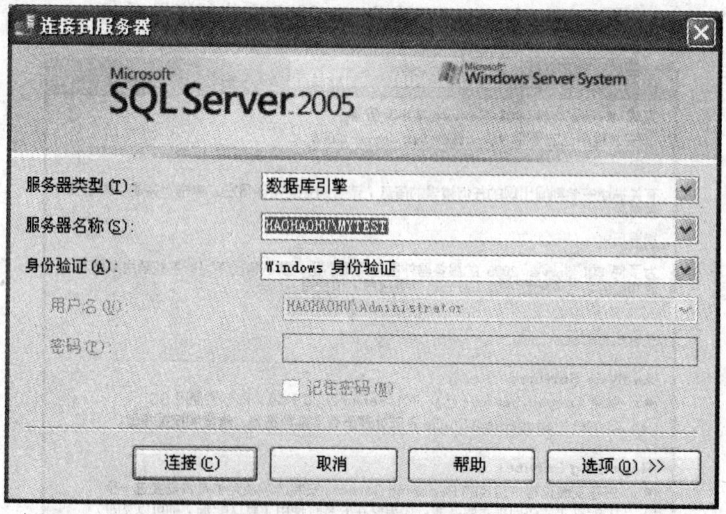

图 7-18  "连接到服务器"对话框

默认情况下，SQL Server Management Studio 包括两类组件窗口：对象资源管理器对话框和文档对话框。

（1）对象资源管理器对话框

对象资源管理器是服务器中所有数据库对象的树视图，其功能对应于 SQL Server 2000 中的企业管理器。树视图中包括数据库、安全性、服务器对象、复制、管理等选项，如图 7-20 所示。

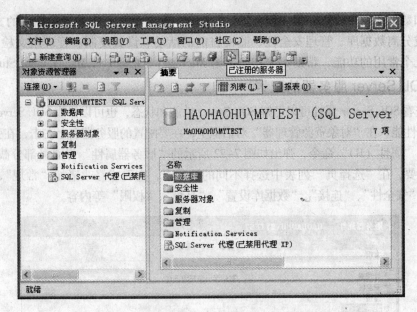

图 7-19　Microsoft SQL Server Management Studio 窗口

（2）文档窗口

文档窗口是 Microsoft SQL Server Management Studio 界面中的最大部分，它可以是"查询编辑器"窗口，也可以是"浏览器"窗口。图 7-19 界面的右侧是文档窗口的默认状态，里面显示了当前所连接的数据库实例的"摘要"信息。

用户可通过"视图"菜单或"标准"工具栏在"Microsoft SQL Server Management Studio界面中添加需要的窗口，如已注册的服务器、属性窗口、解决方案资源管理器等，如图 7-21 所示。

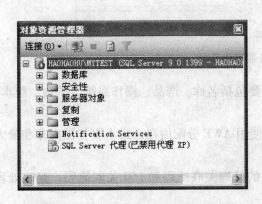

图 7-20　"对象资源管理器"对话框

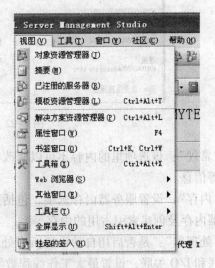

图 7-21　"视图"菜单

利用 SQL Server Management Studio 可完成的工作很多。例如，连接到上述各服务的实例以设置服务器属性；可创建和管理各类服务器对象，如数据库、数据表、存储过程、组件、登录账号和数据库用户权限、报表服务器的目录等。另外，还可以管理数据库的文件和文件夹、附加或分离数据库、管理安全性、监视目前的活动、设置复制、管理全文检索索引等。下面介绍几个常用的功能，帮助大家初步了解 Microsoft SQL Server Management Studio。

### 1. SQL Server 服务器的配置

通过查看 SQL Server 属性可以了解 SQL Server 性能和状态，也可以修改 SQL Server 的配置以提高系统的性能。在"对象资源管理器"对话框中，在要配置的服务器名上右击，在弹出的快捷菜单中选择"属性（R）"命令，弹出如图 7-22 所示的"服务器属性"界面（部分截图）。用户可以根据需要，在"选择页"列表中选择不同的选项卡，查看或修改诸如"常规"、"内存"、"处理器"、"安全性"、"连接"、"数据库设置"、"高级"、"权限"等内容。

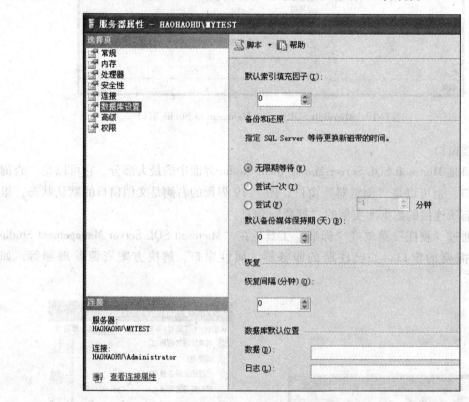

图 7-22　服务器属性界面

"常规"：该选项里的内容不可以修改，主要包括名称、产品、操作系统、平台、版本、语言等信息。

"内存"：设置服务器内存选项，包括是否使用 AWE 分配内存，最小服务器内存和最大服务器内存及创建索引占用的内存等。

"处理器"：是否启用自动设置所有处理器的处理关联掩码和 I/O 关联掩码，修改处理器关联和 I/O 关联，设置最大工作线程数等。

"安全性"：修改服务器身份验证模式和登录审核类型，是否启用服务器代理账户和 C2 审核跟踪等。

"连接"：是否启用使用查询调控器防止查询长时间运行和是否允许远程连接到此服务

器，设置最大并发连接数和远程查询超时值等。

"数据库设置"：设置默认索引填充因子、默认备份媒体保持期和恢复间隔时间等。

"高级"：包括并行的开销阈值、查询等待时间、网络数据包大小、游标阈值等。

"权限"：修改登录名或角色的有效权限。

### 2．创建数据库

SQL Server 2005 Standard Edition 版本安装完毕后，只包含 4 个系统数据库，没有用户数据库。可以通过 SQL Server Management Studio 创建数据库对象，其步骤如下。

① 在"对象资源管理器"对话框中，选择"服务器对象"，再选择"数据库"对象节点并右击，在弹出的快捷菜单中选择"新建数据库"命令，打开"新建数据库"窗口，如图 7-23 所示。

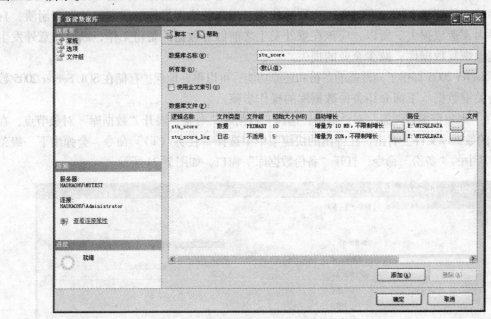

图 7-23　"新建数据库"窗口

② 在"新建数据库"对话框的"常规"选项卡中，输入"数据库名称"，数据库包含一个名为"数据库名" + "_log"的日志文件。同时，还可以选择数据库的"所有者"，修改数据文件和日志文件的"初始大小"、"自动增长"、"路径"等。这里创建一个名为"stu_score"的数据库。该数据库的数据文件和日志文件初始大小分别为 10 MB 和 5 MB；数据文件和日志文件的自动增长分别为"增量为 10 MB，不限制增长"和"增量为 20%，不限制增长"，并将数据文件和日志文件存储到"E:\MYSQLDATA"目录中。其他参数均采用默认值。建议大家创建新的数据库时，不要把文件保存在默认的位置。

③ 在"选项"选项卡可以修改排序规则、恢复模式、兼容级别等选项，大家可以根据需要设置有关选项，设置好所需选项后，单击"确定"按钮，新数据库创建完毕。

### 3．附加和分离数据库

通过 SQL Server Management Studio 可以把磁盘上的数据库文件附加到数据库服务器中。比如在调试他人设计的程序时，常需要附加数据库。附加数据库的具体步骤如下。

① 在"对象资源管理器"对话框中，选择"服务器对换"，再选择"数据库"对象节点并右击，在弹出的快捷菜单中选择"附加"命令，打开"附加数据库"对话框。

② 在"附加数据库"对话框中，单击"添加"命令按钮，打开"定位数据库文件"对话框，在该对话框的"选择文件"中找到数据文件所在的路径，选择扩展名为 .mdf 的数据文件，单击"确定"按钮返回"附加数据库"对话框，在对话框中会显示部分数据库的详细信息。

③ 在"附加数据库"对话框中，单击"确定"按钮，完成数据库附加操作。

而分离数据库则是把现有的数据库从数据库服务器中移除，是附加的反过程。

### 4. 备份和还原数据库

在一个应用系统中，数据库是非常重要的部分，它存放着企业的关键业务数据。这些数据都是存放在计算机上的，有时会因为硬件故障、用户的错误操作、服务器的彻底崩溃、自然灾难等因素造成损失。所以，应该在意外发生之前做好数据的备份工作，以便在意外发生之后快速地恢复数据库，减少企业的损失。

SQL Server 2005 提供了高性能的备份和还原功能，可以很好地保护存储在 SQL Server 2005 数据库中的关键数据。下面介绍备份数据库的操作步骤。

① 在"对象资源管理器"对话框中，选择"数据库"对象，展开"数据库"对象节点，在需要备份的数据库文件上右击，在弹出的快捷菜单中选择"任务（T）"命令，会弹出下一级菜单，执行其中的"备份"命令，打开"备份数据库"窗口，如图 7-24 所示。

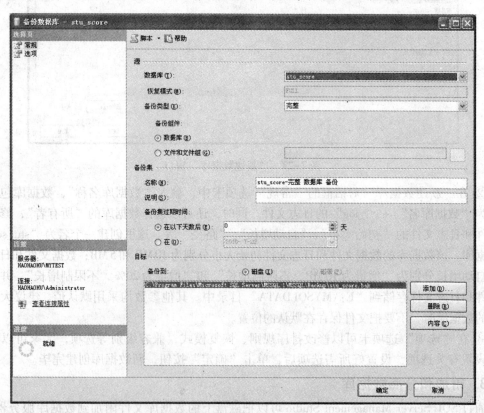

图 7-24　"数据库备份"窗口

② 在"备份数据库"窗口中，选择备份类型（如完整）和备份组件（如数据库），设置备份集的名称和过期时间。

③ 设置数据库备份"目标"有关的选项，可以单击"删除"按钮移除默认的备份目标，再通过"添加"按钮增加自己的备份目标，如"E：\MYSQLDATA stu_score. bak"。

④ 单击"确定"按钮，完成备份任务。

在实际应用中，经常通过设置维护计划，实现自动备份数据。

## 5. 导入和导出数据

有时经常需要在不同的数据环境中传输数据，即数据的导入和导出。导入数据指将外部数据源中的数据插入到 SQL Server 2005 表中的过程；导出数据则是将 SQL Server 2005 中的数据导出到其他数据环境对应的格式的过程。下面以导入 Microsoft Access 数据为例说明导入过程。

① 在"对象资源管理器"对话框中选择需要导入数据的数据库，右击，选择"任务"选项下的"导入数据…"命令，进入"欢迎使用 SQL Server 导入和导出向导"窗口，如图 7-25 所示，然后选择数据源。

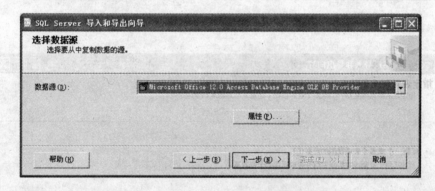

图 7-25　"SQL Server 导入和导出向导"窗口 1

② 选择"Microsoft Office 12. 0 Access Database Engine OLE DB Provider"数据源，单击"属性"按钮打开"数据链接属性"对话框，如图 7-26 所示。在"数据源"文本框中输入用于导入的 Access 文件的路径，测试连接成功后单击"确定"按钮返回"图 7-25 所示界面"，单击"下一步"按钮进入如图 7-27 所示的界面。

③ 设置好"目标"、"服务器名称"、"数据库"等选项后，继续单击"下一步"按钮，进入如图 7-28 所示的界面。

④ 选择第一个选项，即"复制一个或多个表或视图的数据"，单击"下一步"按钮，进入如图 7-29 所示的界面。

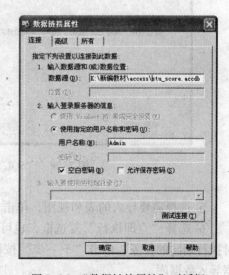

图 7-26　"数据链接属性"对话框

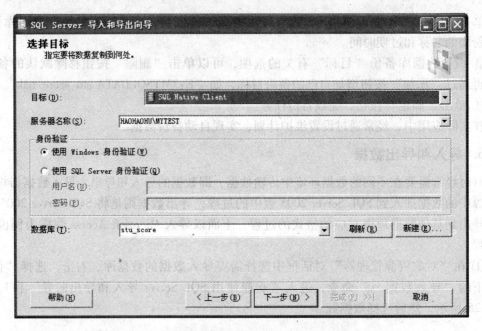

图 7-27　"SQL Server 导入和导出向导"窗口 2

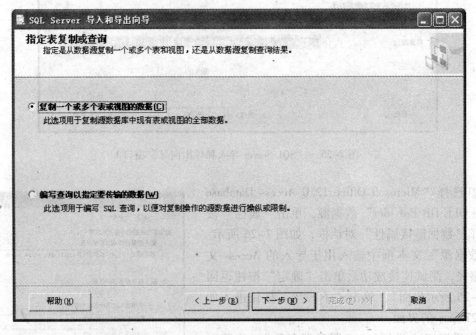

图 7-28　"SQL Server 导入和导出向导"窗口 3

⑤ 选择需要导入的表和视图，单击"下一步"按钮进入，如图 7-30 所示的界面。

⑥ 选择"立即执行"复选框，也可以选择"是否保存 SSIS 包"，复选框以便以后需要时执行相同的任务。单击"下一步"按钮，再单击"完成"按钮，即可完成将 Access 的数据导入数据库。

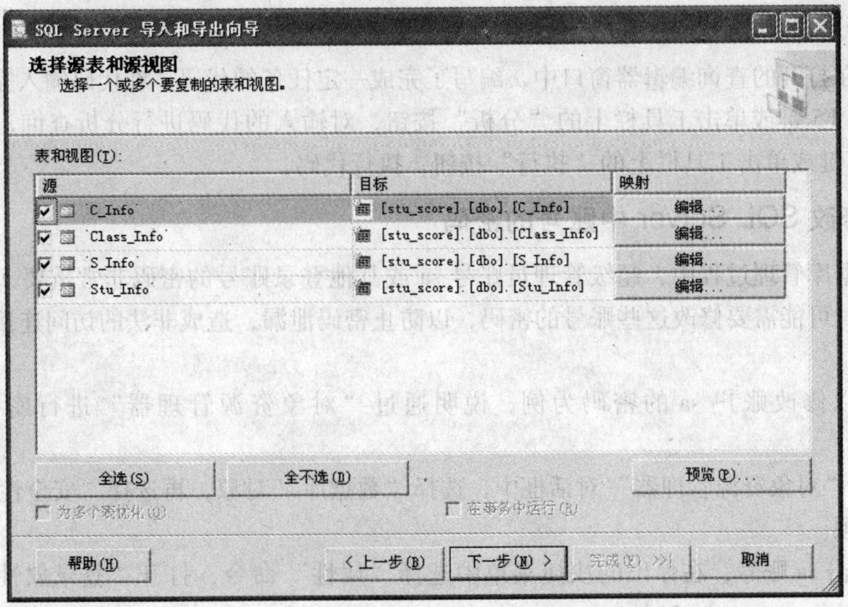

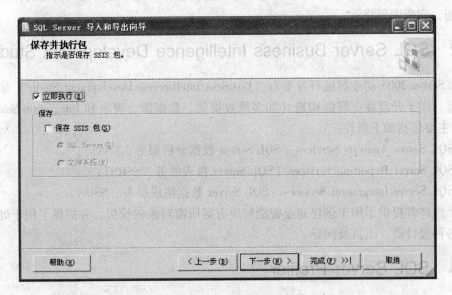

图 7-29    "SQL Server 导入和导出向导"窗口 4

图 7-30    " SQL Server 导入和导出向导"窗口 5

## 6. 使用查询编辑器

（1）打开查询编辑器

打开查询编辑器，可以执行 SQL Server Management Studio 中"标准"工具栏上的
"新建查询"按钮，打开一个当前所连接的服务类型的查询编辑器，如果连接的是数据
库引擎，则打开 SQL 编辑器，如果是 Analysis Server，则打开 MDX 编辑器；或者在
"标准"工具栏上，单击与 5 种所需连接类型相关联的按钮，快速打开具体类型的编
辑器。

（2）分析和执行代码

假设在打开的查询编辑器窗口中，编写了完成一定任务的代码。在代码输入完成后，可以按 Ctrl + F5 键或单击工具栏上的"分析"按钮，对输入的代码进行分析查询，检查通过后，按 F5 键或单击工具栏上的"执行"按钮，执行代码。

### 7. 修改 SQL Server 中账号的密码

在数据库管理过程中，超级管理员账号 sa 或其他登录账号的密码非常重要，为了安全起见，有时可能需要修改这些账号的密码，以防止密码泄漏，造成非法的访问连接和不必要的损失。

下面以修改账户 sa 的密码为例，说明通过"对象资源管理器"进行密码修改的过程。

① 在"对象资源管理器"对话框中，选择"数据库"对象，再选择"安全性"→"登录名"选项。

② 右击 sa 账号，在弹出的快捷菜单中选择"属性"命令，打开"登录属性 – sa"对话框。

③ 在其"常规"选项卡中的"密码"和"确认密码"文本框中输入新密码，单击"确定"按钮，完成密码修改。

## 7.4.2 SQL Server Business Intelligence Development Studio

SQL Server 2005 商业智能开发平台（Business Intelligence Development Studio）是一个集成的环境，用于开发商业智能构造（如多维数据集、数据源、报告和 Integration Services 软件包），主要包括如下组件：

① SQL Server Analysis Services（SQL Server 数据分析服务，SSAS）；

② SQL Server Reporting Services（SQL Server 报表服务，SSRS）；

③ SQL Server Integration Services（SQL Server 数据集成服务，SSIS）。

各个组件都提供了用于创建商业智能解决方案所需对象的模板，并提供了用于处理这些对象的各种设计器、工具及向导。

## 7.4.3 SQL Server Profiler

SQL Server Profiler（SQL Server 分析器）是一个图形化的管理工具，用于监督、记录和检查 SQL Server 数据库的使用情况。对系统管理员来说，它是一个连续实时地捕获用户活动情况的"间谍"，帮助系统管理员监视数据库和服务器的行为，比如死锁的数量，致命的错误，跟踪 Transact-SQL 语句和存储过程。可以把这些监视数据存入表或文件中，并在以后任一时间重新显示这些事件进行分析。SQL Server 提供多种方法启动 SQL Server Profiler，便于在各种情况下收集跟踪输出。

第一种启动方法依次选择"开始"菜单→"所有程序"→Microsoft SQL Server 2005"→"性能工具"→"SQL Server Profiler"菜单；第二种方法是从 SQL Server Management Studio 中"工具"菜单下的"SQL Server Profiler"选项启动；还可以从数据库引擎优化顾问的

"工具"菜单下的"SQL Server Profiler"选项启动。SQL Server Profiler 界面如图 7-31 所示。

为减轻系统的负担，通常情况下，使用 SQL Server Profiler 仅监视某些插入事件，这些事件主要有：

① 登录连接的失败、成功或断开连接；

② 远程存储过程调用（RPC）的状态；

③ DELETE、INSERT、UPDATE 命令；

④ 打开的游标；

⑤ 存储过程的开始或结束，以及存储过程中的每一条语句；

⑥ 写入 SQL Server 错误日志的错误；

⑦ 向数据库对象添加锁或释放锁。

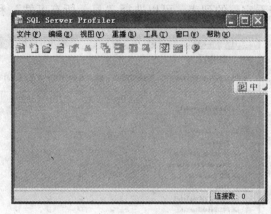

图 7-31　"SQL Server Profiler"窗口

### 1. 创建跟踪

在 SQL Server 中可以使用 SQL Server Profiler 创建跟踪，也可以使用跟踪创建向导或是扩展存储过程。下面介绍如何使用 SQL Server Profiler 创建跟踪。

① 从"SQL Server Profiler"窗口的"文件"菜单中选择"新建跟踪"，正确连接到服务器后，打开"跟踪属性"对话框，如图 7-32 所示。在该对话框的"常规"选项卡中定义跟踪名称、使用模板的种类、跟踪输出数据的存储方式及启用跟踪停止时间。跟踪输出数据可以存储到文件中，也可以存储到表中，其中输出到文件可减少进行跟踪时的内存开销。

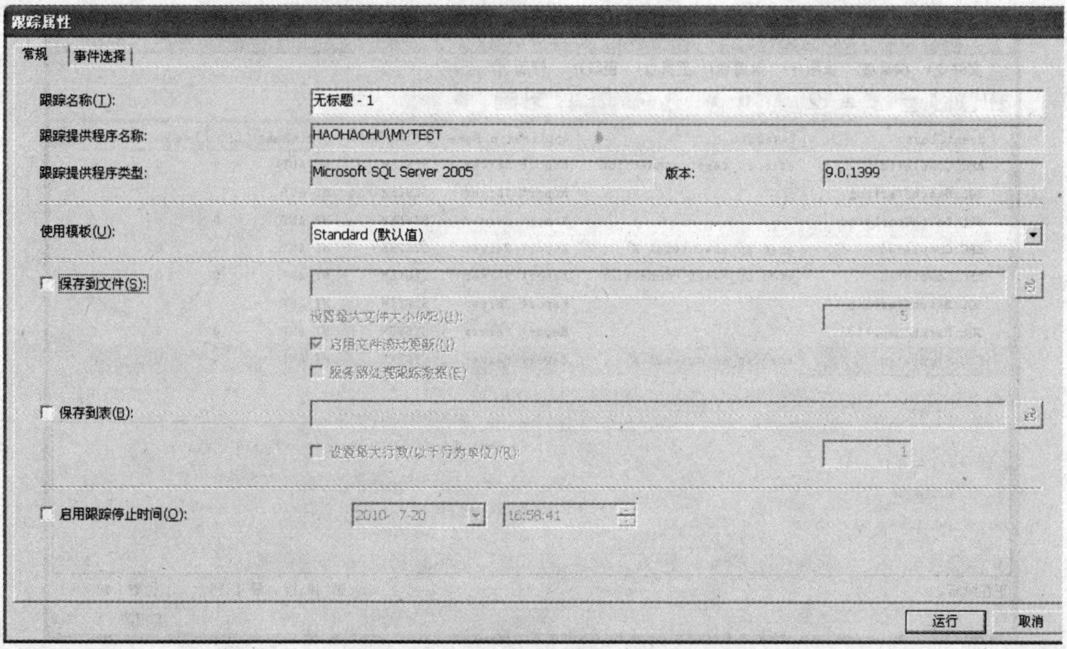

图 7-32　"跟踪属性"的"常规"选项卡

② 切换到"事件选择"选项卡，如图7-33所示。设置好需要跟踪的事件和事件列，要查看完整的列表，可以选择"显示所有事件"和"显示所有列"选项。

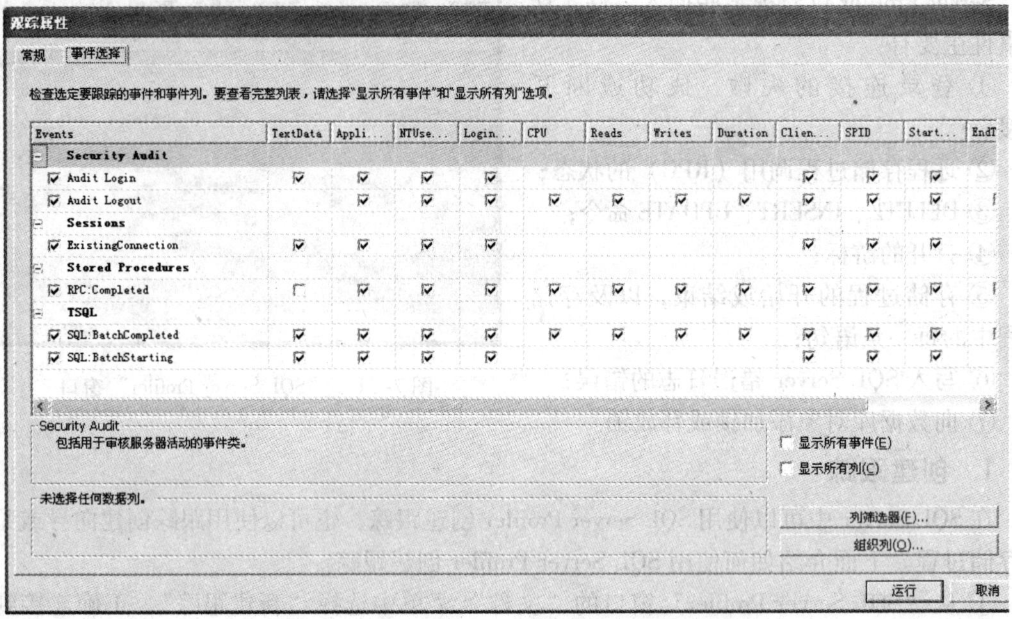

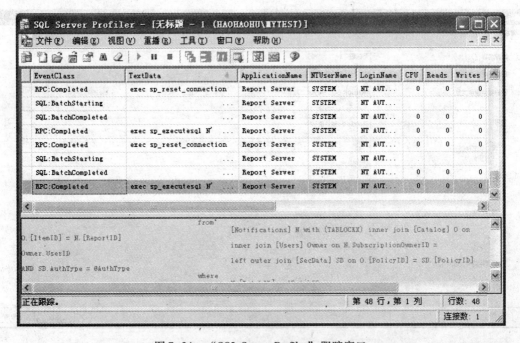

图7-33    "跟踪属性"的"事件选择"选项卡

③ 设置好相关参数后，单击"运行"按钮完成跟踪创建，打开"SQL Server Profiler"跟踪窗口，如图7-34所示。

图7-34    "SQL Server Profiler"跟踪窗口

**2. 查看、分析跟踪**

使用 SQL Server Profiler 也可以查看跟踪中的事件数据，每一行代表一个事件，这些事件数据是由跟踪的属性决定的。

创建跟踪是可以选择跟踪数据的输出形式，把它保存在文件或表中，这样就可以通过 SQL Server Profiler 进行跟踪分析。利用 SQL Server Profiler 既可以打开扩展名为 .trc 的跟踪文件，也可以打开扩展名为 .log 的日志文件，以及一般的 SQL 脚本文件。

# 7.4.4　数据库引擎优化顾问

企业数据库系统的性能依赖于组成这些系统的数据库中物理设计结构的有效配置。这些物理设计结构包括索引、聚集索引、索引视图和分区，其目的在于提高数据库的性能和可管理性。SQL Server 2005 提供了数据库引擎优化顾问，用于分析一个或多个数据库上工作负荷的性能效果。

依次选择"开始"→"所有程序"→"Microsoft SQL Server 2005"→"性能工具"→"数据库引擎优化顾问"选项启动数据库引擎优化顾问，如图 7-35 所示。

图 7-35　"Database Engine Tuning Advisor"窗口

数据库引擎优化顾问启动时会自动创建一个会话，会话是进行分析的管理单位，内容包含创建数据库连接的信息、"工作负荷"的来源、需要优化的数据库与数据表、优化的选项设置及分析的结果等。设置好有关选项后，单击工具栏中的"开始分析"按钮开始分析操作，这时将打开一个新的"进度"选项卡，如图 7-36 所示。

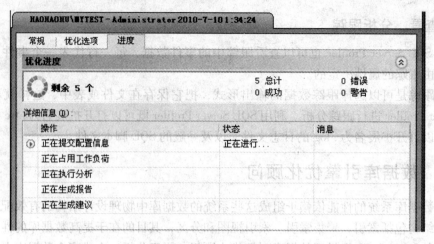

图 7-36　"Database Engine Tuning Advisor"窗口"进度"选项卡

分析任务完成后，还会增加"建议"和"报告"两个选项卡。其中"建议"选项卡包含用于提升查询性能的建议列表。可以通过"操作"菜单的"套用建议"或"存储建议"选项立即对连接的实例执行修改结构的 T-SQL DDL 语法，或是将这些 DDL 语法存放在硬盘文件中。"报告"选项卡显示了调优统计信息的摘要及其他调优报告。

数据库引擎优化顾问在分析工作负荷过程中会消耗大量的 CPU 和内存资源，所以要在 SQL Server 实例出现性能问题的时候调优数据库。为了减少给工具带来的不必要的工作负荷，应尽可能删除"优化选项"选项卡中那些不希望进行调优的对象类型。

## 7.4.5　Reporting Services 配置

Reporting Services（报表服务）是基于服务器的新型报表平台，用于创建和管理来自关系数据源和多维数据源的数据表报表、矩阵报表、图形报表和自由格式报表。在 Reporting Services 配置管理器中可以实现下面功能：

① 启动或停止报表服务器 Windows 服务；

② 指定报表服务器的虚拟目录；

③ 指定报表管理器的虚拟目录；

④ 更新报表服务器 Windows 服务账户；

⑤ 设置 IIS5.0 下 ASP. NET 的服务账户，指定 IIS6.0 以上版本运行报表服务器的 Web 服务的应用程序池；

⑥ 指定或新建报表服务器数据库，设置报表服务器在运行时使用的连接凭据；

⑦ 维护（备份、还原、更改、删除）报表服务器的加密密钥；

⑧ 为报表服务器电子传递右键指定 SMTP 服务器；

⑨ 指定报表服务器的执行账户。

Reporting Services 配置的方法如下。

① 依次选择"开始"→"所有程序"→"Microsoft SQL Server 2005"→"配置工具"→"Reporting Services 配置"命令，打开"选择报表服务器安装实例"对话框，如图 7-37 所示。

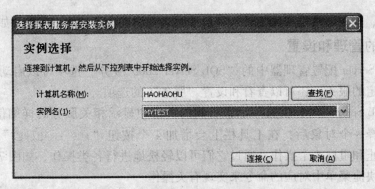

图 7-37　"选择报表服务器安装实例"对话框

② 在"计算机名称"右边的文本框中输入 HAOHAOVH "计算机名"，用于设置服务器的地址或名称，可以通过"查找"按钮验证能否正常连接；"实例名"文本框中选择数据库实例，然后单击"连接"按钮，打开"Reporting Services 配置管理器"窗口，如图 7-38 所示。

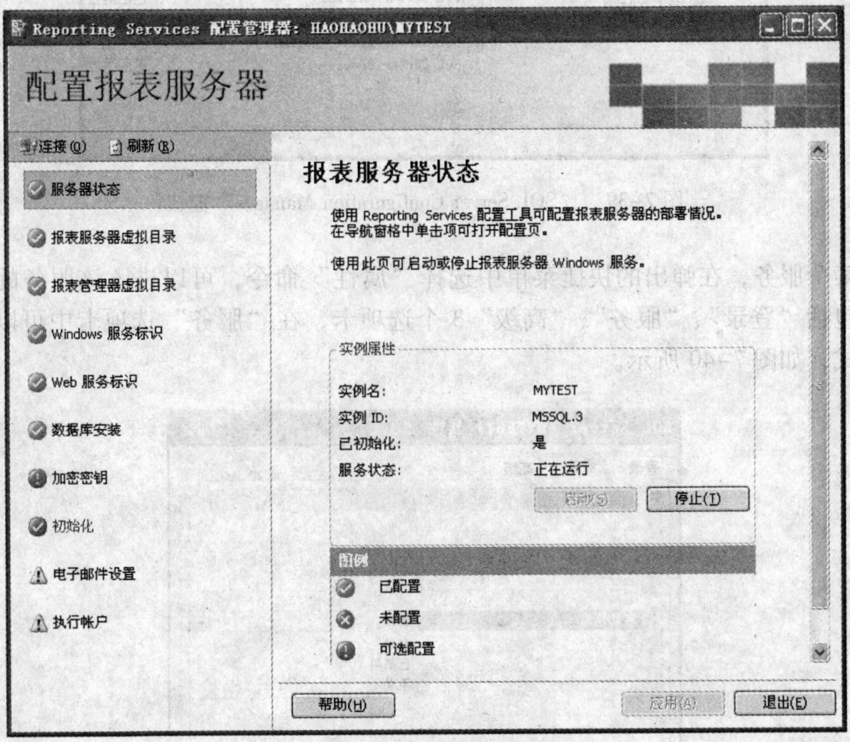

图 7-38　"Reporting Services 配置管理器"窗口

## 7.4.6　SQL Server Configuration Manager

SQL Server Configuration Manager（SQL Server 配置管理器）是一个 Microsoft 管理控制台管理单元，用于管理与 SQL Server 相关联的服务、配置 SQL Server 使用的网络协议，以及从 SQL Server 客户端计算机管理网络连接配置。SQL Server 配置管理器集成了 SQL Server 2000

中服务管理器、服务器网络实用工具、客户端网络实用工具的功能。其界面如图7-39所示

## 1. 服务的管理和设置

通过 SQL Server 配置管理器中的"SQL Server 2005 服务"选项可以启动、暂停、停止和重新启动指定的服务，还可以查看和设置"服务"的选项。

选定"SQL Server 2005 服务"后，右侧的窗格中显示相关服务的详细信息，如名称、状态等。当选择一个对象后，在工具栏上会增加 4 个按钮"⏵ ⏸ ⏹ ⟳"，分别对应启动、暂停、停止和重启 4 个操作，通过它们可以轻松地进行各类操作，如图7-39所示。当然也可以通过快捷菜单中对应的命令来实现有关操作。

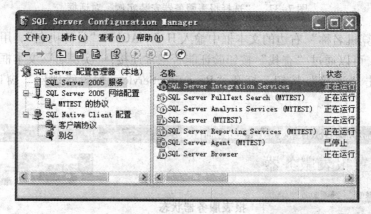

图7-39　　"SQL Server Configuration Manager"窗口

右击某个服务，在弹出的快捷菜单中选择"属性"命令，可以进入该服务的属性对话框，其中包括"登录"、"服务"、"高级" 3 个选项卡，在"服务"选项卡中可以设置服务的启动模式，如图7-40所示。

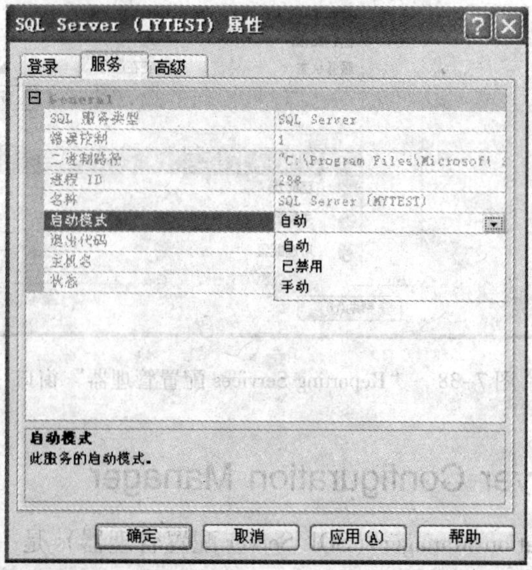

图7-40　　"SQL Server 属性"对话框

## 2．服务器网络配置

通过 SQL Server 配置管理器中的 "SQL Server 2005 网络配置" 选项，可以对网络进行重新配置，侦听特定的网络协议、端口或管道，它类似于 SQL Server 2000 中服务器网络实用工具的功能。选定协议子项，右侧窗格中显示协议的详细信息，用户可以根据需要设置相关的属性，如图 7-41 所示。

## 3．客户端配置

通过 SQL Server 配置管理器中的 "SQL Native Client 配置" 选项，可以配置客户端协议和创建服务器别名，这些配置只影响运行在服务器上的客户端程序，它类似于 SQL Server 2000 中客户端网络实用工具的功能，如图 7-42 所示。

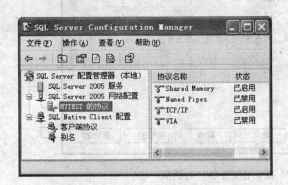

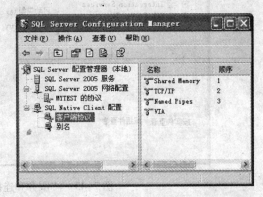

图 7-41 　 "SQL Server Configuration
Manager" 对话框 1

图 7-42 　 "SQL Server Configuration
Manager" 对话框 2

## 7.4.7　SQL Server 错误和使用情况报告

SQL Server 错误和使用情况报告用来指定是否将 SQL Server 2005 所有组件和实例的错误报告和功能使用情况报告发送到 Microsoft，为 Micfosoft 公司改进 SQL Server 提供帮助，同时，用户可以获得如何使用 SQL Server 的信息。

## 7.4.8　SQL Server 外围应用配置器

利用 SQL Server 外围应用配置器工具可以实现对远程连接禁用未使用的服务和网络协议以及禁用 SQL Server 组件未使用的功能，旨在提高可管理性和安全性。其配置可以应用于本地计算机或远程计算机。

### 1．服务和连接的外围应用配置器

选择 "服务和连接的外围应用配置器" 后，出现如图 7-43 所示的对话框。单击窗口左侧列表中的组件，然后通过窗口右侧的 4 个按钮即轻松启动、停止、暂停及恢复指定的服务。

### 2．功能的外围应用配置器

选择 "功能的外围应用配置器" 后，出现如图 7-44 所示的对话框。在这里可以启用应用程序所需的功能。例如，启用 CLR 集成、远程 DAC、数据库邮件存储过程等功能。

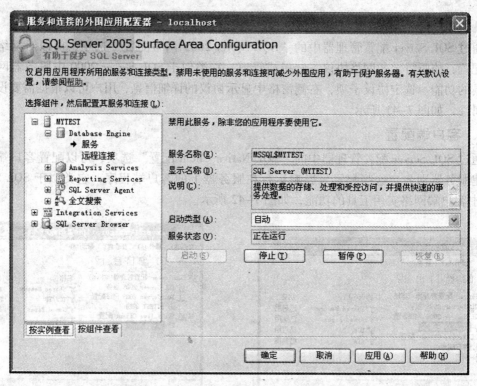

图 7-43 "服务和连接的外围应用配置器"对话框

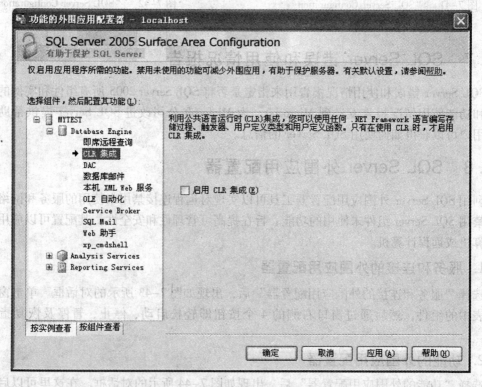

图 7-44 "功能的外围应用配置器"对话框

# 7.5 SQL Server 2005 程序设计基础

SQL Server 2005 程序设计是学习 SQL Server 数据库的重要环节。一个优秀的数据库管理人员和开发人员应该深入了解 Transact-SQL（即 T-SQL）的语法规则，掌握编写存储过程、数据库触发器、函数、包的方法，以提高运行效率和增强系统完整性。

T-SQL 是标准 SQL 的超集，是在 SQL 的基础上添加了流程控制语句发展而来的。几乎所有的关系数据库都支持 SQL，但 T-SQL 是 SQL Server 系统产品独有的。T-SQL 和其他语言一样，有着特定的语法规则，详见表 7-8。

**表 7-8  T-SQL 语法规则**

| 语 法 规 则 | 规 则 说 明 |
| --- | --- |
| 大写 | T-SQL 的关键字 |
| 斜体 | T-SQL 语法中用户提供的参数 |
| 粗体 | 数据库名、表名、列名、索引名、数据类型名、存储过程、实用工具，以及必须按所显示的原样输入的文本 |
| [ ] | 方括号，表示可选语法项 |
| {} | 大括号，表示必选语法项 |
| | | 竖线，表示所含语法项只能选择其中一项 |
| _ | 下划线，表示当语句中省略了包含带下划线的值的子句是应用的默认值 |
| [,…n] 或 […n] | 表示它前面的项可以重复 n 次，每一项由逗号和空格分隔 |
| [;] | 可选的 T-SQL 语句终止符 |
| <标签名>:: = | 语法块的名称，此规则用于可在语句中多个位置使用的过长语法段或语法单元进行分组和标记 |

## 7.5.1  标识符与注释

### 1. 标识符

在 T-SQL 中，标识符是指用来定义数据库、表和索引及变量等数据库对象的名称的符号。创建标识符时要遵循一定的命名规则：

&#x21BB; 标识符必须以字母、下划线（_）、at 符号（@）和数字标记（#）开头；

&#x21BB; 除第一个字符外，其他字符可以是字母、十进制数字或 $ 、_ 、@、#符号之一；

&#x21BB; 标识符不能和 Transact-SQL 的保留字同名；

&#x21BB; 不允许嵌入空格或除@、#、_ 、$ 之外的其他特殊字符；

&#x21BB; 标识符包含的字符数必须在 1～128 之间，临时表标识符长度不能超过 116 个字符。

有些标识符是以特殊符号开始的，这些标识符名称具有特定的用途，使用时不能混同于一般标识符，例如：

&#x21BB; 以 @ 符号开始的标识符表示局部变量或参数；

&#x21BB; 以 @@ 双符号开始的标识符表示全局变量；

↺ 以数字标记#符号开始的标识符表示临时表或过程;

↺ 以数字标记##双符号开始的标识符表示全局临时对象。

## 2. 注释

在编写 SQL 脚本时,编写者经常会忽视注释功能,这给以后的维护工作带来诸多不便。作为一个好的设计者,无论逻辑多么简单,都要养成添加注释的习惯。

注释也称为注解,是对代码的解释和说明,它不会被执行,不是程序代码,其目的是为了让别人或自己更容易看懂代码及其逻辑意义。T-SQL 提供两种形式的注释:块注释和行内注释。

（1）块注释

块注释以斜杠和至少一个星号（/＊）开始,并以一个星号和一个斜杠（＊/）结束,用于注释多行。注释多行时常用的样式规则是"第一行用 /＊ 开始,接下来的注释行用 ＊＊ 开始,最后一行用 ＊/ 结束注释"。例如:

```
/*
** Parameter Check: @ distributor.
** Check to make sure that the distributor is not NULL and that it
** conforms to the rules for identifiers.
*/
```

（2）行内注释

行内注释放在脚本体中,用于解释脚本的执行过程和流程。行内注释以两个连接符（－－）开头,由换行符终止。查询解析器会忽略注释符后面的部分。行内注释可以放在可执行脚本的后面,也可以另起一行。例如系统存储过程 sp_addmessage 中的程序段:

```
IF @ islog IS NULL
BEGIN
    -- @ with_log must be 'TRUE' or 'FALSE' or Null
IF NOT ( @ with_log IS NULL)
BEGIN
    raiserror(15271, -1, -1)
    RETURN (1)
END
IF @ langid = 0    -- backward compatible
    SELECT @ islog = 0
END
```

行内注释的一个重要作用是为自己和其他开发人员提供临时的开发注解。在第一次调试脚本时,肯定最关心核心功能能否正常工作。除了基本的逻辑以外,工作区域内的问题、错误处理及不常见的状态,与代码在理想情况下能正常工作相比,通常是次要的。在考虑所有这些次要的因素时,应做一些注解,包括要做的项目和备忘录,以便回过头来添加清理代码,简化功能。

SQL Server Management Stuido 提供了键盘和按钮快捷方式注释突出显示的代码。需要注释时，先选中要禁用或注释的代码部分，再单击"SQL 编辑器"工具栏上的"注释选中行"按钮即可。如果使用快捷键，则按下 Ctrl + K 或 Ctrl + C 键。要取消对选中代码的注释，可以单击"取消对选中行的注释"按钮，或者按下 Ctrl + K、Ctrl + U 组合键。

## 7.5.2　数据类型

数据类型是数据的一种属性，是指以数据的表现方式和存储方式划分的数据种类。任何一种计算机语言都定义了自己的数据类型，T-SQL 也不例外。在 SQL Server 中，数据表的字段、常量、变量、表达式等都有对应的数据类型。SQL Server 数据类型分为系统定义和用户自定义两大类，其中系统定义的数据类型包括整型、浮点型、二进制数据型、逻辑型、字符型、文本型、图形型、日期时间型、货币型和特定数据型。各种数据类型占用的存储空间和能够表示的数据各不相同。

### 1. 整数数据类型

整数数据类型用来存储整型数据，是最常用的数据类型之一，包括 int、smallint、tinyint、bigint 等类型。整数型数据由负整数或正整数组成，如 − 20、0 和 588。各种数据类型的情况如表 7-9 所示。

**表 7-9　整数数据类型**

| 类型表示 | 数值范围 | 存储空间 | 类型说明 |
|---|---|---|---|
| int | $-2^{31} \sim 2^{31}-1$ | 4 字节 | 整数型，32 位存储空间一位表示正负，其余 31 位表示数据值的长度和大小 |
| smallint | $-2^{15} \sim 2^{15}-1$ | 2 字节 | 短整数型 |
| tinyint | $0 \sim 255$ | 1 字节 | 微短整数型，只存储正整型数据 |
| bigint | $-2^{63} \sim 2^{63}-1$ | 8 字节 | 大整数型 |

### 2. 浮点数据类型

浮点数据类型能够存储范围非常大的精确计算的数。但浮点数据类型非常容易发生舍入误差，超过精度的右边各位不能准确表示。浮点数据类型分为小数数据类型和近似数值型。小数数据类型也称为精确数据类型，包括 decimal 和 numeric 两种。小数数据类型由精度和小数位两部分组成，其数据精度保留到最低有效位，它以完整的精度存储十进制数。近似数值数据类型不能精确记录数据的精度，所保留的精度由二进制数字系统的精度决定，包括 real 和 float 两种。有关浮点数据类型详见表 7-10。

**表 7-10　浮点数据类型**

| 类型表示 | 数值范围 | 存储空间 | 类型说明 |
|---|---|---|---|
| decimal | $-10^{38}+1 \sim 10^{38}-1$ | 2 ~ 17 字节 | 两种数据类型完全相同。定义格式为 decimal［(p［, s])］和 numeric［(p［, s])］，其中 p（有效位数）表示可储存的最大十进位数总数，小数点左右两侧都包括在内。s（小数位数）表示小数点右侧所能储存的最大十进位数 |
| numeric |  |  |  |
| real | $-3.40E+38 \sim 3.40E+38$ | 4 字节 |  |
| float | $-1.79E+308 \sim 1.79E+308$ | 8 字节 | 定义格式：float［(n)］，n 为介于 1 和 53 之间的某个值。默认值为 53 |

### 3. 二进制数据类型

二进制数据是指由十六进制数表示的数据。例如，十进制数 233 表示成十六进制为 E9。SQL Server 2005 中，使用了 binary、varbinary 和 image 3 种数据类型存储二进制数据，在输入数据时必须加上字符"0x"作为标识。各种数据类型的情况如表 7-11 所示。

表 7-11　二进制数据类型

| 类型表示 | 类型说明 |
| --- | --- |
| binary | binary［（ n ）］，n 是从 1 到 8 000 的值。每行中所包含的十六进制数字的个数是固定的长度，最多为 8 KB |
| varbinary | varbinary［（ n\|max ）］，max 指示最大存储大小为 $2^{31}-1$ 字节，存储大小为所输入数据的实际长度 +2 个字节。每行中所包含的十六进制数字的个数可以不同，最多为 8 KB |
| image | 用来存储超过 8 KB 的可变长度的二进制数据，如 Word 文档、Excel 电子表格、位图图像、图形交换格式（GIF）文件等对象 |

### 4. 逻辑数据类型

逻辑数据类型在 SQL 中用 bit 表示，占用一个字节的存储空间，其取值为真值 1、假值 0 或 NULL。如果输入除 1 和 0 以外的整型数据，将被视为 1，即真值。在使用中要注意不能对 bit 类型的列使用索引。

### 5. 字符数据类型

字符数据类型用来存储数字符号、字母和一些特殊符号，该类型的数据常用单引号或双引号括起来。例如，'118'、"16hg"等。字符数据类型共有 4 种，详见表 7-12。

表 7-12　字符数据类型

| 类型表示 | 定义形式 | 字符容量 | 类型说明 |
| --- | --- | --- | --- |
| char | char｛[n]｝ | 8 000 个 | 使用固定长度来存储，可以精确计算数据占有的空间，减少空间的浪费 |
| varchar | varchar｛[n]｝ | 8 000 个 | 存储变长的字符数据，存储空间随数据的字符数而变化，当数据长度小于最大长度时，不会用空格填充 |
| nchar | nchar｛[n]｝ | 4 000 个 | 用来定义固定长度的 Unicode 数据，该数据类型多占用一倍的存储空间，以 2 个字节为存储单位 |
| nvarchar | nvarchar｛[n]｝ | 4 000 个 | 用来定义可变长度的二进制数据 |

### 6. 文本数据类型

文本数据类型用于存储大于 8 KB 的 ASCII 字符，SQL 提供了 text 和 ntext 两种文本数据类型，详见表 7-13。

表 7-13　文本数据类型

| 类型表示 | 字符容量 | 类型说明 |
| --- | --- | --- |
| text | $2^{31}-1$（2 147 483 647）个 | 存储长度可变的非 Unicode 数据，数据直接存放在表的数据中，而不是存放到不同的数据页中 |
| ntext | $2^{30}-1$（1 073 741 823）个 | 存储长度可变的 Unicode 数据 |

## 7. 日期和时间数据类型

SQL Server 提供了专门的日期时间类型，并同时提供了很多专门处理日期和时间的函数。日期和时间数据由有效的日期或时间组成。例如，"6/01/2010 12:15:00.001 PM"和"1:28:29.150 AM 6/17/2010"都是有效的日期和时间数据。在 T-SQL 中，日期和时间数据使用 datetime 和 smalldatetime 两种数据类型存储。详见表 7-14。

表 7-14　日期和时间数据类型

| 类 型 表 示 | 日 期 范 围 | 时 间 范 围 | 默 认 值 |
|---|---|---|---|
| datetime | 1753-01-01 到 9999-12-31 | 00:00:00 到 23:59:59.997 | 1900-01-01 00:00:00 |
| smalldatetime | 1900-01-01 到 2079-06-06 | 00:00:00 到 23:59:59 | 1900-01-01 00:00:00 |

## 8. 货币数据类型

货币数据类型用于存储货币值，可以是正值或负值。使用货币数据类型时，需要在数据前加上货币符号，以便系统辨识货币的国别，如果不加货币符号，则默认为"￥"。在 T-SQL 中使用 money 和 smallmoney 数据类型存储货币数据。详见表 7-15。

表 7-15　货币数据类型

| 类 型 表 示 | 数 值 范 围 | 存 储 空 间 | 类 型 说 明 |
|---|---|---|---|
| money | $-2^{63}-1 \sim 2^{63}-1$ | 8 字节 | 精确到货币单位的万分之一 |
| smallmoney | $-2^{31}-1 \sim 2^{31}-1$ | 4 字节 |  |

## 9. 特定数据类型

在 SQL Server 2005 中，还提供了一些用于数据存储的特殊数据类型，详见表 7-16。

表 7-16　特定数据类型

| 类 型 表 示 | 类 型 说 明 |
|---|---|
| table | 主要用于临时存储一组作为表值函数的结果集返回的行，相对于一个临时的表格，以便进行后续处理 |
| xml | 用来存储整个 XML 文档，可以在列中或者 XML 类型的变量中存储 xml 实例。存储的 XML 数据类型表示实例大小不能超过 2 GB |
| cursor | 游标数据类型，用于创建游标变量或者定义存储过程的输出参数。它是唯一的一种不能赋值给表的列（字段）的基本数据类型 |
| timestamp | 时间戳数据类型，可以反映数据库中数据修改的相对顺序。通常用作给表行加版本戳的机制。存储大小为 8 个比特。timestamp 数据类型只是递增的数字，不保留日期或时间。每个数据库都有一个计数器，即数据库时间戳。当对数据库中包含 timestamp 列的表执行插入或更新操作时，该计数器值就会增加 |
| sql_variant | 可以存储除了 text、ntext、timestamp 和自己本身以外的其他所有类型的变量。sql_variant 可以用在列、参数、变量和用户定义函数的返回值中 |
| uniqueidentifier | 全局唯一标识符，是一个 16 字节长的二进制数据类型，是 SQL Server 根据计算机网络适配器地址和主机 CPU 时钟产生的唯一号码而生成的全局唯一标识符代码。唯一标识符代码可以通过调用 NEWID 函数或者其他 SQL Server 应用程序编程接口来获得 |

除了前面介绍的数据类型外，用户可以自己定义数据类型。可以通过企业管理器创建用户定义的数据类型，也可以在查询分析器中使用系统存储过程 sp_addtype 创建用户定义的数

据类型。在创建一个用户定义的数据类型时，必须给出以下 3 部分信息：

① 新数据类型的名称；

② 新数据类型所依据的系统数据类型；

③ 数据类型是否允许为空值。

### 7.5.3　变量

变量是指其数据在内存中存储时可以变化的量。为了在内存存储信息，用户必须指定存储信息的单元，并为该存储单元命名。T-SQL 语言的变量分为两种：局部变量和全局变量，它们之间的主要区别在于数据的有效作用范围不一样。

#### 1. 局部变量

局部变量是用户可以自定义的变量，它的作用范围仅局限在定义的程序内部。局部变量的名称由用户自定义，以@开头，变量名必须符合 SQL Server 标识符命名规则，同时，局部变量的名称不能与全局变量的名称相同，否则会出现不可预测的结果。局部变量使用前必须先用 DECLARE 命令定义（或称为声明），定义局部变量的语法如下：

```
DECLARE
{
@ local_variable data_type
}[ ,…n]
```

其中，参数 local_variable 为局部变量的名称；参数 data_type 为局部变量的数据类型，它可以是除 text、ntext 或 image 类型以外的所有系统数据类型和用户自定义类型；n 表示前面的项可以重复 n 次，并用逗号分隔。一般情况下，如果没有特殊的用途，为减少维护应用程序的工作量，建议尽量使用系统数据类型。

局部变量创建后，系统会赋予 NULL 初始值，如果要设定局部变量的值，可以使用 SELECT命令或 SET 命令两种方式。语法形式如下：

```
SELECT{@ local_variable  = expression}[ ,…n]
```

和

```
SET{@ local_variable  = expression}[ ,…n]
```

其中，expresion 为任何有效的 SQL Server 表达式。

【例 7-1】　声明一个长度为 9 个字符的变量@ stu_id，并赋值。

语句如下：

```
DELEARE @ stu_id CHAR(8)
SELECT @ stu_id ='201020101'
```

#### 2. 全局变量

全局变量是 SQL Server 系统内部事先定义好的变量，不需要用户自行定义，变量的名称以@@开头。全局变量作用范围不局限于某一个程序，任何程序都可以调用。用户可以在程序中用全局变量测试系统的设定值或 T-SQL 命令执行后的状态值。

SQL Server 一共提供了 30 多个全局变量，常用全局变量的功能详见表 7-17。

表 7-17　常用全局变量功能描述

| 变量名称 | 功能描述 |
|---|---|
| @@CONNECTIONS | 返回 SQL Server 自上次启动以来尝试的连接数，无论连接是成功还是失败 |
| @@CPU_BUSY | 返回 SQL Server 自上次启动后以 ms 为单位的工作时间，其结果以 CPU 时间增量或"滴答数"表示 |
| @@DBTS | 返回当前数据库的当前 timestamp 数据类型的值 |
| @@ERROR | 返回执行的上一个 Transact-SQL 语句的错误号 |
| @@IDENTITY | 返回最后插入的标识值的系统函数 |
| @@IDLE | 返回 SQL Server 自上次启动后的空闲时间，结果以 CPU 时间增量或"时钟周期"表示 |
| @@IO_BUSY | 返回自从 SQL Server 最近一次启动以来，SQL Server 已经用于执行输入和输出操作的时间 |
| @@LANGUAGE | 返回当前所用语言的名称 |
| @@ROWCOUNT | 返回受上一语句影响的行数 |
| @@SPID | 返回当前用户进程的会话 ID |
| @@TOTAL_ERRORS | 返回自上次启动 SQL Server 之后 SQL Server 所遇到的磁盘写入错误数 |
| @@TOTAL_READ | 返回 SQL Server 自上次启动后由 SQL Server 读取的磁盘的数目 |
| @@TOTAL_WRITE | 返回自上次启动 SQL Server 以来 SQL Server 所执行的磁盘写入数 |
| @@TRANCOUNT | 返回在当前连接上已发生的 BEGIN TRANSACTION 语句的数目 |
| @@VERSION | 返回当前的 SQL Server 安装的版本、处理器体系结构、生成日期和操作系统 |

## 7.5.4　运算符

运算符是一些符号，它们用来进行常量、变量或者列之间的算术运算、字符串连接、赋值和关系比较等操作。在 SQL Server 2005 中，运算符主要有六大类，分别是算术运算符、赋值运算符、关系运算符、逻辑运算符、字符串串联运算符和位运算符。

### 1. 算术运算符

算术运算符在两个表达式上执行数学运算，每个表达式可以是数字型类的任何数据类型。算术运算符包括：+（加）、-（减）、×（乘）、/（除）、%（取模），其中取模运算符两边表达式的值必须是整数型数据。

【例 7-2】　求 8 对 5 取模。

语句如下：

```
DECLARE @x int,@y int,@z int
SELECT @x=8,@y=5
SET @z=@x%@y
PRINT @z
```

程序运行结果为 3。

### 2. 赋值运算符

如例 7-2 中反复出项的"="（等号）就是赋值运算符，在 T-SQL 中只有一个赋值运算符。利用赋值运算符可以将数据值指派给某个对象，也可以在列标题和为列定义值的表达式之间建立关系。

### 3. 关系运算符

关系运算符用于比较两个表达式的大小，其比较结果是逻辑类型的值。当表达式满足给定的关系式，值为 TRUE（真），否则为 FALSE（假）。当 SET ANSI_ NULLS 为 ON 时，带有一个或两个 NULL 表达式的运算符返回 UNKNOWN。当 SET ANSI_ NULLS 为 OFF 时，上述规则同样适用，但是两个表达式均为 NULL，则等号（=）运算符返回 TRUE。关系运算符可以用于除了 text、ntext 或 image 数据类型的表达式以外的所有表达式。

比较运算符包括：=（等于）、>（大于）、<（小于）、>=（大于等于）、<=（小于等于）、<>（不等于）、!=（不等于）、!<（不小于）、!>（不大于），其中最后 3 个是非 ISO 标准运算符。

【例 7-3】　在 s_info 表中，查询课程号为"c001"的考试成绩大于等于 80 分的学生。语句如下：

```
USE stu_score  -- stu_score 为 s_info 表所在的数据库，下同
SELECT * FROM s_info WHERE score >= 80 AND c_number = 'c001'
```

### 4. 逻辑运算符

逻辑运算符包括 AND、OR 和 NOT。AND 和 OR 常用于连接 WHERE 子句中的搜索条件，而 NOT 用于取搜索条件的相反值。AND 连接两个条件，只有当两个条件都符合时才返回 TRUE。OR 也用于连接两个条件，但只要有一个条件符合便返回 TRUE。

【例 7-4】　在 stu_info 表中，查询班级编号为 201 的女生。语句如下：

```
USE stu_score
SELECT * FROM stu_info WHERE s_sex = '女' AND c_number = '201'
```

### 5. 字符串串联运算符

字符串串联运算符用 +（加号）表示，它能将多个字符串串联起来。在串联 varchar、char 或 text 数据类型的数据时，空的字符串被解释为空字符串。例如，'我是' + " " +'中国人'连接后结果为"我是中国人"。但是，如果兼容级别设置为 65，则空常量将作为单个空白字符处理，'我是' + " " + '中国人'将被存储为"我是 中国人"。

### 6. 位运算符

位运算符可以在两个表达式之间执行位操作，表达式可以是整数或二进制字符串数据类型类别中的任何数据类型（image 数据类型除外），但是不能同时为二进制数据。位运算符包括：&（位与）、|（位或）、^（位异或）。

### 7. 运算符优先级

当一个复杂的表达式中包含多种运算符时，优先级起着规定这些运算符执行的先后顺序的作用。执行顺序不同，结果可能完全不同。例如，表达式 3 + 4.5 * 6 的结果为 30，如果表达式改为 (3 + 4.5) * 6 则结果变为 45，因为括号改变了" + "和" * "的运算先后顺序。

各类运算符的优先级别如表 7-18 所示。对于优先级别相同的运算符，按照从左到右的顺序进行运算。括号可以用来提高运算的优先级别，在括号中的表达式优先级最高，如果表达式中有嵌套的括号，那么最里层的括号先运算。

**【例7-5】** 求表达式 $3 * (5 + (8 - 5))$ 的值。

该示例中包含嵌套的小括号。其中表达式 $8 - 5$ 被包含在最里层的小括号中，该表达式运算结果为 3，然后，加运算符（+）将此结果与 5 相加，得到值为 8。最后将 8 与 3 相乘，生成整个表达式的结果24。

表7-18　运算符的优先级

| 级　　别 | 运　算　符 |
|---|---|
| 1 | 括号（） |
| 2 | * （乘）、/ （除）、% （取模） |
| 3 | + （正）、− （负）、+ （加）、（ + 连接）、− （减）、& （位与）、^（位异或）、| （位或） |
| 4 | = , > , < , >= , <= , <> , ! = , ! > , ! < |
| 5 | NOT |
| 6 | AND |
| 7 | OR |
| 8 | = （赋值） |

## 7.5.5　函数

函数对于任何程序设计语言都是非常重要的组成部分，在 T-SQL 中，函数是指用来执行一些特殊的运算以支持 SQL Server 的标准命令。SQL Server 2005 包含多种不同的函数来实现各种功能，分为内部函数和用户自定义函数。下面介绍几种内部函数的功能和使用。

### 1. 系统函数

系统函数是一些工具函数，它们返回服务器配置、数据库对象数值等信息，包括一组用于返回不同对象的属性状态的通用及专用函数，这些函数把对 Master 数据库中的系统表以及用户数据库的查询封装在函数中。建议用户尽量使用系统函数，而不是自己创建对系统表的查询，以防后续版本对模式进行更改。常用的系统函数及其功能如表7-19 所示。

表7-19　数学函数及其功能

| 函　数　名　称 | 函　数　功　能 |
|---|---|
| APP_NAME（） | 返回与当前连接相关联的应用程序的名字 |
| COALESCE( expr [ , …n ] ) | 从以逗号分隔的表达式列表中返回第一个非空值 |
| CURRENT_TIMESTAMP（） | 返回当前日期与时间。和 GETDATE（）函数是同义的 |
| DATALENGTH( expr ) | 返回存储或处理一个值所需的字节数 |
| HOST_ID（） | 返回当前会话的工作站 ID |
| HOST_NAME（） | 返回当前会话的工作站名 |
| IDENT_CURRENT('table_name') | 返回最后一个为指定的表生成的标识（ID）值 |
| IDENT_INCR('table_or_view') | 返回最后一次创建的标识（ID）列中定义的增量值 |
| IDENT_SEED('table_or_view') | 返回最后一次创建的标识（ID）列中定义的种子值 |
| IDENTITY( data_type [ , seed , increment ] ) | 用在 SELECT…INTO 语句中，在一个列中插入自动生成的标识值 |

| 函数名称 | 函数功能 |
|---|---|
| ISDATE( expr) | 返回一个表明指定的值是否可被转换为日期值的标志 |
| ISNULL( check_expr, replacement_value) | 判断指定的值，若为空则返回一个事先提供的替代值 |
| ISNUMERIC （expr) | 判断指定参数的值是否为数值，若是返回真值 |
| NEWID( ) | 返回一个新生成的 UniqueIdentifier 类型全球唯一的值 |
| NULLIF( expr1，expr2) | 两个指定的参数的值如果相同，则返回 NULL |
| PARSENAME('object_name'，object_piece) | 返回一个具有 4 部分对象名（对象名、所有者名称、数据库名称和服务器名称）的特定部分 |

## 2. 数学函数

数学函数是对数字表达式进行数学运算并返回运算结果，可以执行代数、三角、统计、运算等。表 7-20 列出了常用数学函数及其功能。

表 7-20　数学函数及其功能

| 函数名称 | 函数功能 |
|---|---|
| ABS( expr) | 返回一个数的绝对值 |
| ACOS( expr) | 计算一个角的反余弦值，以弧度表示 |
| ASIN( expr) | 计算一个角的反正弦值，以弧度表示 |
| ATAN( expr) | 计算一个角的反正切值，以弧度表示 |
| ATN2( expr1，expr2) | 计算两个值的反正切，以弧度表示 |
| CEILING( expr) | 返回大于或等于一个数的最小整数 |
| COS( expr) | 计算一个角的正弦值，以弧度表示 |
| COT( expr) | 计算一个角的余切值，以弧度表示 |
| DEGREES( expr) | 将一个角从弧度转换为角度 |
| EXP( expr) | 返回表达式的指数形式 |
| FLOOR( expr) | 返回小于或等于一个数的最大整数 |
| LOG( expr) | 计算以 2 为底的自然对数 |
| LOG10( expr) | 计算以 10 为底的自然对数 |
| PI( ) | 返回以浮点数表示的圆周率值 3. 1 415 926 535 897 931 |
| POWER( expr1，expr2) | 返回 expr1 的由 expr2 指定的幂运算的值 |
| RADIANS( expr) | 将一个角从角度转换为弧度 |
| RAND( expr) | 返回以随机数算法算出的一个小数，可以接收一个可选的种子值 |
| ROUND( expr1，expr2) | 对一个小数进行四舍五入运算，使其具备特定的精度 |
| SIGN( expr) | 根据参数是正还是负，返回 -1 或者 1 |
| SIN( expr) | 计算一个角的正弦值，以弧度表示 |
| SQRT( expr) | 返回一个数的平方根 |
| SQUARE( expr) | 返回一个数的平方 |
| TAN( expr) | 计算一个角正切的值，以弧度表示 |

### 3. 字符串函数

字符串函数用于执行对字符串、表达式进行转换、截取、替换等操作。它们作用于 CHAR、VARCHAR、BINARY、VARBINARY 数据类型，以及可以隐式转换为 CHAR 或 VARCHAR 的数据类型。字符串函数分为基本字符串函数（UPPER、LTRIM 等）、字符串查找函数（CHARINDEX、PATINDEX 等）、长度和分析函数（DATALENGTH、SUBSTRING 等）及转换函数（ASCH、CHAR 等）几大类，常用的字符串函数如表 7-21 所示。

表 7-21　字符串函数及其功能

| 函 数 名 称 | 函 数 功 能 |
| --- | --- |
| ASCII( character_expr ) | 返回字符表达式最左端字符的 ASCII 码值 |
| CHAR( integer_expr ) | 将介于 0 和 255 之间的整数 ASCII 代码转换为字符 |
| CHARINDEX( expr1 , expr2 [ , start_location ] ) | 从 start_location 指定位置开始匹配 expr1 在 expr2 中出现的起始位置 |
| DIFFERENCE( expr1 , expr2 ) | 用于比较 SOUNDEX 模式结果的差异。评价 2 个表达式发音的相似度，取值为 0～4，当值为 4 时发音最相似 |
| LEFT( expr1 , expr2 ) | 返回字符串 expr1 中从左边开始指定个数的字符 |
| LEN( expr ) | 返回指定字符串表达式的字符数，其中不包含尾部空格 |
| LOWER( expr ) | 将字符表达式转换为小写字符数据后返回 |
| LTRIM( expr ) | 删除字符表达式的前导空格 |
| NCHAR( expr ) | 返回具有指定的整数代码的 Unicode 字符 |
| PATINDEX('% pattern%' , expr) | 返回指定表达式中某模式第一次出现的起始位置，如果没有找到该模式，则返回零 |
| QUOTENAME('character_string'[ ,'quote_charac-ter']) | 返回带有 quote_character 分隔符的 Unicode 字符串 |
| REPLACE ( expr，string _ pattern，string _ replacement ) | 用 string_ replacement 字符串值替换 expr 中出现的所有字符串值 string_pattern |
| REPLICATE( expr1 , expr2 ) | 以指定的次数 expr2 重复字符串值 expr1 |
| REVERSE( expr ) | 返回字符串 expr 的逆序值 |
| RIGHT( expr1 , expr2 ) | 返回字符串 expr1 中从右边开始指定个数的字符 |
| RTRIM( expr ) | 删除字符表达式的尾部空格 |
| SOUNDEX( expr ) | 返回一个由 4 个字符组成的代码，用于评估两个字符串的相似性 |
| SUBSTRING( expr，start， length) | 返回字符表达式 expr 从起点 start 开始的 length 个字符 |
| UNICODE( expr ) | 返回输入表达式的第一个字符的整数值 |
| UPPER( expr ) | 将字符表达式转换为大写字符数据后返回 |

### 4. 日期和时间函数

日期和时间函数用来处理 datatime 和 smalldatatime 的值，返回日期和时间信息。有些函数用于解析日期值的日期与时间部分，有些函数可用于比较、操纵日期/时间值。常用的日期和时间函数如表 7-22 所示。

表 7-22　日期和时间函数及其功能

| 函数名称 | 函数功能 |
|---|---|
| DATEADD(datepart, number, date) | 返回给指定日期加上一个时间间隔后的新 datetime 值，具有确定性 |
| DATEDIFF( datepart , startdate , enddate ) | 返回两个日期 startdate 和 enddate 之间的差值并转换为指定日期元素的形式，具有确定性 |
| DATENAME (datepart , date) | 返回指定日期的名字，不具有确定性 |
| DATEPART (datepart , date) | 返回指定日期的一部分，不具有确定性 |
| DAY (date) | 返回表示指定 date 的"日"部分的整数，具有确定性 |
| GETDATE | 返回服务器当前的日期和时间，不具有确定性。 |
| MONTH (date) | 返回表示指定 date 的"月"部分的整数，具有确定性 |
| YEAR(date) | 返回表示指定 date 的"年"部分的整数，具有确定性 |

### 5. 聚集函数

聚集函数也称为统计函数，它对一组值（如表的列）进行计算并返回一个数值，通常与 SELECT 语句的 GROUP BY 子句一同使用。有关内容已经在第 4 章中做过详细介绍，这里不再赘述。

## 7.5.6　批处理

批处理包含一个或多个 T-SQL 语句的组，是一个以一次性执行一批命令的方式处理一组命令的过程。应用程序将这些语句作为一个单元一次性递交给 SQL Server，然后编译成一个执行计划，并作为一个整体执行。如果编译时发现批处理中的某一条语句存在语法错误，执行计划就无法编译，从而造成批处理中的任何语句都无法执行。如果一个批中的某条语句出现执行错误，则结果有两种情况：

第一种情况，违反约束，则仅终止当前语句，其前其后语句正常执行。

第二种情况，引用不存在的对象，则终止当前语句和其后语句，其前语句正常执行。

一个批处理以 GO 语句结束，当编译器读取到 GO 语句时，会把 GO 语句前的所有语句当作一个批处理，并将这些语句打包发送给服务器。GO 语句本身不是 T-SQL 语句的的组成部分，只是一个表示批处理结束的前端指令。例如：

```
USE stu_score
GO
SELECT * FROM s_info
GO
CREATE VIEW view1 as
SELECT * from s_info where s_number = '20100101'
GO
SELECT * FROM view1
GO
```

使用批处理时要注意以下几个问题。

↘ CREATE DEFAULT , CREATE RULE , CREATE VIEW 和 CREATE TRIGGER 等语句在

同一个批处理中只能提交一个；

↺ 不能在删除一个对象之后，在同一批处理中再次引用这个对象。局部变量的作用域限制在一个批处理中，不可以在 GO 命令后再引用；

↺ 把规则和默认值绑定到表字段或者自定义字段上之后，不能立即在同一批处理中使用它们；

↺ 定义一个 CHECK 约束之后，不能立即在同一个批处理中使用；

↺ 修改表中一个字段名之后，不能立即在同一个批处理中引用这个新字段；

↺ 使用 SET 语句设置的某些 SET 选项不能应用于同一个批处理中的查询；

↺ GO 命令和 T-SQL 语句不可以在同一行。在批处理中的第一条语句后执行存储过程必须包含 EXECUTE 关键字。

## 7.5.7　控制流语句

同 C 语言一样，T-SQL 也支持控制流语句。控制流语句是指那些用来控制程序执行和流程分支的语句，在 SQL Server 2005 中，控制流语句主要用来控制 SQL 语句、语句块、用户定义函数或者存储过程的执行流程。T-SQL 提供的控制流语句如表 7-23 所示。

表 7-23　控制流语句的关键字及其作用

| 控制流关键字 | 作　　　用 | 控制流关键字 | 作　　　用 |
| --- | --- | --- | --- |
| BEGIN…END | 创建语句块 | BREAK | 中止执行流并跳出当前的 WHILE 循环 |
| GOTO | 将流程转到指定标签后继续执行后续语句 | CONTINUE | 中止 WHILE 循环的当前执行流并进入下一次循环 |
| IF…ELSE | 根据指定条件执行不同的语句组 | TRY…CATCH | 用于错误处理 |
| CASE | 从多个可能结果选择符合条件的一种 | WAITFOR | 设置语句执行延迟的时间 |
| WHILE | 当指定条件为 TRUE 时重复执行某个语句组 | RETURN | 无条件退出查询或过程 |

在不使用控制流语言的情况下，各个 Transact – SQL 语句会按照书写的先后顺序依次执行。使用控制流语句可以改变语句执行的情况，它使用与程序设计相似的构造使语句得以互相连接、关联和相互依存。

### 1. BEGIN…END 语句

BEGIN…END 语句能够将多个 T-SQL 语句组合成一个语句块，并将它们视为一个单元处理。BEGIN 和 END 语句必须成对使用。BEGIN 语句单独出现在一行中，后跟 Transact-SQL 语句块，最后 END 语句单独出现在一行中，指示语句块的结束。BEGIN…END 语句中还可以嵌套其他 BEGIN…END 语句。

BEGIN…END 语句的语法形式为：

```
BEGIN
    { sql_statement… }
END
```

其中，sql_ statement 可以是单个语句，也可以是多个语句。

单独的一个语句块，有时会显得没有意义，但是在条件和循环等控制流程语句中，当符合特定条件便要执行两个或者多个语句时，就需要使用 BEGIN…END 语句。

【例 7-6】 在语句块中完成两个变量的值的交换。

脚本如下：

```
DECLARE @ num1 int, @ num2 int, @ tmp int
SET @ num1 = 5
SET @ num2 = 8
BEGIN
SET @ tmp = @ num1
SET @ num1 = @ num2
SET @ num2 = @ tmp
END
PRINT @ num1
PRINT @ num2
```

该实例中是否加 BEGIN…END 语句结果是一样的。

### 2. GOTO 语句

GOTO 语句可以改变程序执行的流程，使程序无条件跳到指定的标签处继续执行，而位于 GOTO 语句和标签之间的程序将被忽略。GOTO 语句和标识符可以用在语句块、批处理和存储过程中，标识符可以为数字与字符的组合，但必须以 "：" 结尾。如：' label1：'。GO-TO 语句的语法形式为：

```
GOTO label_name
…
label_name：
```

【例 7-7】 用 GOTO 语句实现求 1~10 的累加和。

```
DECLARE @ sum int, @ i int
SELECT @ sum = 0, @ i = 1
lop1：
SELECT @ sum = @ sum + @ i
SELECT @ i = @ i + 1
IF @ i <= 10
GOTO lop1
SELECT @ i, @ sum
```

在实际应用中，应尽量少使用 GOTO 语句。因为过多使用 GOTO 语句可能会使 Transact-SQL 批处理的逻辑难于理解。使用 GOTO 实现的逻辑几乎完全可以使用其他控制流语句实现。GOTO 最好用于跳出深层嵌套的控制流语句。例如例 7-7 所示的程序可以用 WHILE 循环来实现。

### 3. IF…ELSE 语句

IF…ELSE 语句是条件判断语句，其中，ELSE 子句是可选的，最简单的 IF 语句可以没有 ELSE 子句部分。IF…ELSE 语句的语法形式为：

```
IF Boolean_expr
    {sql_statement1|statement_block1}
[ ELSE
    {sql_statement2|statement_block2} ]
```

当 IF 后所带的 Boolean_expr 表达式条件成立时，执行 sql_statement1 命令行或 statement_block1 语句块；当表达式条件不成立时，则执行 ELSE 子句后的 sql_statement21 命令行或 statement_block2 语句块。SQL Server 2005 允许嵌套使用 IF…ELSE 语句，而且嵌套层数没有限制。

【例 7-8】　查询 stu_info 表中复姓"诸葛"的学生数。

脚本如下：

```
USE stu_score
GO
IF exists(SELECT * FROM stu_info WHERE s_name like'诸葛%')
SELECT COUNT( * )AS 复姓诸葛学生数 FROM stu_info WHERE s_name like'诸葛%'
ELSE
PRINT'没有复姓诸葛的学生 '
```

### 4. CASE 语句

CASE 语句可以计算多个条件式，并将其中一个符合条件的结果表达式返回。CASE 语句按照使用形式的不同，可以分为简单 CASE 语句和搜索 CASE 语句，语句的语法形式如下：

（1）简单 CASE 语句

```
CASE input_expr
    WHEN when_expr THEN result_expr [ …n ]
    [ ELSE else_result_expr ]
END
```

该类型的执行顺序为：首先计算表达式 input_expr 的值，然后与表达式 when_expr 逐个进行比较，当遇到 input_expr = when_expr 结果为 TRUE 时返回其后的 result_expr 表达式。如果所有情况都不符合 input_expr = when_expr 的条件，那么返回 ELSE 子句后的 else_result_expr 表达式；如果没有指定 ELSE 子句，则返回 NULL。

（2）搜索 CASE 语句

```
CASE
    WHEN Boolean_expr THEN result_expr [ …n ]
    [ ELSE else_result_expr ]
END
```

该类型的执行顺序与简单的 CASE 语句类似，只是搜索 CASE 语句的结果要根据表达式 Boolean_expr 的情况来选择。

**【例 7-9】** 查询成绩表 s_info 中学号为 "201020101" 的学生第 "20101" 学期的考试情况，按等级显示。

脚本如下：

```
USE stu_score
GO
DECLARE @ grade char(8)
SELECT @ grade  =
CASE
WHEN score >= 90 AND score <= 100 THEN '优秀'
WHEN score >= 80 AND score < 90 THEN '良好'
WHEN score >= 70 AND score < 80 THEN '中等'
WHEN score >= 60 AND score < 70 THEN '及格'
ELSE '不及格'
END
FROM s_info
WHERE semester = '20101' AND s_number = '201020101'
SELECT @ grade
```

### 5. WHILE…CONTINUE…BREAK 语句

WHILE…CONTINUE…BREAK 语句用于设置重复执行 SQL 语句或语句块的条件。只要指定的条件为真，就重复执行语句。其中，CONTINUE 语句可以使程序跳过 CONTINUE 语句后面的语句，结束当前的某次循环回到 WHILE 循环的第一行命令。BREAK 语句则使程序完全跳出循环，结束 WHILE 语句的执行。

其语法形式为：

```
WHILE Boolean_expr
BEGIN
    { sql_statement | statement_block }
    [ BREAK ]
    { sql_statement | statement_block }
    [ CONTINUE ]
END
```

**【例 7-10】** 求 1~100 之间的奇数的和，但是当总和超过 1000 时停止计算。

脚本如下：

```
DECLARE @ x int, @ sum int
SET @ x = 0
SET @ sum = 0
WHILE @ x < 100
BEGIN
    SET @ x = @ x + 1
    IF @ x%2 = 0
```

```
        CONTINUE
    ELSE
        IF @ sum < 1000
            SET @ sum = @ sum + @ x
        ELSE
            BREAK
    END
    PRINT @ sum
```

输出结果为 1024。

### 6. TRY…CATCH 语句

Transact-SQL 可以提供与 Microsoft Visual C# 和 Microsoft Visual C ++ 语言相类似的通常处理功能。Transact-SQL 语句组可以包含在 TRY 块中。如果 TRY 块内部发生异常，则会将控制传递给 CATCH 块中包含的另一个语句组。

【例 7-11】 试显示 1/0 的结果。

因为 1/0 会生成被零除错误，该错误会使执行跳转到关联的 CATCH 块，语句如下：

```
BEGIN TRY
    -- Generate a divide - by - zero error.
    SELECT 1/0;
END TRY
BEGIN CATCH
    SELECT
        ERROR_NUMBER( ) AS ErrorNumber,
        ERROR_SEVERITY( ) AS ErrorSeverity,
        ERROR_STATE( ) AS ErrorState,
        ERROR_PROCEDURE( ) AS ErrorProcedure,
        ERROR_LINE( ) AS ErrorLine,
        ERROR_MESSAGE( ) AS ErrorMessage;
END CATCH;
GO
```

运行结果为：遇到以零作除数错误。

### 7. WAITFOR 语句

WAITFOR 语句用于暂时停止执行 SQL 语句、语句块或者存储过程等，直到所设定的时间已过或者所设定的时间已到才继续执行。

WAITFOR 语句的语法形式为：

```
WAITFOR { DELAY 'time' | TIME 'time' }
```

其中，DELAY 用于设置要等待的时间，最长为 24h；TIME 用于指定某一时刻，即等待结束的时间点，其数据类型为 datetime，格式为'hh:mm:ss'。

【例 7-12】 使用 WAITFOR 语句，分别于 20 分钟后和 20：30 时执行某存储过程

mysp1。

程序清单如下：

```
BEGIN
    WAITFOR DELAY '00:20:00'
    EXECUTE mysp1
    WAITFOR TIME '20:30:00'
    EXECUTE mysp1
END
```

### 8. RETURN 语句

RETURN 语句用于无条件地终止一个查询、存储过程或者批处理，此时位于 RETURN 语句之后的程序将不会被执行。

RETURN 语句的语法形式为：

```
RETURN [ integer_expression ]
```

其中，参数 integer_ expression 为返回的整型值。存储过程可以给调用过程或应用程序返回整型值。返回值含义如表 7-24 所示。

表 7-24 RETURN 语句返回值的含义

| 返 回 值 | 含 义 | 返 回 值 | 含 义 |
| --- | --- | --- | --- |
| 0 | 程序执行成功 | −7 | 资源错误 |
| −1 | 找不到对象 | −8 | 非致使的内部错误 |
| −2 | 数据类型错误 | −9 | 已经达到系统的权限 |
| −3 | 死锁 | −10，−11 | 致使的内部不一致错误 |
| −4 | 违反权限原则 | −12 | 表或指针破坏 |
| −5 | 语法错误 | −13 | 数据库破坏 |
| −6 | 用户造成的一般错误 | −14 | 硬件错误 |

如果运行过程中产生了多个错误，SQL Server 系统将返回绝对值最大的数值。

# 小结

本章通过对 SQL Server 2005 版本、应用环境和组件的分析，并详细介绍了 SQL Server 2005 的安装及常用功能的使用，如数据库的创建、附加和分离、导入和导出、备份和恢复等，让读者初步认识了 SQL Server 2005，并能根据自己的应用环境需求去选择数据库管理系统的版本和组件。同时还介绍了 T-SQL 中编程的语法规范、数据类型、表达式、函数、控制流语句等知识，帮助读者了解 T-SQL 编程基础。

# 习题

### 一、选择题

1. 需要安装一个 SQL Server 2005 系统，而服务器有 4 个 CPU。为了充分利用 4 个 CPU，应该选择 SQL Server 2005 的 (　　　　) 版本。

　　A. SQL Server Workgroup 版本　　　　B. SQL Server Developer 版本

　　C. SQL Server Express 版本　　　　　D. SQL Server Standard 版本

2. 一个 SQL Server 服务器上可以安装 (　　) 默认实例。

　　A. 1 个　　　　B. 2 个　　　　C. 3 个　　　　D. 4 个

3. 在 SQL Server 2005 数据库中备份设备的默认文件类型是 (　　　)。

　　A. bak　　　　B. sql　　　　C. txt　　　　D. bkf

**二、填空题**

1. 微软公司为用户提供了 6 种版本的 SQL Server 2005 它们分别是：_____、_____、_____、_____、_____和_____。

2. SQL Server 2005 的数据库对象有_____、_____、_____和_____等。

3. 在 SQL Server 2005 系统中，一个数据库最少有一个_____文件和一个_____文件。

4. SQL Server 2005 有两种身份验证模式，它们分别是_____和_____。

5. 在 SQL Server Management Studio 中，_____窗口用于显示数据库服务器中的所有数据库对象。

6. 批处理是_____语句的集合。一个批处理以_____语句结束。

7. T-SQL 中的局部变量是用_____语句声明的变量，全局变量是由_____定义并维护的变量。

8. 局部变量的作用域是从_____地方开始，到_____的结尾。

9. 给局部变量@x 赋值为 123，写出 T-SQL 语句_____。

**三、实训题**

根据实际情况选择合适 SQL Server 2005 版本进行安装和使用

实验目的：掌握 SQL Server 2005 的安装和常用功能的使用

实训内容：

(1) 安装 SQL Server 2005；

(2) 新建一个数据库，命名为 stu_score；

(3) 将第 6 章中创建的 stu_score. Accdb 数据库的内容导入其中；

(4) 将导入的数据备份到 stu_score. bak 文件中；

(5) 在查询编辑器中执行例 7-10 的代码。

实训要求：

(1) 安装 SQL Server 2005 的过程中，身份验证模式选择"混合模式"，并为账户 sa 设置秘密 sa，其他参数为默认；

(2) 新建的数据库保存在系统盘以外的其他任意盘中，数据文件和日志文件初始大小分别为 8 MB 和 5 MB；数据文件和日志文件的增长方式分别为"增量为 10 MB，不限制增长"和"增量为 10%，不限制增长"；

(3) 数据库备份类型为完整，备份组件为"数据库"，数据备份到磁盘；

(4) 写出有关步骤和执行结果。

# 第 8 章　创建和使用 SQL Server 2005 数据库

**本章要点：**

---

- ☑ 数据库对象，数据库存储结构
- ☑ 数据库创建、配置、删除
- ☑ 事务处理，数据锁定，游标

---

## 8.1　数据库对象

数据库的主要用途是用来处理数据管理活动过程中所产生的信息，它主要包括基本表和视图、索引、存储过程、触发器、约束、默认、规则等对象。

表是数据库中最基本最重要的对象，它是由行和列组成的二维表格，其中行被称为记录，是组织数据的单位，列被称为字段，每一列表示记录的一个属性。每个 SQL Server 2005 数据库最多包含 2000000 个表，每个表中最多允许有 1024 列，每行最多允许有 8060 字节的数据。

视图是执行 Select 语句后返回的临时结果集，又称虚拟表，它将数据源中的数据根据用户的需要临时地逻辑组织在一起，可以像表一样进行查询、插入、更新与删除操作。当数据源发生变化时，视图也会发生变化。

索引是由表中的一列或多列字段值以及相应的指向表的逻辑指针构成的，用于对表中的记录按需排序，可以帮助用户在表中快速地找到满足条件的记录。

存储过程是 SQL Server 2005 服务器上一组预先定义并编译好的 T-SQL 语句，类似于编程语言中的过程。在使用 T-SQL 编程过程中，可以将某些需要多次调用以实现某个特定任务的代码段编写成一个过程，将其保存在数据库中，并在 SQL Server 服务器上通过过程名调用。

触发器是一种特殊的存储过程，它不同于一般的存储过程，一般的存储过程通过过程名调用即可，而触发器则是通过事件触发而执行的，与表紧密连接，因此可以看作是表的定义的一部分。

约束是强制实现数据完整性的主要途径，是用于维护数据一致性和正确性的规则，它通过限制列数据、行数据和表间数据来保持数据完整性，主要包括主键约束、唯一约束、检查约束、默认约束、外键约束等。

默认值是一种独立于表的数据库对象，类似于默认约束，但它需要使用 create default 语句定义，创建好后可以绑定到表中的一列或者多列上。

规则就是创建一套准则，并将其绑定到表的列或用户自定义数据类型上，添加完之后它会检查添加的数据或者对表所作的修改是否满足所设定的条件。

# 8.2　SQL Server 2005 系统数据库

SQL Server 2005 包含系统数据库和用户数据库两类数据库。系统数据库存储有关系统的信息，SQL Server 2005 使用系统数据库来管理系统。SQL Server 2005 在安装过程中自动创建了 4 个系统数据库：master、model、msdb 和 tempdb，这些数据库是 SQL Server 2005 运行的基础。而用户数据库是指用户在使用过程中根据自身需要所创建的数据库，这在本书前面章节已有介绍，此处不再赘述。

### 1．主数据库

主数据库（master）是 SQL Server 2005 中最重要的系统数据库，是总控数据库。它记录了 SQL Server 2005 的所有系统级别的信息，包括所有的登录账户和密码、系统的配置信息，以及所有用户定义的数据库的存储位置、初始化信息等。可对其他数据库实施管理和控制。

如果用户在 SQL Server 2005 系统中创建了一个数据库，系统马上会将用户数据库的有关用户管理、文件配置、数据库属性等信息写入 master 数据库，系统正是根据 master 数据库中的信息来管理系统和其他数据库的。如果 master 数据库受到损坏，比如存储介质出现问题，或该数据库中的某个表被删除了，那么 SQL Server 2005 将不能启动，所以应该经常对 master 数据库进行备份。

### 2．模型数据库

模型数据库（model）是用来创建用户新数据库的模板和原型，并且包括欲复制到用户数据库的系统表结构。当用户数据库创建时，服务器通过复制 model 数据库建立新数据库的前面部分，而新数据库的其他部分则被初始化成空白页，以便存放数据。

### 3．调度数据库

调度数据库（msdb）主要被 SQL Server Agent 用于进行复制、作业调度及管理报警等活动，供 SQL Server 代理程序调度警报作业以及记录操作时使用。多个用户在使用同一个数据库时，经常会出现因多个用户对同一个数据的修改而造成数据不一致的现象，或出现用户对某些数据和对象的非法操作等。为防止以上现象的发生，SQL Server 2005 提供的一套代理程序能够按照系统管理员的设定监控上述现象，及时向系统管理员发出警报。当代理程序调度警报作业、记录操作时，系统所用到或实时产生的许多相关信息一般都存储在 msdb 中。

### 4．临时数据库

临时数据库（tempdb）用于保存所有的临时表、临时数据以及临时创建的存储过程。tempdb 数据中记录的信息都是临时的，每当连接断开时，所有临时表和临时存储过程都将自动丢失，所以每次启动 SQL Server 2005 时，tempdb 数据库里面总是空的。默认情况下，运行 tempdb 数据库时会根据需要自动增长。

# 8.3    SQL Server 2005 数据库的存储结构

## 8.3.1    文件和文件组

### 1. 数据文件

SQL Server 2005 数据库文件由一组操作系统文件组成，数据库中所有的数据、对象（如表、索引、视图等）和数据库事务日志等都存储在这些操作系统文件中。根据作用不同，这些文件可以分为以下三类。

（1）主数据文件

主数据文件（Primary Data File）用于存储数据库的系统表及所有对象的启动信息，是所有数据库文件的起点。主数据文件也可用来存储数据，所有的数据库有且仅有一个主数据文件，其保存时的扩展名为 mdf。

（2）辅数据文件

辅数据文件（Secondary Data File）用于存储主数据文件中未存储的数据和数据库对象。辅数据文件是可选的，若要将数据库文件延伸到多个硬盘上，就必须使用辅数据文件。一个数据库可以有一个或多个辅数据文件，其存储时的扩展名为 ndf。

（3）事务日志文件

事务日志文件（Transaction Log File）用于存储数据库的事务日志信息，以便进行数据库恢复和记录数据库的操作情况，执行的 INSERT、DELETE、UPDATE 等 SQL 命令后的操作结果都会记录在该文件内。每个数据库至少有一个事务日志文件，也可能会有多个，其存储时的扩展名为 ldf。

采用主、辅数据文件来存储数据的好处是数据库的大小可以无限制的扩充而不受操作系统文件大小的限制。另外，还可以将这些文件保存在不同的磁盘上，这样就可以同时对多个硬盘进行访问，提高了数据处理的效率。SQL Server 2005 中数据文件的最大值为 32 GB，事务日志文件最大值为 4 GB，最小为 512 KB。

### 2. 文件组

文件组就是将构成数据库的多个文件集合起来作为一个群体，对待以控制各个文件的存放位置。SQL Server 2005 可以由多个文件组组成，其中一个称为主文件组（Primary File Group），其他则称为辅文件组（Secondary File Group），每个文件组都有一个组名。实际操作中可分别将每类文件组建立在不同的硬盘驱动器上，用户可以将数据库中经常被使用且工作负荷较重的表存放在一个组中，其他的表则放在另外的组内，以便分担存储压力、提高执行性能。

主文件组中包含了主数据库文件和未指定组的其他文件，同时该数据库所属的所有的系统表也存放在主文件组上。在文件组中可以指定一个默认文件组，若在创建数据库对象时没有指定将其放在哪一个文件组中，系统会将它放在默认文件组中。如果没有指定默认文件组，则主文件组为默认文件组。建立文件和文件组时应该遵守以下规则。

（1）文件或文件组不能被多个数据库使用，每个文件只能成为一个文件组的成员。

（2）日志文件是独立的，不能放在任何文件组中，即日志文件和数据文件总是分开的。

（3）一旦一个文件作为数据库的一部分被创建，就不能被移动到另外一个文件组中。如果用户希望移动文件，必须先删除后再重新创建文件。

（4）SQL Server 2005 中的数据文件和事务日志文件无法存放在压缩文件系统（Compressed File System）中或共享的网络目录中。

## 8.3.2　数据库的存储结构

数据库的存储结构分为逻辑存储结构和物理存储结构两种。

数据库的逻辑存储结构是指数据库是由哪些性质的信息所组成。SQL Server 2005 的数据库是由诸如表、视图、索引等各种不同的数据库对象所组成的。

数据库的物理存储结构是指数据库文件是如何在磁盘上存储的。数据库在磁盘上是以文件为单位存储的，由数据文件和事务日志文件组成，一个数据库至少应该包含一个数据文件和一个事务日志文件。

## 8.3.3　事务日志

SQL Server 2005 在创建一个数据库时，同时会创建事务日志文件，用以记录所有事务和每个事务对数据库所做的修改。在修改写入数据库之前，事务日志会自动地记录对数据库对象所做的任何修改。当数据库被破坏时可以用事务日志恢复数据库内容，这是 SQL Server 2005 中一个重要的容错特性。

事务日志文件中记录着每个事务的开始标志、所做的任何修改操作、事务的结束标志。在事务日志文件中保存的是修改的过程，而在数据库中保存的是修改的结果。为了保证数据的安全，都须采用先写日志文件的原则。

注意：SQL Server 2005 的每个数据库文件都有一个逻辑文件名和一个物理文件名。逻辑文件只在 Transact-SQL 中使用，是实际磁盘文件名的代号。物理文件名是操作系统文件的实际字符，包括文件所在的路径。

# 8.4　创建数据库

一个合理的数据库可以提高用户的工作效率、节省数据库的存储空间、减少数据输入错误的机会、提高数据库的运行性能等，因此数据库创建之前必须对其进行规划，以适应用户的需求。规划数据库需要了解用户的需要、收集信息、确定对象、建立对象模型、确定对象之间的关系。数据库的规划工作大致可以分为以下两个阶段。

第一阶段：收集完整、必要的数据项，并将其转换成数据表的字段形式。

第二阶段：将收集的字段做适当的分类后，归入不同的数据表中，并建立数据表之间的关联。表与表之间关系的逻辑要注意规范化，这有助于在排序、查询、创建索引时提高数据访问的性能。

创建数据库的过程实际就是确定数据库的名称、大小，以及用于存储数据的文件和文件组。不是任何用户都有创建数据库的权限，只有 SQL Server 2005 系统管理员（即 sa 或者已经添加的 sysadmin 和 dbcreator 角色等）才可以创建数据库。创建数据库的用户就自动成为该数据库的所有者。一个服务器理论上可以创建32767个数据库，数据库的名称必须遵循标识符命名规则。在 SQL Server 2005 中，有多种方法可以创建用户数据库，一种是使用 SQL Server Management Studio 对象资源管理器建立数据库，此方法操作直观简便，以图形化的方式完成数据库的创建和数据库属性的设置；另一种是在 SQL Server Management Studio 查询分析器中使用 Transact-SQL 命令创建数据库，此方法使用 Transact-SQL 命令创建数据库和设置数据库属性，它还可以把创建数据库的脚本保存下来以便在其他计算机上运行以创建相同的数据库。此外，利用系统提供的创建数据库向导也可以创建数据库。创建用户数据库之前，必须先确定数据库的名称、数据库所有者、初始大小、数据库文件增长方式、数据库文件的最大允许增长的大小以及用于存储数据库的文件路径和属性等。

## 8.4.1　使用 SQL Server Management Studio 创建数据库

使用 SQL Server Management Studio 创建数据库的步骤如下。

**步骤1**：在"Microsoft SQL Server Management Studio"窗口中，展开 SQL Server 服务器，右击"数据库"选项，在弹出的快捷菜单中选择"新建数据库"命令，如图 8-1 所示。

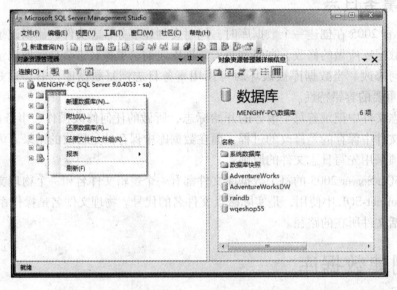

图 8-1　"Microsoft SQL Server Management Studio"窗口

**步骤2**：系统弹出"新建数据库"窗口，在"数据库名称"文本框中输入数据库名称"book"，如图 8-2 所示。此时，系统会以数据库名称作为前缀创建主数据库文件和事务日志文件，如 book 和 book_log。主数据库文件和事务日志文件的初始大小与 model 系统数据库指定的默认大小相同。

**步骤3**：用户可以选中"数据库文件"中的"初始大小"选项，对数据文件的默认属性进行修改，如图 8-3 所示，可以设置数据库文件的路径、文件的增长方式和文件增长限制等属性，同时也可以对数据库的事务日志文件的默认属性进行修改。

如图 8-4 所示设置文件增长方式，其中有两种自动增长方式。

↘"按百分比"：指定每次增长的百分比。

↘ 按 MB(M)：指定每次增长的兆字节数。

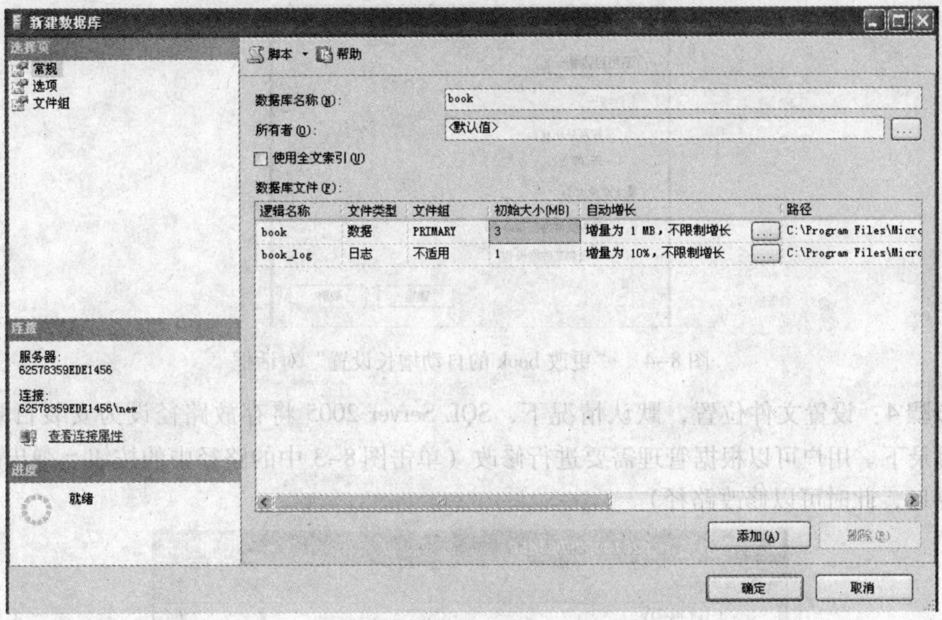

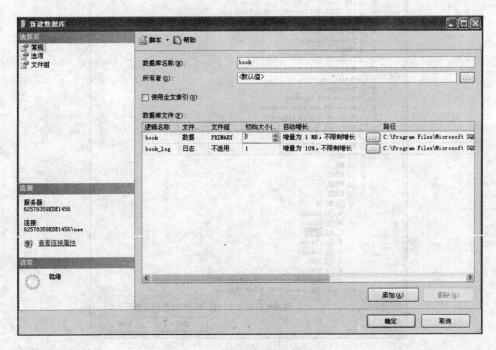

图 8-2　"新建数据库"窗口 1

图 8-3　"新建数据库"窗口 2

在"最大文件大小"选项区域中，如果选中"不限制文件增长"单选按钮，那么数据文件的容量可以无限地增大；如果选中"限制文件增长"单选按钮，那么可以将数据文件限制在某一特定的数量范围以内，一般有经验的数据库管理员会预先估计数据库的大小，当然这需要一定的技巧和不断地积累经验。

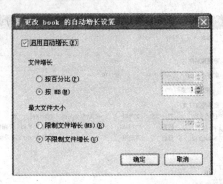

图 8-4 "更改 book 的自动增长设置"对话框

**步骤 4**：设置文件位置，默认情况下，SQL Server 2005 将存放路径设为安装目录下的 data 目录下。用户可以根据管理需要进行修改（单击图 8-3 中的路径中的按钮 ⊡ 弹出图 8-5 所示窗口，此时可以修改路径）。

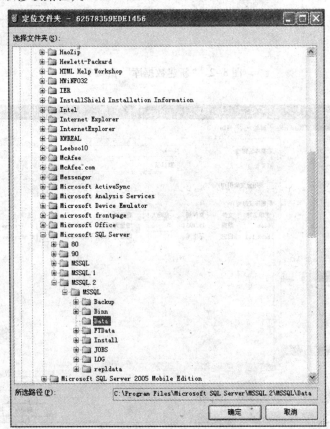

图 8-5 "定位文件夹"窗口

**步骤 5**：在"选项"选项卡中可以设置数据库的一些选项，如恢复模式等，如图 8-6 所示，在各属性的下拉列表框中可以作出选择。

**步骤 6**：创建完用户数据库后，即可在"Microsoft SQL Server Management Studio"窗口的"对象资源管理器"面板中展开"数据库"选项，用户就可看到新建立的 book 数据库，如图 8-7 所示。

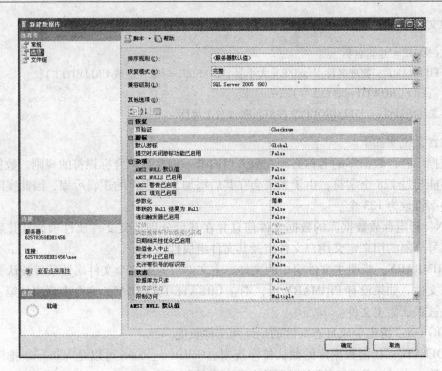

图 8-6　"新建数据库" 窗口 3

图 8-7　"对象资源管理器" 对话框

## 8.4.2　使用 Transact-SQL 创建数据库

对于熟练的用户来说，使用 Transact-SQL 创建数据库是一种习惯的方法，而且这样创建的数据库便于复制。创建数据库使用 CREATE DATABASE 语句。

CREATE DATABASE 基本语法如下：

CREATE DATABASE 数据库名
[ON[PRIMARY]]
[文件 1 属性[,…文件 n]][,文件组 1 属性[,…文件组 n]]
[LOG ON{文件 1 属性[,…文件 n]}][COLLATE collation_name][FOR LOAD 或 FOR ATTACH]

其中文件属性的语法包括：

> （NAME ='逻辑名称 ',
> FILENAME ='物理名称 '［, SIZE = 大小］［, MAXSIZE = ｛最大值或 UNLIMITED）］
> ［, FILEGROWTH = 增长率］）［, …n］）
> 文件组属性：= FILEGROUP 文件组名称 文件 1 属性［, …n］

参数含义说明如下。

- 数据库名：数据库的名称必须在服务器内唯一，并且符合标识符的规则。数据库名称不能超过 128 个字符，由于系统会在其后添加 5 个字符的逻辑后缀，因此实际能指定的字符数为 123 个。
- ON：指定存放数据库的数据文件信息并在其后分别定义文件属性项，且其后可跟以逗号分隔的用来定义用户文件组及其文件组属性。
- PRIMRARY：指明主文件组中的文件。主文件组的第一个文件属性条目被认为是主数据文件。如果没有 PRIMARY 项，则在 CREATE DATABASE 命令中列出的第一个文件将被默认为主文件。
- LOG ON：指定生成日志文件的地址和文件长度。
- COLLATE：指定数据库的默认排序规则。Collation_name 可以是 Windows 排序规则的名称，也可以是 SQL 排序规则的名称。默认规则为 SQL Server 设置的。
- FOR LOAD：此选项是为了与 SQL Server 7.0 之前的版本兼容而设定的，表示欲将备份直接载入新数据库。RESTORE 命令可以更好地实现此项功能。
- FOR ATTACH：表示在一组已经存在的操作系统文件中建立一个新的数据库。
- NAME：为通过文件属性定义的文件指定逻辑名称，这是数据库在 SQL Server 2005 中的标识符，必须唯一。但当使用 FOR ATTACH 选项时就不需要使用 NAME 选项了。
- FILENAME：指定文件属性定义的文件在操作系统中存储的路径和文件名称。
- SIZE：指定文件初始容量。若主文件中未提及则默认其与 model 库中的主文件大小一致。若次要数据文件和日志文件未提及则默认为 1 MB。
- MAXSIZE：指定文件属性中定义的文件的最大容量，如果没有指定 MAXSIZE，则文件可以不断增长直到充满硬盘。
- UNLIMITED：指明文件属性中定义的文件的增长无容量限制。
- FILEGROWTH：指定文件属性中定义的文件每次增加的容量大小，可用 KB、MB 等单位或% 来设置增加的容量。默认单位为 MB。若未指定 FILEGROWTH，则缺省值为 10% 。

使用 Transact-SQL 创建数据库应注意：SIZE、MAXSIZE 和 FILEGROWTH 参数中不能指定小数；如果在 CREATE DATABASE 语句中没有指定文件大小参数，数据库将默认设置与 model 数据库相同大小。

【例 8-1】　创建一个名为"book"的用户数据库，其主文件大小为 120 MB，初始大小为 5 MB，文件大小增长率为 10%，日志文件大小为 30 MB，初始大小为 12 MB，文件增长增量为 3 MB。所有文件均存储在 D 盘根目录下。

脚本如下：

```
CREATE DATABASE book
ON PRIMARY
(NAME = book_data,
FILENAME ='d:\book. Mdf',
SIZE = 5,
MAXSIZE = 120,
FILEGROWTH = 10%)
LOG ON
(NAME = book_log,
FILENAME ='d:\book. 1df',
SIZE = 12,
MAXSIZE = 30,
FILEGROWTH = 3)
```

# 8.5　配置数据库

数据库被创建后，使用时常常需要对数据库的某些设置进行查看修改操作，包括：扩充或缩小数据文件和事务日志文件空间、添加或删除数据文件和事务日志文件、创建一个文件组、更改默认文件组、添加新的数据库或删除不用的数据库、更改数据库名、更改数据库所有者等。SQL Server 2005 一般使用 Microsoft SQL Server Management Studio 对象资源管理器或 Transact-SQL 语句对数据库进行修改。

## 8.5.1　查看数据库信息

对于已创建的数据库，可以分别利用对象资源管理器和 Transact-SQL 语句查看数据库信息。

### 1. 使用对象资源管理器查看数据库信息

进入"Microsoft SQL Server Management Studio"窗口，在"对象资源管理器"对话框中，选中需要查看信息的 book 数据库并右击，在弹出的快捷菜单中选择"属性"命令，如图 8-8 所示。

### 2. 使用 Transact-SQL 命令查看数据库信息

在使用数据库、修改数据库、排除数据库故障时，经常需要了解数据库的信息，此时可以用 Microsoft SQL Server Management Studio 对象资源管理器或 Transact-SQL 语句实现。在 SQL Server 2005 中每创建一个数据库，系统将在 master 数据库的 sysdatabases 系统表中添加一条记录，因此查看数据库定义信息其实就是检索 sysdatabases 系统表，使用存储过程 sp_helpdb 可以实现这一功能。

Sp_helpdb 的语法结构如下：

Sp_helpdb[[@ dbname = ]'name']

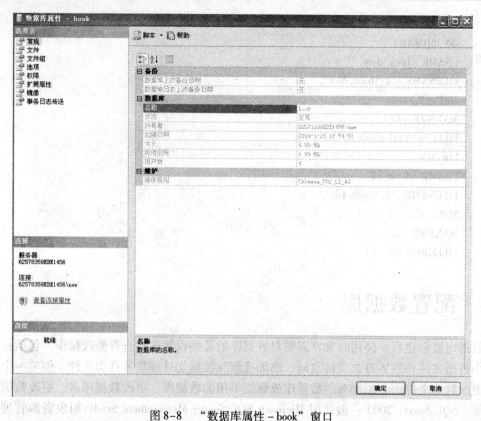

图 8-8 "数据库属性 – book"窗口

参数含义说明：

[［@ dbname =］'name'］：需要查看的数据库的名称，如果没有指明数据库名，系统将会列出 sysdatabases 系统表中所有信息。如果指定了数据库名，则返回该数据库文件和文件组的信息。

【例 8-2】 显示数据库 book 的信息。

脚本如下：

```
EXEC Sp_helpdb 'book'
```

运行结果如图 8-9 所示。

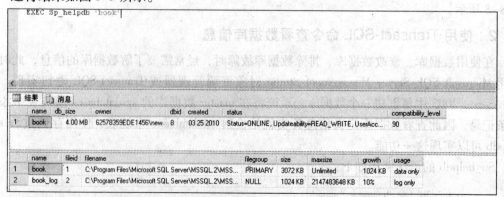

图 8-9 "数据库 book 运行"窗口

【例 8-3】　显示 master 数据库的 sysdatabases 系统表中所有信息。

代码如下：

```
EXEC Sp_helpdb
```

运行结果如图 8-10 所示。

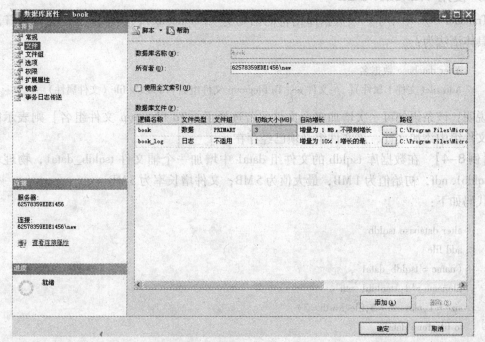

| | name | db_size | owner | dbid | created | status | compatibility_level |
|---|---|---|---|---|---|---|---|
| 1 | AdventureWorks | 165.94 MB | 62578359EDE1456\new | 6 | 03 15 2010 | Status=ONLINE, Updateability=READ_WRITE, UserAcc... | 90 |
| 2 | AdventureWorksDW | 70.50 MB | 62578359EDE1456\new | 5 | 03 15 2010 | Status=ONLINE, Updateability=READ_WRITE, UserAcc... | 90 |
| 3 | book | 4.00 MB | 62578359EDE1456\new | 8 | 03 25 2010 | Status=ONLINE, Updateability=READ_WRITE, UserAcc... | 90 |
| 4 | master | 5.25 MB | sa | 1 | 04  8 2003 | Status=ONLINE, Updateability=READ_WRITE, UserAcc... | 90 |
| 5 | model | 3.19 MB | sa | 3 | 04  8 2003 | Status=ONLINE, Updateability=READ_WRITE, UserAcc... | 90 |
| 6 | msdb | 7.44 MB | sa | 4 | 10 14 2005 | Status=ONLINE, Updateability=READ_WRITE, UserAcc... | 90 |
| 7 | mydb | 4.00 MB | 62578359EDE1456\new | 7 | 03 15 2010 | Status=ONLINE, Updateability=READ_WRITE, UserAcc... | 90 |
| 8 | tempdb | 8.50 MB | sa | 2 | 03 25 2010 | Status=ONLINE, Updateability=READ_WRITE, UserAcc... | 90 |

图 8-10　"查看 sysdatabases 系统表中所有数据库的信息"窗口

## 8.5.2　添加和删除数据文件、日志文件

### 1. 使用 Microsoft SQL Server Management Studio 对象资源管理器

若要在 Microsoft SQL Server Management Studio 对象资源管理器中进行文件设置，只要打开"数据库属性"窗口即可。首先在树状目录窗口中右击要修改的数据库，从弹出的快捷菜单中选择"属性"选项，将打开"数据库属性"对话框，再选择"文件"选项卡，如图 8-11 所示。

图 8-11　"数据库属性"窗口 1

单击"添加"按钮后，如图 8-12 所示，可输入逻辑文件名、文件类型等属性。选中某一文件项，单击"删除"按钮可删除该文件。

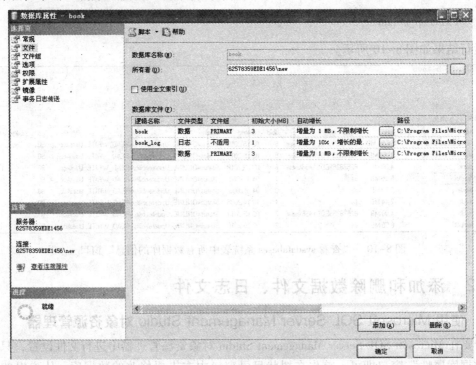

图 8-12　"数据库属性"窗口 2

## 2. 使用 Transact-SQL

Transact-SQL 中用于修改数据库结构的语句为 Alter databse，其中增加辅文件与日志文件的具体语法为：

> Alter database 数据名
> Add file（文件 1 属性）[ , …文件 n ][ To filegroup 文件组名 ]|add log file（文件属性）

说明：该条语句可一次增加多个文件；若选择了 [ To filegroup 文件组名 ] 则表示向指定的文件组中添加文件，该文件组必须已经存在。

【例 8-4】　在数据库 tsqldb 的文件组 data1 中增加一个辅文件 tsqldb_data1，物理名为 D:\tsqldb1. ndf，初始值为 1 MB，最大值为 5 MB，文件增长率为 3 MB。

代码如下：

```
alter database tsqldb
add file
( name ='tsqldb_data1',
filename ='d:\tsqldb1. ndf',
size = 1 , maxsize = 5 , filegrowth = 3 )
to filegroup data1
```

【例 8-5】　在数据库 tsqldb 中增加一个日志文件 tsqldb_log1，初始值为 5 MB，物理名为

D：\tsqldb_log1. ldf，最大值为 30 MB，文件增长率为 4 MB。

代码如下：

```
alter database tsqldb
add log file
( name ='tsqldb_log1',
filename ='d：\tsqldb_log1. ldf',
size = 5, maxsize = 30, filegrowth = 4)
```

删除文件的基本语法为：

Alter database 数据名 Remove file 逻辑文件名

【例 8-6】　删除例 8-4 中所增加的文件 tsqldb_data1。

代码如下：

```
alter database tsqldb
remove file tsqldb_data1
```

## 8.5.3　添加和删除数据文件组

### 1. 使用 Microsoft SQL Server Management Studio 对象资源管理器

在 Microsoft SQL Server Management Studio 对象资源管理器中进行文件组设置，只要打开"数据库属性"窗口就可以了。首先在树状目录窗口中右击要修改的数据库，从快捷菜单中选择"属性"选项，将打开"数据库属性"窗口，再选择"文件组"选项，如图 8-13 所示。

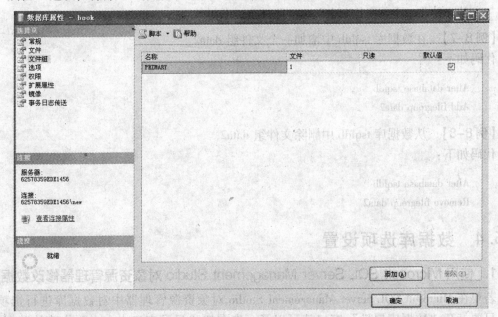

图 8-13　"数据库属性"窗口 3

单击"添加"按钮后，如图 8-14 所示，可输入名称、文件等属性。选中某一文件组项，单击"删除"按钮可删除该文件组。

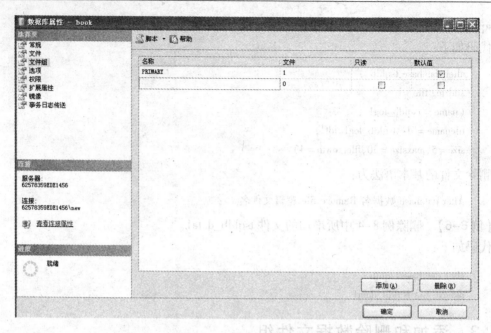

图 8-14　"数据库属性"窗口

### 2. 使用 Transact-SQL 语言

Transact-SQL 语言中用于修改数据库结构的语句为 Alter databse，其中增加删除文件组的具体语法为：

Alter database 数据库名 Add|Remove filegroup 文件组名

【例 8-7】　在数据库 tsqldb 中增加一个文件组 data2。

代码如下：

Alter database tsqldb
Add filegroup data2

【例 8-8】　从数据库 tsqldb 中删除文件组 data2。

代码如下：

Alter database tsqldb
Remove filegroup data2

## 8.5.4　数据库选项设置

### 1. 使用 Microsoft SQL Server Management Studio 对象资源管理器修改数据库

若要在 Microsoft SQL Server Management Studio 对象资源管理器中对数据库进行选项设置，只要打开"数据库属性"窗口就可以了。先在树状目录窗口中右击要修改的数据库，从弹出的快捷菜单中选择"属性"选项，打开"数据库属性"窗口，选择"常规"选项卡，在此选项卡中用户可以查看数据库的排序规则、恢复模式、兼容级别等，如图 8-15 所示。

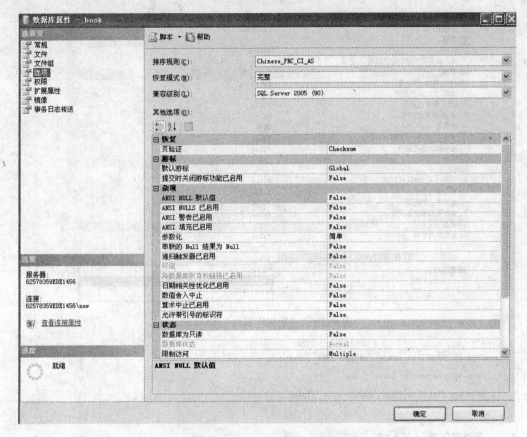

图 8-15　"数据库属性"窗口 4

## 8.5.5　数据库重命名

通常情况下,在一个应用程序的开发过程中,往往需要改变数据库的名称,在 SQL Server 2005 中更改数据库名称时需要保证该数据库不能被其他用户使用,即数据库的更名必须在单用户模式下方可进行。数据库改名可以使用存储过程 sp_renamedb,语法为:

sp_renamedb [ @dbname = ] 'old_name' , [ @newname = ] 'new_name'

**【例 8-9】**　将数据库 book 更名为 shu。

步骤如下。

**步骤 1:** 将 book 数据库设置为单用户(single)模式。打开 Microsoft SQL Server Management Studio 的"对象资源管理器"对话框,单击"服务器"选项,展开"数据库"选项,右击"book",在弹出的快捷菜单中选择"属性"菜单,弹出"数据库属性 – book"对话框,选择"选项"选项卡,选中"限制访问"中的 single,如图 8-16 所示,单击"确定"按钮。

**步骤 2:** 将 book 数据库改名为 shu。语句如下:

exec sp_renamedb 'book' , 'shu'

**步骤 3:** 重复步骤 1,将数据库 shu 设置为多用户模式。

以上 3 个步骤也可都用 T-SQL 语句来完成:

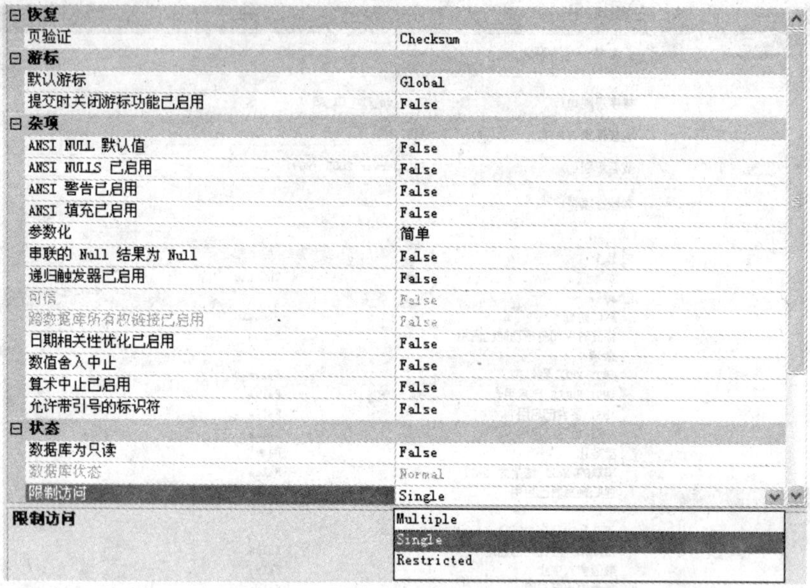

图 8-16　　"数据库属性"窗口 5

exec sp_dboption 'book','single user','true'

exec sp_renamedb 'book','shu'

exec sp_dboption 'shu','single user','false'

# 8.6　删除数据库

当数据损坏无法正常运行或者不再被使用时，用户可根据需要从数据库系统中删除数据库。删除数据库的操作很简单，但是删除数据库一定要慎重，因为删除数据库后，与数据库有关联的文件及存储在系统数据库中的关于该数据库的所有信息都会从服务器上的磁盘中被永久删除。除此以外，删除数据库还应该注意以下几点。

 ↺ 数据库所有者：DBO 和数据库管理员 DBA 才有权操作，此权限不能授予其他用户。

 ↺ 当数据库处于正在被使用、数据库正被恢复、数据库中的部分表格是发布的表格状态时不能被删除。

 ↺ 删除数据之后，如果某些登录的默认数据库是被删除的数据库，那么此登录的默认数据库将会被改为 master 数据库。

 ↺ 为了确保整个系统的安全，在删除数据库后，请立即备份 master 数据库。

 ↺ 系统数据库（msdb、master、model、tempdb）是不能被删除的。

## 8.6.1　使用 Microsoft SQL Server Management Studio 删除数据库

在 Microsoft SQL Server Management Studio 对象资源管理器中删除数据库的步骤如下。

执行下列操作之一：

① 右击要删除的数据库，从弹出的快捷菜单中选择"删除"选项，如图 8-17 所示；

② 先选中要删除的数据库，然后选择"编辑"→"删除"命令。

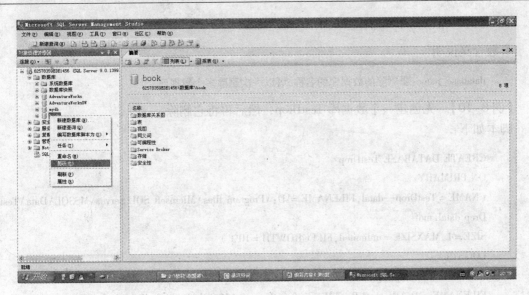

图 8-17  "Microsoft SQL Server Management Studio" 窗口

　　此时会出现"删除对象"窗口，可以选择是否同时"删除数据库备份和还原历史记录信息。单击"确定"按钮即可删除数据库，如图 8-18 所示。

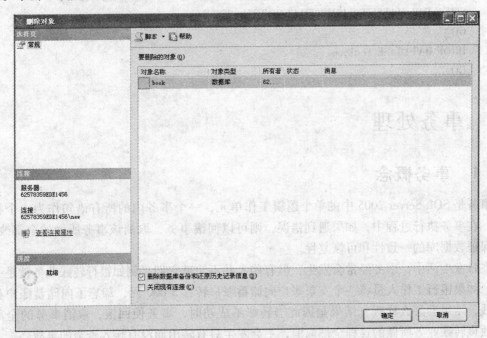

图 8-18  "删除对象"窗口

## 8.6.2  使用 Transact-SQL 删除数据库

　　Transact-SQL 中用于删除数据库的语句是 DROP DATABASE。DROP DATABASE 命令可以从 SQL Server 2005 中一次删除一个或几个数据库。其语法结构如下：

```
DROP DATABASE database_namel,database_name2…
```

参数含义说明：

　　database_name:要删除的数据库的名称,可以一次删除多个数据库。

【例8-10】　先创建一个数据库 TestDrop，然后再将它删除。
脚本如下：

```
CREATE DATABASE TestDrop
ON PRIMARY
( NAME = TestDrop—datal,FILENAME ='D：\Program flies\Microsoft SQL Server\MSSQL\Data\Test-
Drop datal. mdf',
SIZE = 1,MAXSIZE = unlimited,FILEGROWTH = 10% )
LOG ON
( NAME ='TestDrop logl',
FILENAME ='D：\Program flies\Microsoft SQL server\MsSQL\Data\TestDrop logl. idf',
SIZE = IMB,MAXSIZE = 25MB,FILEGROWTH = 10% ),
( NAME：'TestDrop 10g2',
FILENAME ='D：\Program flies\Microsoft SQL Server\MSSQL\Data\TestDrop log2. idf',
SIZE = IMB,MAXSIZE = 10MB,FILEGROWTH = 10% ),
GO
DROP DATABASE TestDrop
GO
```

# 8.7　事务处理

## 8.7.1　事务概念

　　事务是 SQL Server 2005 中的单个逻辑工作单元，一个事务内的所有语句作为一个整体执行。在事务执行过程中，如果遇到错误，则可以回滚事务，取消该事务所做的全部改变，从而保证数据库的一致性和可恢复性。

　　在日常生活中，事务经常会发生，但有些人并不知道它们，例如银行转账业务就是一个事务。如果银行工作人员将一个支票账户向储蓄账户转移 5 000 元，却忘了向储蓄账户存入这些钱，结果会怎么样呢？结果是因此当转账不成功时，事务便回滚，取消事务的全部操作，故该转账业务所做的过程全部取消，不会发生只有转出而没有转入资金的事故。

　　事务作为一个逻辑工作单元，有 4 个特性：原子性（Atomic）、一致性（Consistency）、隔离性（Isolated）和持久性（Durable），统称 ACID 特性。

　　原子性：事务必须是原子工作单元，要么全部执行，要么全部都不执行。如果任何一步失败，则所有作为事务一部分的语句都不会运行。

　　一致性：在事务完成或失败时，要求数据库处于一致状态。由事务引发的从一种状态到另一种状态的变化是一致的，即事务开始时系统为一个确定的状态，完成后则成为另一个确定的状态，若未完成则回滚到事务开始时的确定状态，不允许出现未知的、不一致的"中间"状态。

隔离性：事务是独立的，它不与数据库的其他事务交互或冲突，即一个事务的执行不能被其他事务干扰，并发事务之间是隔离的，当许多人试图同时修改数据库内的数据时必须控制使某个人所做的修改不会对他人产生负面影响。

持久性：事务完成之后它对于系统的影响是永久的，事务完成后它无须考虑数据库发生的事情。如果系统断电或数据库服务器崩溃，事务仍然可以保证在服务器重启后是完整的。

## 8.7.2 事务分类

SQL Server 2005 中，系统将事务模式分为显式事务、隐式事务和自动提交事务这 3 种类型。

### 1. 显式事务

显示事务是指由用户通过 Transact-SQL 事务语句而定义的事务，又称为用户定义事务。具体包括如下事务。

BEGIN TRANSACTION：标记一个显式事务的起始点。

COMMIT TRANSACTION：提交事务，标志一个成功的显式事务或隐式事务的结束。

ROLLBACK TRANSACTION：将显式事务或隐式事务回滚到事务的起点或事务内的某个保存点。

SAVE TRANSACTION：在事务内部设置保存点。

### 2. 隐式事务

隐式事务是指在当前事务提交或回滚后 SQL Server 2005 自动开始的事务。隐式事务不需要使用 BEGIN TRANSACTION 语句标识事务的开始，而只需要用户使用 ROLLBACK TRANSACTION、COMMIT TRANSACTION 等语句回滚事务或结束事务，在回滚事务时，SQL Server 2005 又自动开始一个新事务。

### 3. 自动提交事务

自动事务是一个能自动执行并能自动回滚的事务。在自动事务模式下，当一个语句成功执行后，它被自动提交，而当它在执行过程中产生错误时则自动回滚。自动事务模式是 SQL Server 2005 默认的事务管理模式，当与 SQL Server 2005 建立连接后，直接进入自动事务模式，直到使用 BEGIN TRANSACTION 语句开始一个显式事务，或者执行 SET IMPLICT_TRANSACTIONS ON 语句进入隐式事务模式为止。当显式事务被提交或回滚，或执行 SET IMPLICT_TRANSACTIONS OFF 语句后，SQL Server 又进入自动事务管理模式。

## 8.7.3 事务操作

在 SQL 标准中，有关事务控制的最基本的 3 条语句如下。

BEGIN TRANSACTION：此语句的作用是显式地开始一个事务。

COMMIT TRANSACTION：此语句的作用是提交当前事务所有的更改，并结束当前事务。

ROLLBACK TRANSACTION：此语句的作用是放弃当前事务所作的更改，并结束当前事务。

　　事务有开始就必须有结束。作为用户，若开始了一个事务，则无论是提交还是回滚，都必须负责结束事务。事务控制语句示例如图 8-19 所示。

```
BEGIN TRANSACTION
UPDATE 课程表 SET 周课时数=周课时数+1
COMMIT TRANSACTION --或者是 ROLLBACK TRANSACTION
```

图 8-19　事务控制语句示例

　　需要注意的是，并不是说不使用以上 3 条语句就不能开启事务了。使用以上事务控制语句是显式地开始和结束事务。在默认情况下，如果没有使用事务控制语句，每一条 SQL 语句自动被认为是一个事务。

　　例如，执行如下数据更新语句：

　　　　UPDATE 学生表 SET 年龄 = 年龄 + 1

　　此时，虽然没有开始事务和结束事务的语句，但实际上，在执行过程中确实存在事务，这个事务是隐含的。这个隐含事务在 UPDATE 语句执行之前自动开始，在 UPDATE 语句执行结束后自动提交。在一批 SQL 语句中，如果没有事务语句，有 n 条 SQL 语句就有 n 个隐含事务；每一个隐含事务由一条 SQL 语句构成。比如下列语句：

　　　　UPDATE 学生表 SET 年龄 = 年龄 + 1
　　　　UPDATE 课程表 SET 周课时数 = 周课时数 + 1

　　在这里存在两个隐含事务，第一个隐含事务是包括第一个 UPDATE 语句，第二个隐含事务包括的是第二个 UPDATE 语句。

# 8.8　数据的锁定

## 8.8.1　SQL Server 2005 中的锁定

　　锁经常出现在上下文中，可以帮助提供数据库的并发性。如果没有锁，SQL Server 2005 就没有防止多个用户同时更新同一数据的机制。

　　通常，SQL Server 2005 中有以下三类锁。

　　共享锁：也称为读锁，是加在正在读取的数据上的。共享锁防止其他用户在加锁的情况下修改该数据，共享锁和别的共享锁是相容的。

　　更新锁：更新锁和独占锁很相似，更新锁防止其他用户在改变数据的过程中修改数据。

　　独占锁：当要改变数据时使用独占锁。它防止其他用户读取或修改正在工作的数据，直到将锁释放为止，独占锁不与别的锁兼容。

　　需要注意的是，更新锁用于修改数据的查询过程，包括一个搜索过程和一个修改过程。在搜索过程中如果一个用户使用共享锁，另一个用户也可能对同一对象使用共享锁。当该事务开始修改数据时，需要用独占锁，而别的事务可能已试着使用独占锁了，此时 SQL Server 就不会再分配独占锁。从而，就可能出现阻塞或死锁的情况。要防止这种情况的发生，可使用更新锁，防止其他事务给已被锁上的要更新的对象加上独占锁。

## 8.8.2　锁对象

数据库中的锁可以锁住不同层次和类型的对象。

插入页面：这是一个开启行级别锁时出现的行级锁，它与其他插入页面锁相容，即意味着两个用户可同时对一个数据页面加插入页面锁。

链接页面：这是一个开启行级别锁时出现的行级锁，出现在当前页面已满需要分配一个新的页面时。它确保同一时间只有一个页面加到表上。

页面：页面是 SQL Server 2005 中标准的 2 KB 单元，所有锁默认时均为页面锁。

扩展（Extent）：当一个对象没有更多页面，并且需要加入更多数据时使用扩展锁，它表示该对象需要一个新的由 8 个页面组成的一个扩展集合。

表：表锁可通过逐步升级处理自动获取，或者显式地调用，表的所有页面作为一个单元加锁。

内部：内部锁是在表级别上指示页面锁的途径。例如，表内有一个共享页面锁则能在表级别上加上内部共享锁。

全局：有许多 SQL Server 2005 使用全局范围的其他锁，这种锁用户无法控制，故很少使用。

页面锁是绝大部分查询时默认级别的锁，它也可能由于需要访问整个表的操作而出现，没有 where 短语的查询就是这种操作的一个示例。行级锁在一个时间锁住一个行，而不是一个页面或表，由于一个页面可能有多个行，因此行级锁是很有用的。简单地说，锁住的单元越少，并发性就越好。

## 8.8.3　控制锁

通常来说，用户不必关心控制锁，对 Insert、Update 和 Delete 操作而言，SQL Server 2005 使用独占锁。然而，SQL Server 2005 可以为 Select 语句逐个地用锁指示语句配置锁，将在查询的表的名字后指定使用锁的方式。有时，不得不改变默认的锁行为，因为事务之间可能出现冲突或阻塞问题。

例如，要给 authors 加上独占表锁，以防止在检查表的过程中有人修改表，可用查询语句：

```
Select  *  FROM authors(TABLELOCKX)
```

在 TABLOCKX 处可使用以下不同的参数。

NOLOCK：它要求不使用锁。这也被称为脏读（dirty read），使用该优化指示允许查询读取已加上独占锁的数据。这可能引入了已修改的数据，但不必被提交，可以作为查询的一部分而读取，虽然在有些情况下它很有用，但除非理解其影响，否则不应使用。

HOLDLOCK：该选项指出在事务过程中持有锁。通常在 Select 语句中使用共享锁，并且在请求下个页面时释放。通过该选项，共享锁不会释放，除非当前事务提交或复原。

UPDLOCK：该选项要求不用共享锁，而使用更新锁，它不是常用的选项。

PAGLOCK：请求共享页面锁，它是默认锁类型，只在使用其他锁类型的情况下使用。

TABLOCK：该选项请求表级共享锁，而不是锁住单独一个页面。

TABLOCKX：该选项请求独占表级锁。

# 8.9　使用游标

## 8.9.1　游标的概念

游标是一个与 Transact-SQL 的 SELECT 语句相关联的符号名，它使用户可逐行访问由 SQL Server 2005 返回的结果集。游标提供了一种处理数据的方法，它可对结果集进行逐行处理，可将游标视作一种指针，用于指向并处理结果集任意位置的数据。游标提供了一种对从表中检索出的数据进行操作的灵活手段。由于游标由结果集和结果集中指向特定记录的游标位置组成，当决定对结果集进行处理时，必须声明一个指向该结果集的游标。

游标具有如下特点：

⤷ 允许程序对由查询语句 Select 返回的记录行集合中的每一行执行相同或不同的操作，而不是对整个行集合执行同一个操作；

⤷ 提供对基于游标位置的表中记录行进行删除和更新的能力；

⤷ 游标实际上作为面向集合的数据库管理系统和面向行的程序设计之间的桥梁，使这两种处理方式通过游标沟通起来。

## 8.9.2　游标的使用

每一个游标的完整操作过程可分为以下 5 个步骤：

⤷ 使用 DECLARE 语句声明、定义游标的类型和属性；

⤷ 使用 OPEN 语句打开游标；

⤷ 执行 FETCH 语句，从一个游标中获取信息（即从结果集中提取若干行数据记录），再按需使用 UPDATE、DELETE 等语句在游标当前位置上进行操作；

⤷ 使用 CLOSE 语句关闭游标；

⤷ 使用 DEALLOCATE 语句释放游标。

### 1. 声明游标

通常使用 DECLARE 语句声明一个游标，主要声明内容为游标名字、数据来源表和列、选取条件与属性。游标的声明有两种格式：SQL92 标准定义和 Transact-SQL 扩展定义（但仍支持 SQL92 标准定义），前者只能说明游标的属性，而不能定义游标的类型，因此一般使用后者。

Transact-SQL 扩展定义游标的语法格式如下：

```
DECLARE 游标名 CURSOR
    [ LOCAL | GLOBAL ]
    [ FORWARD_ONLY | SCROLL ]
    [ STATIC | KEYSET | DYNAMIC | FAST_FORWARD ]
    [ READ ONLY | SCROLL_LOCKS | OPTIMISTIC ]
    [ TYPEJARNING ]
```

FOR select 语句

[ FOR UPDATE[ OF column_name[ , … n ] ] ]

以上语法格式中的主要参数说明如表 8-1。

表 8-1　游标声明的参数说明

| 参　　数 | 参　数　说　明 |
|---|---|
| 游标名 | 给出所定义的游标名称，必须遵从标识符规则 |
| SCROLL | 指定所选的提取操作（FIRST、LAST、PRIOR、NEXT、RELATIVE、ABSOLUTE）均可用，若不选用 SCROLL 选项，那么 FETCH NEXT 是唯一的提取选项。SCROLL 增加了提取数据的灵活性 |
| Select 语句 | 用于定义游标所要进行处理的结果集。在标准 SELECT 语句中，在游标中不能用 COMPUTE、COMPUTE BY、FOR BROWSE、INTO 语句 |
| READ_ONLy | 不允许游标内数据被更新，是一种只读状态。UPDATE、DELETE 等语句不能使用游标 |
| UPDATE | 用于定义游标内可更新字段列。若指定 of 字段列参数，则所列出的字段列可被更新修改，否则所有的列都将被更新修改 |

使用 Transact-SQL 扩展定义游标时需注意以下两点。

↻ 若在指定 FORWARD_ONLY 时不指定 STATIC、KEYSET 和 DYNAMIC 关键字，则游标作为 DYNAMIC 游标进行操作。若 FORWARD_ONLY 和 SCROLL 均未指定，除非指定 STATIC、KEYSET 或 DYNAMIC 关键字，否则默认为 FORWARD ONLY。STATIC、KEYSET 和 DYNAMIC 游标默认为 SCROLL。

↻ FAST FORWARD 和 FORWARD ONLY 是互斥的，若指定其中一个，则不能指定另一个。

游标的内容由这里的查询语句确定，因此游标实际上是把一个查询语句的结果集存储到内存缓冲区中。

### 2. 打开游标

游标声明之后，还不能直接使用，需要打开之后才能使用。打开游标使用 OPEN 语句，其语法格式为：

OPEN 游标名

### 3. 获取游标数据

提取游标中的数据是使用游标的最为关键的一步，也是声明和打开游标的目的。提取游标中的数据可使用 FETCH FROM 语句。

该语句的语法格式为

FETCH FROM 游标名 INTO ＜共享变量列表＞

该语句的功能是将游标下移一行，读出当前的元组，将当前元组的各数据项值放到 INTO 后的共享变量列表中。

其中，共享变量列表中变量的个数必须与查询的列数一致，各变量以逗号分开，且共享变量前一般都有标记，如前面加 "@"（不同系统有所区别）。

### 4. 关闭游标

游标不使用时，需要关闭。关闭游标使用 CLOSE 语句，其语法格式为：

CLOSE 游标名

如果需要重新使用游标，再次打开游标即可，不需要再次定义，除非游标的内容发生了变化。实际上，打开游标就是对游标的一次初始化，使得游标中的指针指向游标中的第一行元组。

### 5. 释放游标

游标使用结束后，为节省内存空间，不仅要关闭还需要释放。语法格式为 deallocate 游标名。游标释放后在 SQL Server 2005 中就不存在了，如果需要再次使用该游标则需重新声明。

## 8.9.3 游标示例

【例8-11】 建立一游标，用于访问 pubs 数据库中的 authors 表，并建立一个只读游标。代码如下：

```
USE pubs
DECLARE authors_cursor cuRSOR FOR SELECT * FROM authors/声明游标
OPEN authors_cursor/从游标中提取一记录行,由于指定为 scRoLL 选项,那么 FETcH NEXT 是唯一的提取选项
FETCH NEXT FROM authors_cursor        into @ nm , @ age , @ xb
Print @ nm ; @ age ; @ xb
CLOSE authors_cursor/关闭游标
Deallocate authors_cursor/释放游标
```

以下代码为建立只读游标：

```
declare cur_authors cursor for
select au_lname , au_fname , phone , address , city , state from authors for read only
```

# 小结

本章主要介绍了 SQL Server 2005 数据库的基本对象的概念，对系统数据库的功能作了必要说明，给出了数据库的存储结构。以对象资源管理器和 SQL 编程两种方式阐述了数据库的创建、库配置、文件增删等基本数据库管理操作，并介绍了事务和锁在数据库中的应用。最后阐述了游标在数据库中的应用过程，对数据库的管理作了较为全面的介绍。

# 习题

### 一、简答题

1. 简述 SQL Server 2005 数据库的类型。
2. 简介系统数据库的功能。

3. 简述数据库的文件结构。

4. 解释数据库创建的语句语法。

5. 数据库中包含哪些对象?

6. 添加删除数据库中的文件有哪些方法?

7. 事务有哪些类型?

8. 数据库中锁的意义是什么?

9. 何谓游标? 简述其作用及特点。

10. 简述游标的操作步骤。

11. 简述在 SQL Server 2005 的游标中逐行提取数据的方法。

**二、实训题**

SQL Server 2005 数据库相关操作。

实训目的:

(1) 了解数据库的结构。

(2) 了解系统数据库的用途。

(3) 能使用对象资源管理器进行数据库的创建及管理操作。

(4) 掌握数据库创建语句 create database，能用该语句创建符合条件的数据库。

(5) 能对所创建的数据库进行配置、修改等操作。

(6) 能定义游标并使用游标获取表中数据。

实训内容与要求:

(1) 用对象资源管理器创建数据库。

数据库名为 test，主文件为 testdata1. mdf，初始大小为 1 MB，文件最大值为 20 MB，文件大小增长率为 1 MB；次要文件为 testdata2，初始大小为 1 MB，文件最大值为 10 MB，文件大小增长率为 1 MB；事务日志文件为 testlog1，大小 30 MB，初始大小 2 MB，文件增长增量为 512 KB。所有文件均存储在 D:\test 目录下。

(2) 使用 create database 语句创建数据库。

利用 Create database 语句创建数据库：数据库名为 student，主文件逻辑名为 student1_data，物理文件名为 student1. mdf，初始大小为 5 MB，最大值为无限大，增长速度为 10%；日志文件逻辑名为 student1_log，物理文件名为 student1. ldf，初始大小为 1 MB，最大值为 30 MB，增长速度为 1 MB。

(3) 利用对象资源管理器和 T-SQL 语句修改数据库。

向数据库 student 中添加一个文件组 stu1，再添加两个数据文件 stu1. ndf 和 stu2. ndf 到该文件组，文件的初始值均为 3 MB，其他均为默认值。

(4) 利用对象资源管理器和 T-SQL 语句查看数据库 student 的基本信息。

(5) 使用 T-SQL 语句删除数据库 test。

# 第 9 章　数据备份与恢复

**本章要点：**

- ☑ 数据库备份类型
- ☑ 数据库恢复类型
- ☑ 数据库备份设备
- ☑ 数据库备份、恢复

## 9.1　数据备份与恢复概述

### 9.1.1　数据库备份与恢复概念

数据库备份是指将数据库的全部或一部分复制并存储到磁盘磁带等存储介质上的操作过程。对 SQL Server 2005 数据库或事务日志进行备份，就是记录在进行备份这一操作时数据库中所有数据的状态，以便当数据库遭到破坏时能够及时地还原。执行备份操作必须拥有对数据库备份的许可权限，SQL Server 2005 只允许系统管理员、数据库所有者和数据库备份执行者备份数据库。

还原数据库是一个装载最近备份的数据库和应用事务日志来重建数据库到失效点的过程。应用事务日志之后，数据库就会恢复到最后一次事务日志备份之前的状况。在数据库备份之前应该检查数据库中数据的一致性，这样才能保证顺利地还原数据库。在数据库的还原过程中用户不能进入数据库，当数据库被还原后，数据库中的所有数据都被替换掉。

如果数据库做过完全备份和事务日志备份，那么还原它就是件简单的事。如果保持着连续的事务日志，就能快速地重新构造和建立数据库。定点还原可以把数据库还原到一个固定的时间点，这种选项仅适用于事务日志备份。当还原事务日志备份时必须按照事务日志备份的顺序还原。

### 9.1.2　备份类型

在 SQL Server 2005 中有 4 种方法备份数据库中的数据，分别是"数据库完全备份"、"数据库差异备份"、"事务日志备份"以及"文件和文件组"备份，每种方法各有利弊，联合使用它们可得到较好的备份和效用。

## 1．数据库完全备份

数据库完全备份是指对数据库的所有数据进行完整备份的过程，包括所有的数据及数据库对象。该备份首先将事务日志写到磁盘上，然后创建数据库并拷贝数据库对象及数据。由于数据库备份是针对整个数据库的，因此不仅备份速度较慢，而且将占用大量磁盘空间。

在对数据库进行完全备份时，所有未完成的事务或者发生在备份过程中的事务都将忽略，若使用数据库完全备份类型，则从开始备份到开始恢复这段时间内发生的任何针对数据库的修改将无法恢复，所以总是在一定的要求或条件下才使用这种备份类型。

通常，在晚间或系统空闲时进行完全数据库备份，因为此时整个库系统几乎不进行其他事务操作，从而可以提高数据库备份的速度，并且保证了备份的完整性。

## 2．数据库差异备份

数据库差异备份只记录自上次数据库备份后发生更改的数据，即指将最近一次数据备份以来发生变化的数据备份起来，因而差异备份实际上是一种增量数据库备份。与数据库完全备份相比，差异数据库备份由于备份的数据量较小，所以备份和恢复所用的时间较短，为减少丢失数据的危险可以更经常地进行差异备份。使用数据库差异备份可将数据库还原到差异数据库备份完成时的那一点。若要恢复到精确的故障点，则必须使用事务日志备份。

在下列情况下可考虑使用差异数据库备份：

① 自上次数据库备份后数据库中只有相对较少的数据发生了更改。如果多次修改相同数据，则差异数据库备份尤其有效；

② 使用简单恢复模型，希望进行更频繁的备份，但不希望进行频繁的完整数据备份；

③ 使用的是完全恢复模型或大容量日志记录恢复模型，希望需要最少的时间且在还原数据库时回滚事务日志备份。

## 3．事务日志备份

事务日志是自上次备份事务日志后对数据库执行的所有事务的一系列记录。使用事务日志备份可以将数据库恢复到特定的即完全时点或恢复到故障点。事务日志备份比完全数据库备份使用的资源少，因此可以比数据库备份更经常地进行事务日志备份。

在以下情况下常选择事务日志备份：不允许在最近一次数据备份之后发生数据丢失或损坏现象；存储备份文件的磁盘空间很小或者留给备份操作的时间有限；准备把数据库恢复到发生失败的前一点，数据库变化较为频繁。

由于事务日志备份仅对数据库事务日志进行备份，所以其需要的磁盘空间和备份时间比完全数据库备份少得多。正是基于此优点人们在备份时常采用这样的策略：每天进行一次数据库备份或以几个小时的频率备份事务日志。这样利用事务日志备份就可以将数据库恢复到任意一个事务日志备份的时刻。

## 4．文件和文件组备份

数据库文件或文件组备份是针对某一个文件或文件组的复制。这种备份策略可以只还原已损坏的文件或文件组，而不用还原数据库的其余部分，故加快了还原速度。文件和文件组备份还原须与事务日志一起使用。

### 9.1.3　恢复类型

恢复就是把遭受破坏、丢失数据或出现错误的数据库恢复到原来的正常状态。该状态是由备份决定的，但是为了维护数据库的一致性，在备份中未完成的事务并不进行恢复。

在 SQL Server 2005 中数据库恢复有 3 种恢复模型以供选择，进而根据免受何种程度的数据丢失来确定备份数据的模型。

#### 1．简单恢复模型

简单恢复模型允许将数据库恢复到最新的备份，可以将数据库恢复到上次备份的即时点，但不能将数据库还原到故障点或特定的即时点。若要还原到这些点，则应选择完全恢复或大容量日志记录恢复。简单恢复的备份策略包括完全数据库备份和差异备份。

#### 2．完全恢复模型

完全恢复模型允许将数据库恢复到故障点状态，可以使用数据库备份和事务日志备份提供对媒体故障的完全防范。如果一个或多个数据文件损坏，则完全恢复可以还原所有已提交的事务，而正在进行的事务将回滚。完全恢复提供将数据库恢复到故障点或特定即时点的能力，包括大容量操作（如 SELECT INTO、CREATE INDEX）和大容量装载数据在内的所有操作都将完整地记入日志。完全恢复的备份策略包括完全数据库备份、差异备份和事务日志备份。

#### 3．大容量日志记录恢复模型

大容量日志记录恢复模型允许大容量日志记录操作，提供对媒体故障的防范，并对某些大规模或大容量复制操作提供最佳性能和最少的日志使用空间。这些大容量复制操作的数据丢失程度要比完全恢复模型严重。虽然在完全恢复模型下记录了容量复制操作的完整日志，但在大容量日志记录恢复模型下，则只记录这些操作的最小日志，而且无法逐个控制这些操作。在大容量日志记录恢复模型中，数据文件损坏可能导致必须手工重做工作。

## 9.2　备份设备

### 9.2.1　创建数据库备份设备

备份设备是用来存储数据库事务日志或文件组备份的存储介质，可以是硬盘（disk）、磁带（tape）或管道（pipe）等。在进行备份前首先必须创建备份设备。

#### 1．物理设备与逻辑设备备份

SQL Server 2005 使用物理设备名称或逻辑设备名称来标识备份设备。

物理备份设备是操作系统用来标识备份设备名称与引用管理备份设备的，如 C：\Back-Accounting\bf. bak。

逻辑备份设备是用简单、形象的名称来有效地标识物理备份设备的别名或公用名。逻辑设备名称永久地存储在 SQL Server 2005 内的系统表中。使用逻辑备份设备的优点是用它比引用物理设备名称简单。例如，逻辑设备名称可以是 bfBackup，而物理设备名是 C：\Back-Accounting\bf. bak，显得相对累赘。

注意：在进行数据库备份或还原时，既可以使用物理设备名又可以使用逻辑设备名。

### 2. 创建与管理备份设备

在进行数据库备份前得首先创建备份设备，使用对象资源管理器和 Transact-SQL 可以很方便地创建数据库备份设备。

（1）使用对象资源管理器创建备份设备

在 SQL Server 2005 中使用对象资源管理器创建备份设备的操作如下：

展开服务器组及相关的服务器，选择"服务器对象"下的"备份设备"节点并右击，然后在快捷菜单中选择"新建备份设备"命令，系统弹出如图 9-1 所示的"备份设备"窗口。输入设备名称，并确定文件路径和文件名即可。

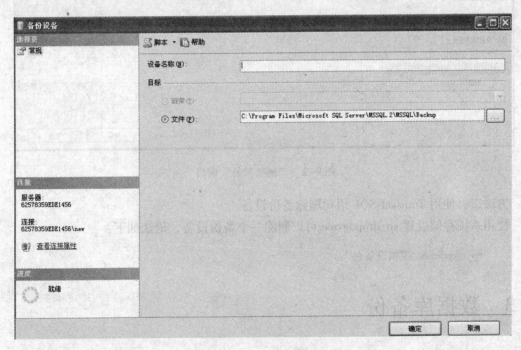

图 9-1　"备份设备"窗口

（2）使用 Transact-SQL 语句创建备份设备

使用系统存储过程 sp_addumpdevice 可以创建一个再次使用的备份设备，语法如下：

　　Sp_addumpdevice '设备类型 ','逻辑设备名 ','物理设备名 '

## 9.2.2　删除数据库备份设备

**方法一：** 使用对象资源管理器删除数据库备份设备

在 SQL Server 2005 中使用对象资源管理器删除备份设备的步骤如下：

展开服务器组及相关的服务器，选择"服务器对象"下的"备份设备"节点，然后右击某一备份设备名称，在弹出的快捷菜单中选择"删除"命令，系统弹出如图 9-2 所示的"删除对象"窗口，单击"确定"按钮即可。

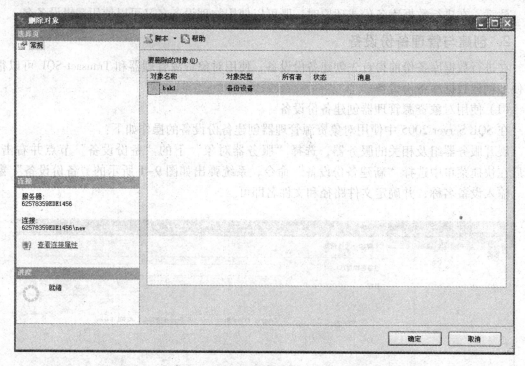

图 9-2　"删除对象"窗口

**方法二：**使用 Transact-SQL 语句删除备份设备

使用系统存储过程 sp_dropdevice 可以删除一个备份设备，语法如下：

Sp_dropdevice '逻辑设备名'。

# 9.3　数据库备份

## 9.3.1　使用对象资源管理器备份数据库

在 SQL Server 2005 中使用对象资源管理器备份数据库的步骤如下。

**步骤 1：**展开服务器节点与相应数据库节点，右击选定的数据库，并从"任务"菜单中选择"备份…"命令（或右击"服务器对象"节点中"备份设备"对象下的具体备份设备，在快捷菜单中单击"备份数据库"命令项），弹出如图 9-3 所示的"备份数据库"窗口。

**步骤 2：**在"备份数据库"窗口中选择"常规"选项卡，在"名称"文本框内输入备份数据库名称（或默认设置）。在"说明"文本框中输入数据库描述；在"备份类型"选项下单击"完整"备份类型；在"目标"选项中单击"添加"按钮，弹出如图 9-4 所示的"选择备份目标"对话框。

**步骤 3：**在"选择备份目标"对话框中单击选择"备份设备"选项，并选择具体的备份设备，单击"确定"按钮。

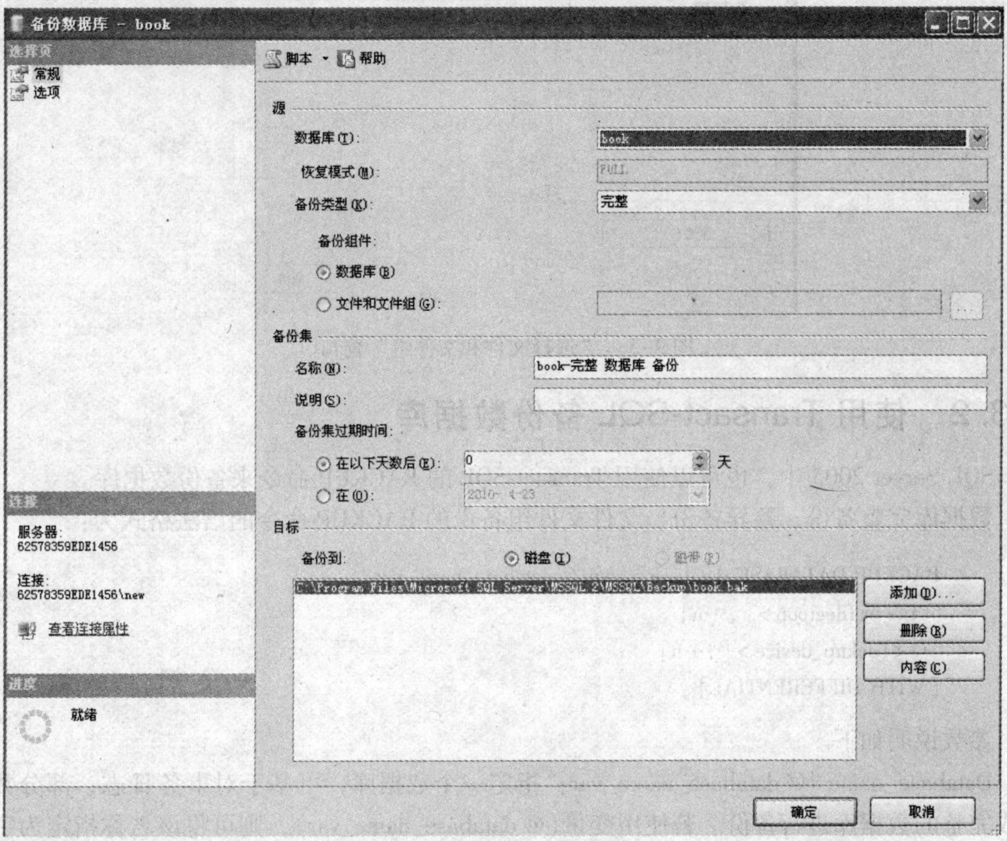

图 9-3 "备份数据库"窗口

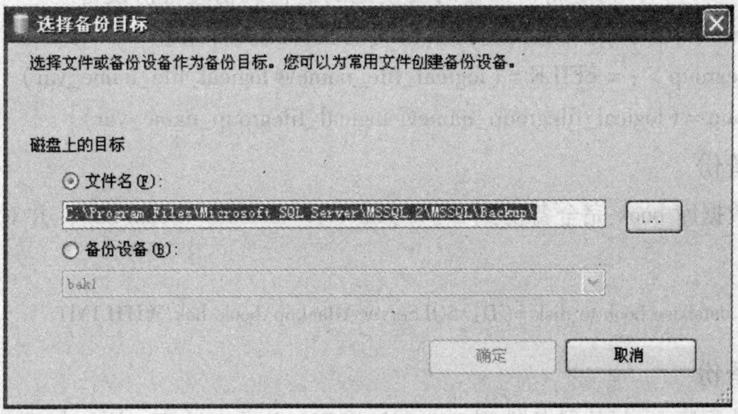

图 9-4 "选择备份目标"对话框

需要注意的是，用户可以一次选择多个设备，即将数据库备份到多个设备上，也可单击"内容"按钮，浏览在这个设备中已经备份的内容。若需采用差异备份和日志备份，可在"备份类型"处选择"差异"或"事务日志"。若采用文件文件组备份，则可在备份组件处选择"文件和文件组"，然后选择所需备份的具体文件，如图 9-5 所示。

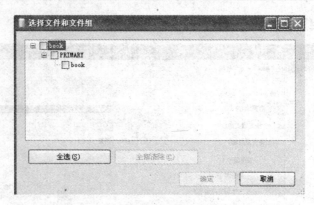

图 9-5 "选择文件和文件组"窗口

## 9.3.2 使用 Transact-SQL 备份数据库

SQL Server 2005 中，也可以使用 Transact-SQL 的 BACKUP 命令来备份数据库。

数据库完整备份、差异备份、文件文件组备份的 BACKUP 命令的语法格式为：

```
BACKUP DATABASE database_name|@ database_name_var)
  < file or filegroup > [ ,…n]
  TO < backup_device > [ ,…n]
  [WITH DIFFERENTIAL]
```

参数说明如下。

Database_name |@ database_name_var：指定一个数据库，可基于对事务日志、部分数据库或完整的数据库进行备份。若使用变量(@ database_name_var)，则可将该名称指定为字符串等数据类型（ntext 或 text 数据类型除外）的变量。

< backup_device >：指定备份操作时要使用的逻辑或物理备份设备。

< file or filegroup >：用来定义进行备份时的文件或文件组。

< file or filegroup > : = { FILE = (logical_file_name@ logical_file_name_var)

其中 filegroup = ( logical_filegroup_name@ logical_filegroup_name_var) } 。

### 1. 完整备份

例如，将数据库 book 完全备份到 D:\SQLServer \Backup\book. bak，并对设备进行初始化，语句如下：

```
Backup database book to disk = 'D:\SQLServer \Backup\book. bak'WITH INIT
```

### 2. 差异备份

例如，将数据库 book 差异备份到 D:\mybak\BK_Backup. bak，语句如下：

```
Backup database book to disk = 'D:\mybak\BK_Backup. bak'with differential。
```

### 3. 文件文件组备份

例如，将数据库 book 的文件组 dat1 备份到 Bk_backup 设备中，语句如下：

```
Backup database book filegroup ='dat1 'to Bk_backup
```

### 4. 日志备份

日志备份的 BACKUP 命令的语法格式为：

Backup log database_name|@ database_name_var To backup_device[ ,…n]

例如将数据库 book 事务日志备份到 bk_log_backup，语句如下：

Backup log book to bk_log_backup with no truncate

# 9.4　数据库恢复

## 9.4.1　使用对象资源管理器还原数据库

在 SQL Server 2005 中使用对象资源管理器还原数据库的步骤如下。

**步骤 1**：展开服务器节点与相应数据库节点，右击选定的数据库，并从"任务"菜单中依次选择"还原"→"数据库"命令，弹出如图 9-6 所示的"还原数据库"窗口。

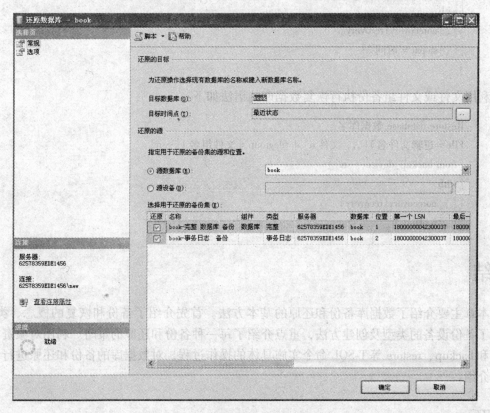

图 9-6　"还原数据库 – book"窗口

**步骤 2**：在窗口中选择"常规"选项卡，在"目标数据库"下拉列表框内选择相应的数据库名称（或按默认设置），并选择相应的还原的备份集，单击"确定"按钮即可完成相应数据库的恢复操作。

## 9.4.2 使用 Transact-SQL 还原数据库

利用 Transact-SQL 还原数据库的语法如下：

> Restore database 数据库名
> File or filegroup[ …n]
> [ from backup_device[ …n ] ]
> [ with
> [ [ , ] norecovery | recovery ]
> [ [ , ] replace ] ]

其中的参数 norecover 表示还原操作不回滚任何未提交的事务，若需要恢复另一个事务日志，则必须指定该选项。

利用事务日志备份执行恢复操作的语法如下：

> Restore log 数据库名
> [ from backup_device[ …n ] ]
> [ with
> [ [ , ] norecovery | recovery ]
> [ [ , ] stopat ='时间 ' ]
> ]

利用文件或文件组备份执行恢复数据库的语法如下：

> Restore database 数据库名
> File = 逻辑文件名 1[ ,.. 文件 n] | filegroup = 文件组名 1[ …n]
> [ from backup_device[ …n ] ]
> [ with
> [ [ , ] norecovery | recovery ]
> [ [ , ] replace ] ]

# 小结

本章主要介绍了数据库备份和还原的基本方法。首先介绍了备份和恢复的概念、类型。描述了备份设备的类型及创建方法，重点介绍了每一种备份和还原的策略。利用对象资源管理器和 backup、restore 等 T-SQL 命令实施具体的操作过程，对数据库的备份和还原进行了完整的介绍。

# 习题

**一、简答题**

1. 简述备份的概念及意义。
2. 数据库备份有几种方法？比较各种方法的异同。

3. 备份设备有哪几种方法，如何创建备份设备？

4. 数据库的还原方法有哪几种？比较它们的异同。

**二、实训题**

数据库备份与恢复操作。

实训目的：

（1）掌握备份设备的创建与删除；

（2）掌握利用对象资源管理器进行数据库备份的操作方法；

（3）掌握 backup database 语句进行数据库备份的操作方法；

（4）掌握利用对象资源管理器进行数据库还原的操作方法；

（5）掌握 restore database 语句进行数据库的还原操作方法。

实训内容与要求：

（1）利用 SQL 语句创建一个永久设备，逻辑名为 yjdevice，物理名为为 d：\sqlserver\yjde-vice. bak；

（2）对 sampledb 数据库作第一次完全备份，备份名称为"完全备份 1"，备份设备为 yjdevice，说明为"第一次完全备份"；

（3）修改 sampledb，将"学生表"中学号为"20030001"的学生的姓名改为"陈好好"；

（4）对 sampledb 数据库作第二次完全备份，备份名称为"完全备份 2"，备份设备为 yjdevice，说明为"第二次完全备份"，要求不覆盖第一次的备份；

（5）从设备 yjdevice 中恢复第一次完全备份。

# 第 10 章  Visual Basic 与 Access 数据库

## 本章要点：

☑ 数据访问对象模型
☑ 数据库访问技术
☑ ADO 对象
☑ 常用的数据访问控件及用户界面控件
☑ 在 Visual Basic 6.0 中连接 Access 数据库

## 10.1  Visual Basic 数据库访问概述

Visual Basic（简称 VB）访问数据库的方法总体来说主要有两种方式：第一种是通过程序定义到某数据库的连接，再通过相关对象访问数据，例如可采用 OLEDB（Object Linking and Embedding DataBase，对象连接嵌入数据库）方式定义连接和操作本地或远程数据库；第二种方式直接采 VB 中自带的数据库控件 Data Control 访问和操作数据库；在实际的软件开发中，第一种方法使用较多，因为其移植性较好，第二种方式更适合对本地数据库的访问与操作。

为了能访问数据库，首先要让程序知道要访问的数据库在什么位置，这就是所说的连接到数据库，接着要通过特定的模型操作数据库。以上就是开发数据库应用程序的两大步骤。为了让读者更好地理解基于 VB 的数据库软件的开发，下面主要从数据库访问对象模型及 B/S、C/S 应用程序结构方面说明数据库访问的基础知识。

### 10.1.1  数据访问对象模型

一般将基于数据库的软件系统分为三个层次。第一层是用户界面层，该层开发人员只要为软件的最终用户设计一个友好的界面即可。在现行的面向对象的软件开发阶段，这个是非常容易实现的；第二层是中间层，该层的主要功能是桥梁，它负责协调用户通过软件界面对最底层的数据库的操作；第三层是数据库层，用来存放用户的最终数据。这三层结构示意图如图 10-1 所示。

图 10-1  软件系统的三层结构

这里要讨论的数据访问对象模型就是中间层如何通过一定的模型来访问数据库层。下面以 OLEDB 数据库访问接口为例，首先介绍 OLEDB 中的 ADO 数据库访问对象模型，该模型如图 10-2 所示。

　　最上面是应用程序也就是上面所说的用户界面层，该应用程序通过中间层即 ADO 方式访问和操作最底层的数据库。中间层 ADO 首先通过 OLEDB 数据访问接口即相关的数据库驱动程序建立到数据库的连接，再通过 ADO 模型中定义的相关对象操作数据。ADO 操作数据库的对象模型如图 10-3 所示。

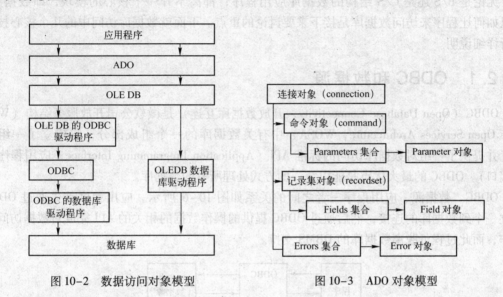

图 10-2　数据访问对象模型　　　　　图 10-3　ADO 对象模型

　　在图 10-3 中，可以看到 ADO 中定义了非常丰富的相关对象访问数据库。例如连接对象 connection 用来连接数据库；操作数据可以使用 command 命令对象或 recordset 记录集对象来实现，这两个对象中使用最多的是 recordset 记录集对象。

## 10.1.2　数据库应用程序结构

　　在前面的章节中介绍过数据库应用程序系统主要有两种结构，即 C/S 结构和 B/S 结构。C/S 结构是架设在局域网之上的，在这种结构下，需要开发服务器端和客户端系统。该结构下的数据共享只能局限在一个局域网内，且每个客户端都要安装客户端系统。如果该单位的人员外出办公，想访问和使用该系统就不行了。C/S 结构系统模型如图 10-4 所示。

　　在 B/S 结构中，开发人员只要开发服务器端的系统，用户直接使用操作系统中的浏览器就可在 Intranet 或 Internet 网络上进行办公。因为可以在因特网上使用，故其范围无限大。例如，当今非常流行的 ERP 管理系统，大部分都是基于 B/S 模式开发的，B/S 结构的 ERP 系统最大的好处是延伸了企业办公距离，让企业真正走上信息化的道路。目前 B/S 结构系统还在电子政务和电子商务中得到广泛的应用。B/S 结构系统模型如图 10-5 所示。

图 10-4　C/S 模式的数据应用程序结构　　　　图 10-5　B/S 结构的数据库应用程序结构

# 10.2　数据库访问技术

无论是 B/S 还是 C/S 结构的数据库应用程序，都离不开一个核心的模块，即数据库，所以如何让程序来访问数据库是接下来要讨论的重点。下面就数据库访问中的几个核心技术进行详细说明。

## 10.2.1　ODBC 和数据源

ODBC（Open Database Connectivity，开放数据库互连）是微软公司开放服务结构（Windows Open Services Architecture，WOSA）中有关数据库的一个组成部分，它建立了一组规范，并提供了一组对数据库访问的标准 API（Application Programming Interface，应用程序编程接口）。ODBC 的最大优点是能以统一的方式处理所有的数据库。

ODBC、数据源、应用程序三者之间的关系如图 10-6 所示。应用程序首先通过 ODBC 建立一个到数据库的连接，然后通过 ODBC 提供的操作数据的相关的 API 完成对数据访问和操作，而此过程可脱离数据库的 DBMS 支持。

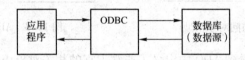

图 10-6　ODBC、数据源、应用程序三者之间的关系

## 10.2.2　OLE DB

OLE 是一种面向对象的数据库技术，利用 OLE DB 技术不仅可以开发可复用的软件组件，还可以开发一些高级组件。OLE DB、数据源、应用程序三者之间的关系如图 10-7 所示。

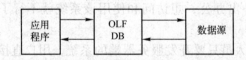

图 10-7　OLE DB、数据源、应用程序三者之间的关系

OLE DB 的组件包括如下几个方面。

（1）数据提供者

数据提供者是提供数据存储的软件组件，如普通的文本文件、数据库文件。

（2）数据服务提供者

数据服务提供者位于数据提供者之上，是从数据库管理系统中分离出来但可以独立运行的功能组件，如游标引擎。

（3）业务组件

业务组件基于数据服务提供者完成有特殊需要的信息处理，和数据服务提供者类似，它也可以实现组件功能的复用。

（4）数据消费者

数据消费者包括需要访问各种数据源的开发工具或语言。

## 10.2.3　ADO 对象

ADO（ActiveX Data Objects，动态数据对象）是一个用于存取数据源的 COM 组件。它是编程语言和数据库中间的一个层。用这种技术访问数据库时，只要借助 SQL 命令就可完成对数据库的访问和操作。ADO 提供了一个熟悉的 OLE DB 封装接口，该接口的特点是简单、易于使用，且存取速度快、内存占用低。在使用 ADO 时，可以独立创建 ADO 对象，然后根据实际情况，可以只创建一个"Connection"子对象，或创建" Recordset" 对象，接下来就可用它来操作数据了。ADO 包含的主要对象及意义如表 10-1 所示。

表 10-1　ADO 包含的主要对象

| 对　　象 | 意　　义 |
|---|---|
| 连接 | 代表到数据库的连接 |
| 记录集 | 代表数据库记录的一个集合 |
| 命令 | 代表一个 SQL 命令 |
| 记录 | 代表数据的一个集合 |
| 流 | 代表数据的顺序集合 |
| 错误 | 代表数据库访问中产生的意外 |
| 字段 | 代表一个数据库字段 |
| 参数 | 代表一个 SQL 参数 |
| 属性 | 保存对象的信息 |

## 10.2.4　ADO. NET

ADO. NET 来源于 ADO，它提供了平台互用性和可伸缩的数据访问。由于 ADO. NET 除了传统的数据库访问外，还支持 RICH XML，因此任何能够读取 XML 格式的应用程序都可以用它进行数据处理。

ADO. NET 提供与数据源进行交互的相关的公共方法，用不同的类库操作访问不同的数据源，这些类库统称为 Data Providers，ADO. NET 类库中主要包含的对象及意义如表 10-2 所示。

表 10-2　ADO. NET 包含的主要对象及意义

| 对　　象 | 意　　义 |
|---|---|
| SqlConnection | 数据源的连接对象 |
| sqlDataReader 对象 | 记录读取对象 |
| SqlCommand 对象 | 命令操作对象 |
| DataSet 对象 | 数据集对象 |

# 10.3　常用的数据访问控件

## 10.3.1　ADO Data 控件

ADO Data 控件使用户能使用 ADO 快速地创建一个到数据库的连接。使用中可以通过首先将 ConnectionString 属性设置为一个有效的连接字符串，然后将 RecordSource 属性设置为一个适合于数据库管理者的语句来创建一个连接。也可以将 ConnectionString 属性设置为定义连接的文件名。接下来通过一个案例学习 ADO Data 控件的使用。

【例 10-1】　用 ADO 连接并显示数据表内容。

首先在 VB 中创建一个标准应用程序，界面如图 10-8 所示。

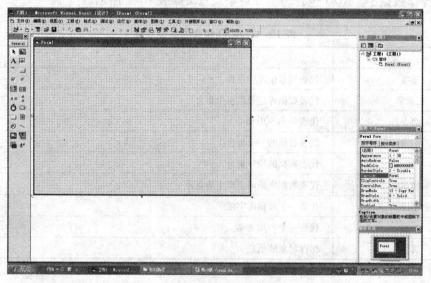

图 10-8　Microsoft Visual Basic 主窗口

接着选择"工程"→"部件"命令，在出现的"部件"对话框中选择 Microsoft ADO Data Control 6.0 控件，如图 10-9 所示。然后单击"确定"按钮。

图 10-9　"部件"对话框

　　此时在"控件"工具栏中出现一个 ADO Data 控件，如图 10-10 所示。将该控件（默认名是 adodc1）拖到应用程序窗体上就完成了初始准备的工作，如图 10-11 所示。

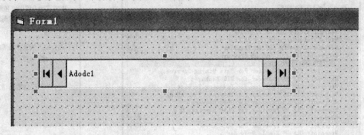

图 10-10　"工具箱"　　　　　　　　　　图 10-11　Form1 窗口

　　现假设有如图 10-12 所示的一个数据库，数据库名为 test1.mdb，内部有张 article 数据表，现在的任务是要和这个数据库建立连接，并把表中的内容读出来。需做如下几项工作。

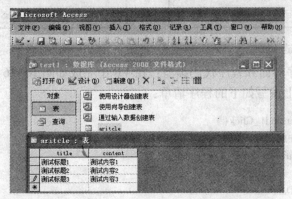

图 10-12　Microsoff Access-test1：数据库窗口

　　任务一，建立到数据源的连接：在图 10-11 的"adodc1"控件上右击，选择"属性"命名，出现如图10-13 所示的"属性页"对话框，在该图中选择使用连接字符串，再单"生成"按钮，出现如图 10-14 所示的"数据链接属性"对话框，并按图中所示进行选择。单击"下一步"按钮，接下来选择数据源，如图 10-15 所示，在该对话框中找到上面所建立数据库的位置，如果设置了数据库登录的用户名和密码就要在图中一并设置好，再单击"测试"连接按钮，出现连接成功对话框，再单"确定"按钮，系统自动为该连接创建了字串符连接。到此完成了利用 ADO Data 建立到数据库的连接工作。

图 10-13　"属性页"对话框

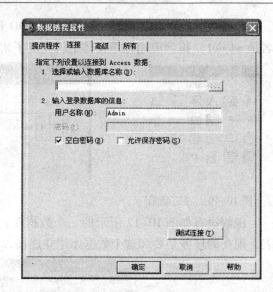

图 10-14　"数据链接属性"对话框 1　　　　　图 10-15　"数据链接属性"对话框 2

任务二，完成程序界面和程序代码编写：在 VB 中完成如图 10-16 的程序界面工作，并在"读取数据"按钮上编写如下的程序清单：

```
Private Sub Command1_Click( )
    With Adodc1
    . RecordSource = "Select * From aritcle"
    End With
    Set Text1. DataSource = Adodc1
    Text1. DataField = "Title"
    Set Text2. DataSource = Adodc1
    Text2. DataField = "content"
End Sub
```

做完上述两个任务后，就可以运行程序了。任务的最终结果如图 10-17 所示。

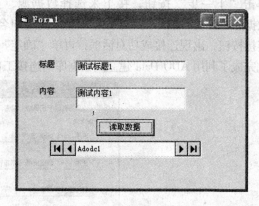

图 10-16　测试的程序界面　　　　　　　图 10-17　任务的最终结果

## 10.3.2　DataCombo 控件

DataCombo 控件是数据绑定组合框控件，主要用来显示被 DataCombo 控件所绑定的数据库某一字段内容，还可以用来更新数据源。

### 1. DataCombo 控件主要属性和事件

（1）RowSource 属性

RowSource 属性用来显示数据库表的某个字段的所有数值。

（2）DataSource 属性

该属性用于返回或设置数据使用者将被绑定到数据表中的某个字段名。

（3）BoundColumn 和 BoundText 属性。

该属性用 BoundText 属性显示由 BoundColumn 属性指定的字段的值。

（4）Change 事件

DataCombo 控件中的内容被改变时触发该事件，用它来获取用户的选择信息。

（5）Click 事件

当用户在 DataCombo 控件上按下并释放鼠标键时触发该事件。

### 2. DataCombo 控件使用

【例 10-2】　使用 DataCombo 和 DataList 控件显示数据表中的数据。

（1）将 DataCombo 控件和 DataList 控件加入到工程中

DataCombo 控件和 DataList 控件都是 ActiveX 控件，使用的时候需要添加到工具箱中。具体的方法是选择"工程"→"部件"命令，在"部件"对话框中选择"Microsoft DataList Controls 6.0（SP3）（OLEDB）"复选框，单击"确定"按钮后就可将其添加到工具箱中，如图 10-18 所示。

做完上述操作，在控件工具栏中多出两个控件，如图 10-19 所示。

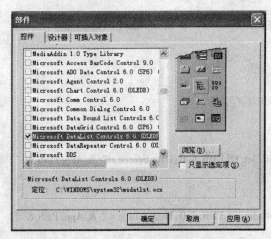

图 10-18　"部件"对话框

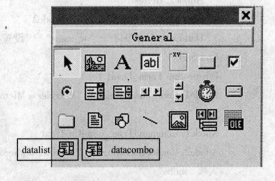

图 10-19　"控件"工具箱

（2）数据库的设计

现在要求实现人事管理系统的部分功能。首先在 Access 下设计如图 10-20 所示的数据库。数据库名称是"人事"，里面有两张表，一张是部门表，另一张是员工表。

（3）软件界面的实现

软件界面如图 10-21 所示，要实现根据部门来查找该部门的所有员工，选择部门时利用 Datacombo 控件，而"部门员工"的选择需利用 Datalist 控件。

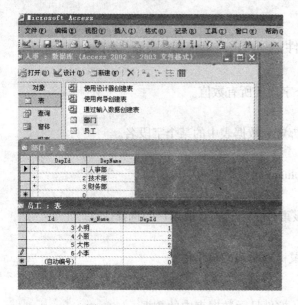

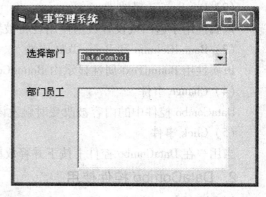

图 10-20 "人事"窗口　　　　　　　　图 10-21 "人事管理系统"窗口

（4）程序功能的实现

第一步，用 Data ADO 实现到数据库的连接。在窗体中放置两个 Data ADO，名称分别为 Adodc1 和 Adodc2，它们的可见属性（visible）都设置为 false，即程序运行时不可见。

第二步，相关程序代码编写：

```
Private Sub DataCombo1_Change( )        '部门选择
Dim conn_str_renshi As String
conn_str_renshi = "Select * FROM 员工 WHERE DepId = " & DataCombo1. SelectedItem
    Adodc2. RecordSource = conn_str_renshi
    Adodc2. Refresh
    Set DataList1. RowSource = Adodc2
    DataList1. ListField = "w_name"      '设置要连接的字段
End Sub
Private Sub Form_Load( )
Adodc1. ConnectionString = "Provider = Microsoft. Jet. OLEDB. 4. 0; Data Source = " & App. Path & " \
人事 . mdb "
Adodc1. CommandType = adCmdText
Adodc2. ConnectionString = "Provider = Microsoft. Jet. OLEDB. 4. 0; Data Source = " & App. Path & " \
人事 . mdb "
Adodc2. CommandType = adCmdText
Adodc1. RecordSource = "select * from 部门"
Adodc1. Refresh
Set DataCombo1. RowSource = Adodc1
DataCombo1. ListField = "DepName"        '设置要连接的字段
End Sub
```

最终实现效果如图 10-22 所示。

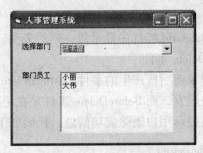

图 10-22 "人事管理系统"窗口

## 10.3.3 DataGrid 控件

DataGrid 控件是把数据库操作的结果用表格方式显示出来的控件，使用该控件时首先需要把它和 ADO 数据控件绑定，接着显示数据库中的数据表。在本节中，首先介绍如何将 DataGrid 控件引入 Visual Basic 项目中，接着介绍 DataGrid 控件的主要属性、方法及事件，最后通过实例讲解，使读者掌握 DataGrid 控件的使用方法。

### 1. 将 DataGrid 控件加入工程中

它的引入方法是：选择"工程"→"部件"命令，在"部件"对话框中选择"Microsoft DataGrid Controls 6.0"复选框，然后将其添加到"控件"工具箱中，如图 10-23 所示。

引入成功后，在"控件"工具箱上多出一个控件，如图 10-24 所示。

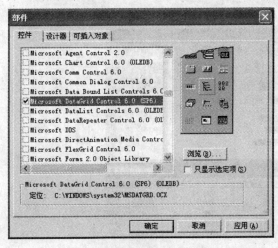

图 10-23 "部件"对话框

图 10-24 "控件"工具箱

### 2. DataGrid 控件的主要属性和事件

（1）DataSource 属性

返回或设置一个数据源，即为 DataGrid 控件绑定一个数据库。例如，要连接到 ADO 控件：

    Set DataGrid1.DataSource = Adodc1

（2）Column 和 Row 属性

Column 属性用于返回或指定 DataGrid 控件中的列的信息。

Row 属性用于返回或指定 DataGrid 控件中的行的信息。

（3）ColumnHeaders 属性

该属性用于确定是否在 DataGrid 控件中显示每一列的表头。

（4）AfterDelete 和 BeforeDelete 事件

这两个事件即删除某个记录前后所产生的事件，AfterDelete 事件是当用户在 DataGrid 控件中删除一条选定的记录后被触发，而 BeforeDelete 事件是在记录被删除之前被触发。例如，用户成功地删除了一条记录要提示用户删除成功信息，代码如下：

```
Private Sub DataGrid1_AfterDelete( )
        MsgBox " 成功删除!"
    End Sub
```

（5）BeforeUpdate 事件

BeforeUpdate 事件发生在用该控件中的内容去更新数据库之前（即强制缓冲区的行为之前）。当执行 Recordset 对象的 Update 方法时，数据将从 DataGrid 控件写到数据库里这一动作之前，BeforeUpdate 事件被触发。

### 3. Datagrid 使用案例

【例 10-3】　用 DataGrid 控件显示数据。

（1）数据库设计

请读者按图 10-25 在 Access 中设计数据库，数据库名称是 cars. mdb，其中有张数据表，名称是 chuzu。

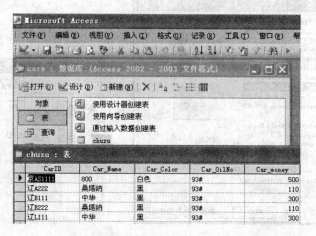

图 10-25　"cars 数据库"窗口

（2）程序界面设计

如图 10-26 所示，在窗体上拖放一个 DataGrid 控件，辅助控件还有 DataCombo、Label 等。程序功能要求窗体显示出来时把所有的租车信息显示在 DataGrid 控件中，操作人员还可根据车型来显示某种车型的出租情况。

（3）功能的实现

首先在窗体中加入两个 ADO 控件，名称分别是 Adodc1 和 Adodc2。Adodc1 用来把 DataCombo 控件和数据库进行绑定，Adodc2 和 DataGrid 控件绑定。再把这两个控件的 Visible 属性设置为 false。接下来编写如下代码：

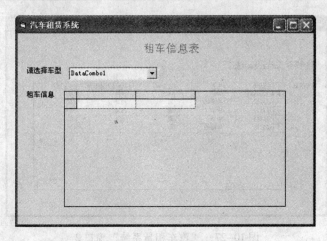

图 10-26　"汽车租货系统"窗口 1

```
Private Sub DataCombo1_Change( )
    Dim carQuery As String
    If DataCombo1. Text = " " Then
       Exit Sub
    End If
    car_type = DataCombo1. BoundText
    carQuery = "Select carid as 车牌号 , car_name as 车型 , car_color as 车颜色 , car_oilno as 燃烧
汽油类型 , car_money as 租金每天 FROM cars WHERE Car_Name = '" & car_type & "'"
    Adodc2. RecordSource = carQuery
    Adodc2. Refresh
    Set DataGrid1. DataSource = Adodc2
  End Sub
Private Sub Form_Load( )
Adodc1. ConnectionString = " Provider = Microsoft. Jet. OLEDB. 4. 0 ; Data Source = " & App. Path & " \
cars. mdb "
Adodc1. CommandType = adCmdText
Adodc2. ConnectionString = " Provider = Microsoft. Jet. OLEDB. 4. 0 ; Data Source = " & App. Path & " \
cars. mdb "
Adodc2. CommandType = adCmdText
Adodc1. RecordSource = " select CarName from cars"
Adodc1. Refresh
Adodc2. RecordSource = " select carid as 车牌号 , car_name as 车型 , car_color as 车颜色 , car_oilno
as 燃烧汽油类型 , car_money as 租金每天 from chuzu "
Adodc2. Refresh
Set DataCombo1. RowSource = Adodc1
DataCombo1. ListField = " CarName"
Set DataGrid1. DataSource = Adodc2
End Sub
```

程序运行的最终结果如图 10-27 和图 10-28 所示。

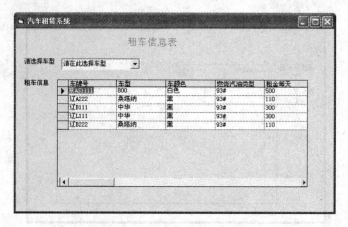

图 10-27　"汽车租赁系统"窗口 2

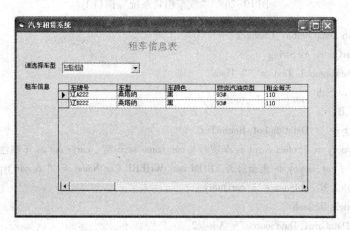

图 10-28　"汽车租赁系统"窗口 3

　　DataGrid 控件应用十分灵活，不仅可显示数据，还可以直接增加、修改及删除数据。实现这些操作主要是通过设置 AllowAddNew、AllowUpdate 和 AllowDelete 这三个属性来实现的。设置这三个属性的对话框如图 10-29 所示。

图 10-29　"属性页"对话框

也可直接通过如下代码方式来设置属性值：

```
Set DataGrid1. DataSource = Adodc1
DataGrid1. AllowAddNew = True
    DataGrid1. AllowUpdate = True
DataGrid1. AllowDelete = True
```

# 10.4　常用的高级用户界面控件

## 10.4.1　图像列表控件

图像列表控件即 ImageList 控件，其作用就像图像的储藏室，但它需要第二个控件显示所储存的图像，如显示 Picture、ListView、ToolBar、ImageCombo 和 TreeView 等控件。为了与这些控件一同使用 ImageList，必须通过一个适当的属性将特定的 ImageList 控件绑定到第二个控件。方法如下面的语句所示：

```
TreeView1. ImageList = ImageList1 '指定 ImageList 属性
```

意思是将 ImageList 图像集合绑定到 TreeView 控件上。

使用 ImageList 控件时，在将它绑定到第二个控件之前，必须按照希望的顺序将所需的全部图像插入 ImageList，因为一旦 ImageList 被绑定到第二个控件，就不能再删除图像了，并且也不能将图像插入 ListImages 集合中间（虽然可在集合的末尾添加图像）。

【例 10-4】　一个简单的 ImageList 控件应用实例。

首先将 ImageList 控件引用到工程中，再选择"工程"→"部件"命令，在"部件"对话框中选择"控件"选项上进行设置。

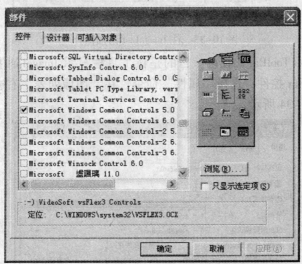

图 10-30　设置控件

完成上步操作后，再看工具箱，上面会多出了几个控件，如图 10-31 所示。

接下来在窗体上拖入一个 ToolBar 控件（即普通窗体的工具栏），完成后在这个控件上右击，选择"属性"命令，插入 4 个按钮。再将 ImageList 控件拖入到窗口中，如图 10-32 所示。

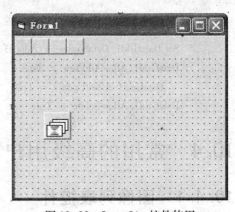

图 10-31　ImageList TreeView 及 ListView 控件　　　　　图 10-32　ImageList 控件使用

完成上步操作后，首先在 ImageList 控件中存储 4 个图片（图片格式为 ∗ . bmp 或 ∗ . ico）。操作方法是在 ImageList 控件上右击，选择"属性"命令，再单击"图片"选项卡，单击"插入图片"按钮，如图 10-33 所示。注意此时 ImageList 为每个图片顺序编号（1，2，3，4），后面引用这些图片时就是根据这些编号来进行的。

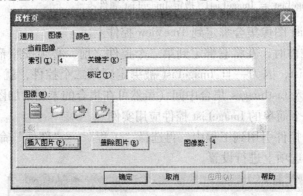

图 10-33　往 ImageList 添加图片

接着设置工具栏（ToolBar）控件，目的是让工具栏显示 ImageList 控件里的 4 张图片。操作方法是右击 ToolBar 控件，选择"属性"命令，在"图像列表"右边的下拉列表框中选择 ImageList，如图 10-34 所示。

图 10-34　选择图片

再分别设置工具栏中的 4 个按钮的文字和图片，如图 10-35 所示。最终的效果如图 10-36 所示。

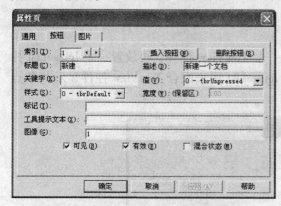

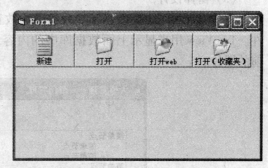

图 10-35　设置 ToolBar 的按钮属性　　　　　图 10-36　ImageList 实例效果图

## 10.4.2　TreeView 控件

TreeView 控件显示 Node（节点）对象的分层列表，Node 对象均由标签和位图组成。TreeView 控件一般用于显示文件和目录、能被有效地分层的各类信息。创建了 TreeView 控件之后，就可以通过设置该控件的属性或调用该控件的方法来实现对 Node 对象进行操作，包括添加、删除、对齐等。TreeView 控件的外观有 8 种样式，它们是文本、位图、直线和 +/- 号的组合，Node 对象可以以任一种组合出现。

下面通过一个实例了解 TreeView 控件的使用。

【例 10-5】　　使用 TreeView 控件显示数据库中的数据层次关系。

（1）将 TreeView 控件引用到 VB 工程中

此过程和引用 ImageList 控件是一样的，请参见图 10-34 和图 10-35。

（2）数据库设计

请读者按照图 10-37 所示，在 Access 中创建一个数据库，命名为 renshi.mdb，该数据库中

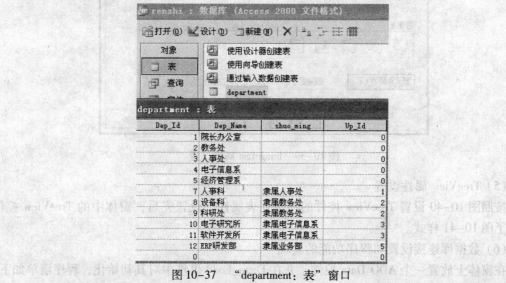

图 10-37　"department：表" 窗口

有张 department 表，该表包括部门编号（Dep_Id）、部门名称（Dep_Name）、部门描述（shuo_ming）、该部门的上级部门（Up_Id）等字段。通过 Up_Id 字段可以看出部门之间的层次关系。

（3）窗体设计

窗体设计如图 10-38 所示，在窗体中放置一个 TreeView 控件，再放置一个 ImageList 控件。TreeView 用来显示上面数据库中的内容，ImageList 用来配合 TreeView 控件显示其节点前的图片。

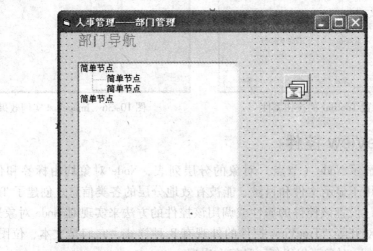

图 10-38　"人事管理——部门管理"窗体

（4）ImageList 控件属性设置

按照图 10-39 设置 ImageList 属性。往里添加 5 张图片。

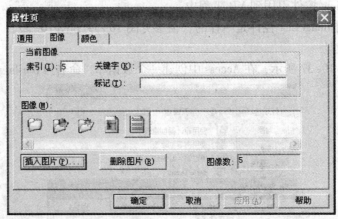

图 10-39　ImageList 属性设置

（5）TreeView 属性设置

按照图 10-40 设置 TreeView 控件的图像列表属性。设置完后，窗体中的 TreeView 控件变成了图 10-41 样式。

（6）数据库连接设置和程序功能的实现

在窗体上放置一个 ADO Data 控件，并在 Form_Load 事件中对其初始化，程序清单如下：

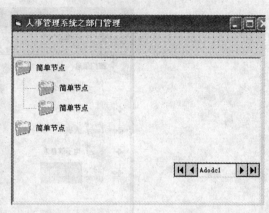

图 10-40　设置 TreeView 的图像列表属性　　　　图 10-41　"人事管理系统之部门管理"窗体

```
Private Sub Form_Load( )
'数据库初始化
Adodc1. ConnectionString = "Provider = Microsoft. Jet. OLEDB. 4. 0;Data Source = " & App. Path & " \
renshi. mdb;Persist Security Info = False"
Adodc1. CommandType = adCmdText
Adodc1. RecordSource = "select * from department"
Adodc1. Refresh
    Set gen = TreeView1. Nodes. Add( , , "gen0", "部门信息", 1, 3)
    gen. Selected = True
    gen. ExpandedImage = 2
    bu_meng_shu = Adodc1. Recordset. RecordCount
    For i = 1 To bu_meng_shu
        If Adodc1. Recordset. Fields( "up_id") = 0 Then
        Dep_name = Adodc1. Recordset. Fields( "dep_name")
        Dep_id = Adodc1. Recordset. Fields( "Dep_Id")
      Set TmpNode = TreeView1. Nodes. Add( "gen0", tvwChild, "gen" & dep_id, dep_name, 1, 3)
        gen. Selected = True
        gen. ExpandedImage = 2
    Else
        Dep_id = Adodc1. Recordset. Fields( "Dep_Id")
        Up_id = Adodc1. Recordset. Fields( "up_id")
        Set gen = TreeView1. Nodes. Add( "a" & up_id, tvwChild, "a" & dep_id, dep_name, 1, 3)
        gen. Selected = True
        gen. ExpandedImage = 2
    End If
    Adodc1. Recordset. MoveNext
    Next
    End Sub
```

最终实现效果图，如图 10-42 所示。

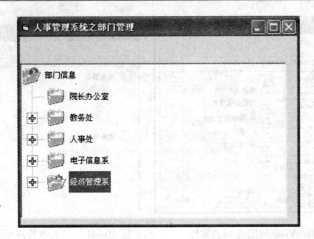

图 10-42　"人事管理系统之部门管理"窗口

## 10.4.3　ListView 控件

ListView 控件的主要功能是通过大图标（标准）、小图标、列表和报表这 4 种视图来显示列表信息。ListView 控件包括 ListItem 和 ColumnHeader 对象。ListItem 对象定义了 ListView 控件的各种特性，ColumnHeader 对象定义了控件的列标题特性。

【例 10-6】　ListView 控件的使用。

本实例的效果图如图 10-43 所示。本例的主要目标是以 ListView 控件做列表，并配合使用 ImageList 控件，在列表标题前显示一个图标。

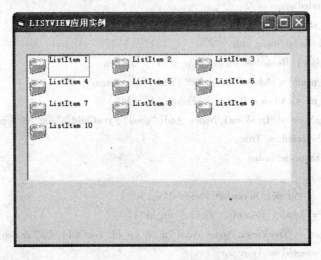

图 10-43　"LISTVIEW 应用实例"窗口 1

首先将 ListView 控件引入到"控件"工具箱中，这和前面的 TreeView、ImageList 控件引入过程是一样的，这里不再详述。然后设计如图 10-44 所示的窗体，主要用到两个控件：ListView 和 ImageList。接下来在 ImageList 控件中添加图像，如图 10-45 所示。再配置 ListView 控件的属性，设置其图像列表为 ImageList1，如图 10-46 所示。再在属性面板中设置 ListView 控件的 view 属性为 lvwsmallicon。最后在该窗体的 Form_load 事件中编写如下程序代码：

```
Private Sub Form_Load( )
    Dim clmX As ColumnHeader
    Dim itmX As ListItem
    Dim i As Integer
    For i = 1 To 3
    Set clmX = ListView1. ColumnHeaders. Add( )
    clmX. Text = "列" & i
    Next i
    '添加 10 个具有相同图标的项目到列表中
    For i = 1 To 10
    Set itmX = ListView1. ListItems. Add( )
    itmX. SmallIcon = 1
    itmX. Text = "ListItem " & i
    itmX. SubItems(1) = "Subitem 1"
    itmX. SubItems(2) = "Subitem 2"
    Next i
End Sub
```

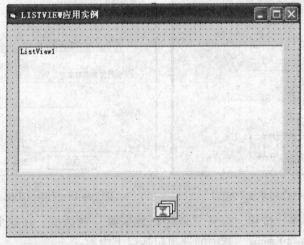

图 10-44　"LISTVIEW 应用实例"窗口 2

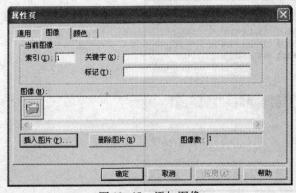

图 10-45　添加图像

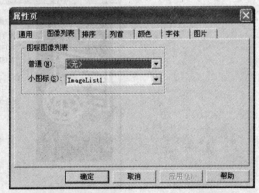

图 10-46　配置 ListView 控件的属性

# 10.5 在 Visual Basic 6.0 中连接 Access 2007 数据库

## 10.5.1 利用 ODBC 连接数据库

先通过实例了解和认识如何利用 ODBC 方式连接 Access 数据库。

【例 10-7】 利用 ODBC 连接数据库并操作数据库。

使用 ADO 控件设计一个简单窗体，用来扫描 Books.mdb 数据库的基本情况表。窗体中几个文本框绑定到连接表中当前记录的 ADO 控件。步骤如下。

首先开始创建工程，并在"控件"工具箱中引用 ADO 控件，接下来创建窗体，并在窗体上拖入一个 ADO 控件和几个文本框。完成上述步骤后的效果如图 10-47 所示。

右击 ADO 控件，并从弹出的快捷菜单中选择"ADODC 属性"命令，打开 ADO 控件的"属性页"对话框。选择"通用"选项卡，并选中"使用 ODBC 数据资源名称"单选按钮，如图 10-48 所示。

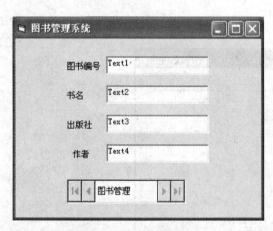

图 10-47 "图书管理系统"窗口

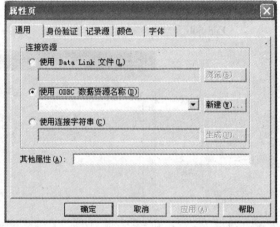

图 10-48 使用 ODBC 数据资源名称

接下来单击"新建"按钮，打开"创建新数据源"对话框。在这个对话框中可以选择数据源类型，如图 10-49 所示，其中的选项包括以下内容。

图 10-49 选择数据类型

"文件数据源"：所有用户均可以访问的数据库文件。

"用户数据源"：只有你能访问的数据库文件。

"系统数据源"：能登录该机器的任何用户都能访问的数据库文件。

选择"系统数据源"，单击"下一步"按钮，进入如图 10-50 所示对话框，指定访问数据库所用的驱动程序，本例采用 Access 数据库。

图 10-50　指定访问数据库所用的驱动程序

选择"Microsoft Access Driver（*.mdb）"，并单击"下一步"按钮，并单击"完成"按钮，生成数据源。

这时就可以指定将哪个 Access 数据库赋予新建的数据源。如图 10-51 所示，在出现的"ODBC Microsoft Access 安装"对话框中，再执行如下操作步骤。

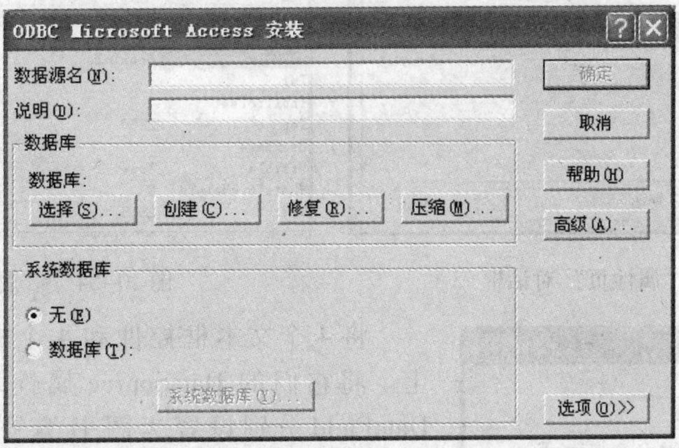

图 10-51　"ODBC Microsoft Access 安装"对话框

在"数据源名"中输入 book_manage，单击"选择"按钮，并通过"选定数据库"对话框找到应用程序所在文件夹中的 book.mdb 文件。回到 ADO 控件的"属性页"对话框时，新的数据源即会出现在"使用 ODBC 数据资源名称"下拉列表中，效果如图 10-52 所示。

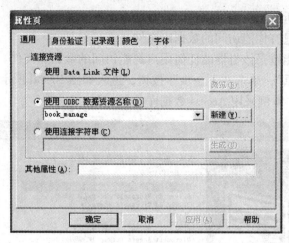

图 10-52    "属性页"对话框

上述过程实际上指定了要使用的数据库。接下来选择 ADO 控件中能看到的数据表记录，并切换到"记录源"选项卡，在"命令类型"下拉列表中，选择"2 – adCmdTable"项目，即记录源的类型，在"表或存储过程名称"下拉列表中出现数据库中的所有表名，选择 Bookinfo，此时 Adodc1 控件的 RecordSource 属性栏中出现 Books. mdb 数据库的 Bookinfo 表。操作结果如图 10-53 和图 10-54 所示。

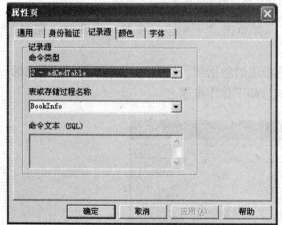

图 10-53    "属性页"对话框 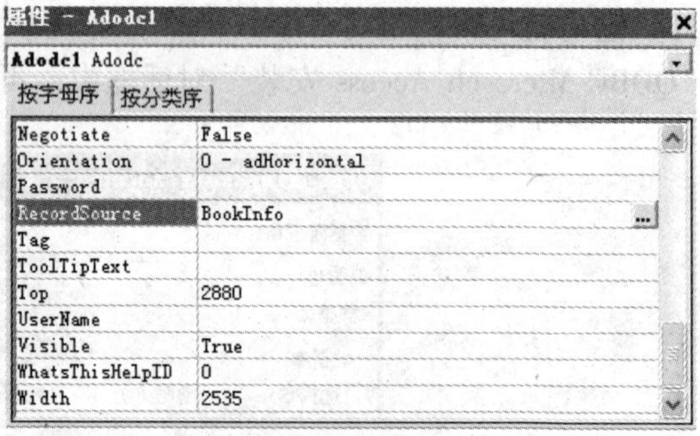            图 10-54    "属性"窗口

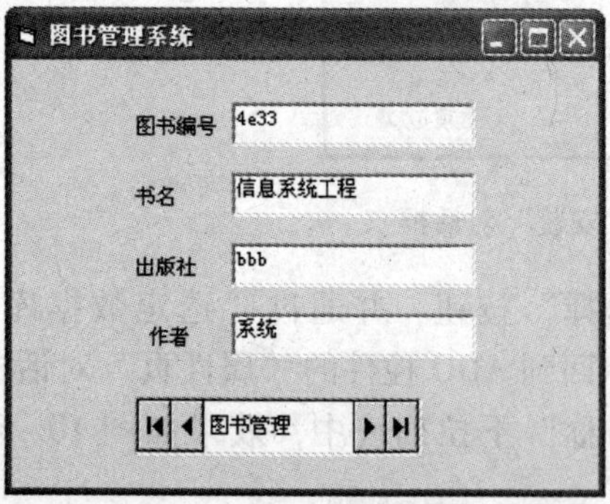

将 4 个文本框控件和 4 个标题控件拖到窗体上。将它们的 DataSource 属性均设置为 Adodc1，DataField 分别设置为图书编号、书名、出版社、作者。Book_manage 数据源已经注册到系统上，不必再次生成。它会自动出现在 ADO 控件"属性页"对话框的"使用 ODBC 数据资源名称"下拉列表中。运行结果如图 10-55 所示。

图 10-55    "图书管理系统"窗口

## 10.5.2　利用 ADO 连接数据库

在 VB 下利用 ADO 控件连接和操作数据库一般有 3 种方法：一种是在 Adodc1 的属性里设置数据库文件的路径，这种方法的优点是简单易操作，缺点是当源文件存储路经变化后，要重新设置数据库的路径，否则连接不上数据库；另一种是用代码设置数据库的路径，这种方法的优点就是只要源文件和数据库在同一文件夹下，无论移动到哪里都能连接上（前面的几个例子都是用这种方法，这里不再详细介绍）；第三种方法是软件开发中最常用的方法即创建模块，优点是通用性好（只要定义一次，在软件中任何地方都可用）。具体操作方法是在 VB 中建立一个模块，在模块中利用程序代码来定义数据库的连接。如图 10-56 所示，在工程定义了一个模块，该模块定义一些公共变量和数据库的连接。

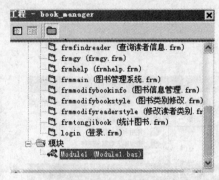

图 10-56　定义模块

模块中关于连接数据库程序代码如下：

```
Public Sub lianjie( )  '打开数据库
Dim mySQL As String
datapath = "aa. mdb"
    mySQL = "Provider = Microsoft. Jet. OLEDB. 4. 0;Persist Security Info = False;"
    mySQL = mySQL + "Data Source = " & datapath
    myConn. connectionstring = mySQL '设定连接
    myConn. Open '打开连接
End Sub
```

从以上代码中能看出表示数据库驱动提供者、数据库名称、操作数据库安全的字符串，再用 ADO 的（connection 对象执行这些字符串就可以建立到数据库的连接。建立了到数据库的连接后，接下来就要操作数据库，操作常用 Recordset 对象来保存数据操作结果。如下面的程序代码，这段程序代码的主要功能是对数据表进行查询：

```
Dim sql As String
Dim rs_login As New ADODB. Recordset
sql = "select * from 系统管理 where 用户名 ='"
& txtuser. Text & "'"
rs_login. Open sql, conn, adOpenKeyset, ad-
LockPessimistic
```

下面通过一个实例来详细介绍这种编程思想。本实例主要实现用户登录功能。程序界面如图 10-57 所示。

按照图 10-58 所示，在 Access 2007 中设计一个 book. mdb 数据库。数据库中有张系统管理表。

图 10-57　"登录"窗口

请读者按图 10-57 所示在 VB 下设计一个窗体。然后按如下步骤进行操作：

第一步，在工程中引用 Ado Data 控件，并将名为 Adodc1 的 ADO 控件拖到窗体上。

第二步，为工程添加一个模块，如图 10-59 所示。

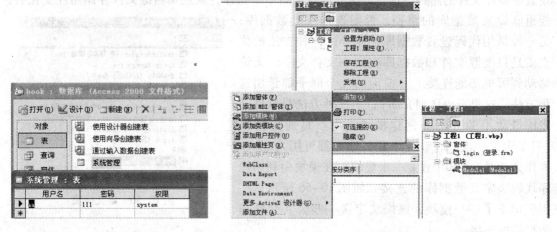

图 10-58　"系统管理:表"窗口　　　　　　　　图 10-59　"工程资源管理器"窗口

第三步，在模块中定义数据库的连接，程序代码如下：

```
Public Sub lianjie( )
        Public datapath As String
        Public myConn As New ADODB. Connection
        datapath = "book. mdb"
        '设定连接字符串
        connstring = "Provider = Microsoft. Jet. OLEDB. 4. 0;Persist
        Security Info = False;" + "Data Source = " & datapath
        myConn. Open connstring        '打开连接
End Sub
```

第四步，其他程序代码：

```
Option Explicit
Dim cnt As Integer                '记录确定次数
Private Sub Command1_Click( )
        Dim sql As String
        Dim rs_login As New ADODB. Recordset
        If Trim(txtuser. Text) = "" Then'判断输入的用户名是否为空
                MsgBox "没有这个用户", vbOKOnly + vbExclamation, ""
                txtuser. SetFocus
        Else
                sql = "select * from 系统管理 where 用户名 ='" & txtuser. Text & "'"
                rs_login. Open sql, conn, adOpenKeyset, adLockPessimistic
                If rs_login. EOF = True Then
                        MsgBox "没有这个用户", vbOKOnly + vbExclamation, ""
```

```
                txtuser. SetFocus
            Else                              '检验密码是否正确
            If Trim(rs_login. Fields(1)) = Trim(txtpwd. Text) Then
                userID = txtuser. Text
                userpow = rs_login. Fields(2)
                rs_login. Close
                Unload Me
                frmmain. Show
            Else
                MsgBox "密码不正确", vbOKOnly + vbExclamation, ""
                txtpwd. SetFocus
            End If
        End If
    End If
    cnt = cnt + 1
    If cnt = 3 Then
        Unload Me
    End If
    Exit Sub
End Sub
Private Sub Command2_Click()
    Unload Me
End Sub
Private Sub Form_Load()
    Call lianjie
End Sub
```

# 小结

　　本章主要从 Visual Basic 访问 Access 2007 数据库这个角度出发，详细介绍了数据库访问对象的模型，并从 ODBC，OLEDB，ADO 及 ADO. NET 等方面介绍了 Visual Basic 访问 Access 2007 数据库的相关技术，最后用实例方式介绍了 ADO Data、DataCombo、DataGrid、ImageList、TreeView、ListView 等一些常用的数据库访问控件的使用。学习本章时应从总体上把握数据库访问技术，并要有一定的理解高度。

# 习题

## 一、选择题

1. 下面不是 ADO 对象的是（　　　）。

A. Connection　　　　B. Command　　　　C. Recordset　　　　D. Modules

2. 下面关于 Connection 对象的说法正确是 (　　　)。

A. Connection 是建立到数据表的连接

B. Connection 不可以更新数据库

C. Connection 不是 ADO 模型内的一个对象

D. Connection 可以往数据库中增加一条记录

3. DataGrid 控件用于连接数据源的属性是 (　　　)。

A. Datasource　　　　　B. Rowsource　　　　　C. Columnsource　　　　D. ADO

4. 下列哪项不是 ListView 图标显示的种类 (　　　)？

A. 大图标　　　　　　B. 小图标　　　　　　C. 列表　　　　　　D. 缩略图

5. 可以完全将 Recordset 对象 rs 从内存中移除的命令是 (　　　)。

A. Connection. closed　　　　　　　　　B. rs. close

C. set rs = nothing　　　　　　　　　　D. set rs = none

6. 下面哪项不是 DataCombo 控件的属性 (　　　)。

A. RowSource　　　　　B. DataSource　　　　　C. BoundText　　　　D. feildsource

7. ADO. NET 对象不包括 (　　　)。

A. Connection　　　　　　　　　　　B. SqlDataReader

C. Recordset　　　　　　　　　　　D. DataSet

8. 关于 ADO 和 ADO. NET 的说法不正确的是 (　　　)。

A. ADO. NET 是从 ADO 上发展而来的

B. ADO. NET 支持 RICH XML

C. ADO. NET 开发环境是 Microsoft Visual Studio

D. ADO 开发环境是 Microsoft Visual Studio

9. 下面关于 ADO Data 控件说法不正确的是 (　　　)。

A. ADO Data 控件使用户能使用 Microsoft ActiveX Data Objects（ADO）快速地创建一个
到数据库的连接

B. ADO Data 控件连接数据库的属性是 ConnectionString

C. ADO Data 控件的 Recordset 属性可以用来操作 SQL 语句

D. ADO Data 控件通过将 RecordSource 属性设置为一个适合于数据库管理者的语句来创
建一个连接

10. 有关 ODBC 和 OLEDB 的关系，说法不正确的是 (　　　)。

A. ODBC 标准的对象是基于 SQL 的数据源，而 OLE DB 的对象则是范围更为广泛的任
何数据存储

B. 符合 ODBC 标准的数据源是符合 OLE DB 标准的数据存储的子集

C. 目前微软已经为所有的 ODBC 数据源提供了一个统一的 OLE DB 服务程序，称为
ODBC OLE DB Provider

D. ODBC 是通过 OLEDB 驱动来操作数据库的

二、简答题

1. 简要说明 B/S、C/S 数据库应用程序结构及它们的区别。

2. 概括说明数据库访问技术，以及它们在使用上有哪些异同点。

3. 简述常用数据库访问控件应用场合，并举例简述每种控件使用的步骤。

4. 简述用 ADO data 控件建立数据库连接的过程。

5. 简述 ImageList 控件的主要作用。

6. 简述利用 ADO 建立到数据库的连接常用的方式。

### 三、实训题

实训名称：学生信息查询系统的设计

实验目的：掌握在 Visual Basic 中开发数据库应用系统的一般方法。

实训要求：结合本章所学知识，采用 ADO Data、DataList、DataCombo 等控件实现数据库应用系统开发。

实训内容：利用 Visual Basic 和 Access 2007 数据库开发一个学生信息查询系统，方便相关管理人员查询学生的基本信息、成绩信息。

（1）系统功能结构模块图 10-60 所示。

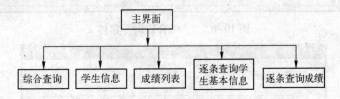

图 10-60　系统总体功能结构模块

（2）系统主要功能说明 。

① 主界面：用 ToolBar（工具栏）实现综合查询、学生信息、成绩列表、逐条查询基本信息、逐条查询成绩等功能，如图 10-61 所示。

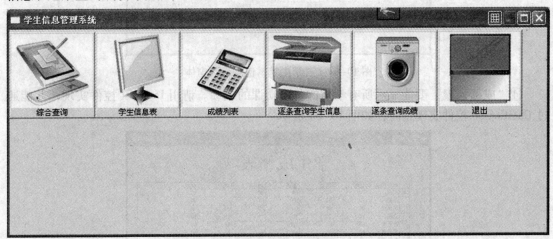

图 10-61　"学生信息管理系统"主界面

② "综合查询"主要根据学号、姓名、班级、入学时间等信息实现精确查找及模糊查找功能，如图 10-62 所示。

③ "学生信息表"主要根据班级查找某班所有学生的学籍情况，请用 DataList 控件实现，并能通过 DataCombo 控件实现过滤，如图 10-63 所示。

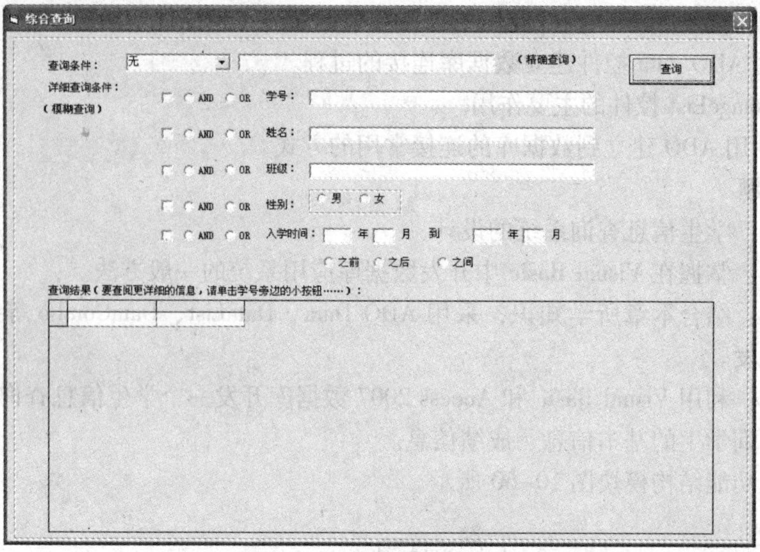

图 10-62　"综合查询"窗体

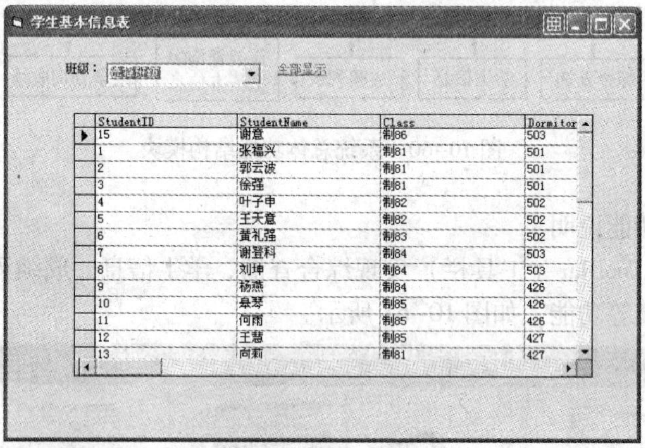

图 10-63　"学生基本信息表"窗体

④ "成绩列表" 要能显示所有学生的各门功课的成绩。请用 DataList 控件实现，并能通过 DataCombo 控件实现过滤，如图 10-64 所示。

图 10-64　"学生成绩表"窗体

⑤ "逐条查询学生信息"和"逐条查询成绩信息",实现学生基本信息和成绩信息如第一条、上一条、下一条、最后一条。注意如果记录是第一条,则上一条不能用,如果记录是最后一条则下一条不能用。如图 10-65 所示。

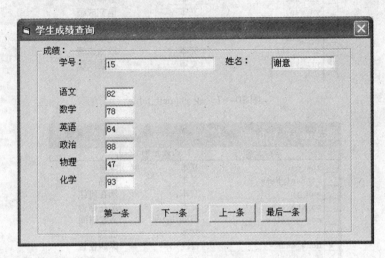

图 10-65 　"学生成绩查询"窗口

(3) 数据库系统规划与设计。

① 数据库及结构。数据库名为 zidfc_st_info,如图 10-66 所示。

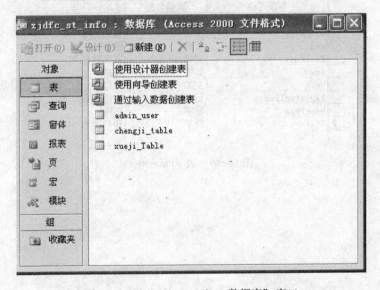

图 10-66 　"zjdfc_st_infor:数据库"窗口

② 数据表。admin_user、chengji_table、xueji_table 这 3 张表的结构分别如图 10-67、图 10-68、图 10-69 所示。其中 admin_user 用来存放管理人员的账号及注册信息;chengji_table 用来存放学生语文、数学、物理、化学、英语课程的成绩;xueji_table 表用于存放学生的基本信息,如姓名、性别、班级、入学时间、家庭住址等信息。

| chengji_table ：表 | | |
|---|---|---|
| 字段名称 | 数据类型 | |
| xue_hao | 文本 | 学号 |
| shu_xue | 文本 | 数学成绩 |
| yu_wen | 文本 | 语文成绩 |
| wu_li | 文本 | 物理成绩 |
| hua_xue | 文本 | 化学成绩 |
| zheng_zhi | 文本 | 政治成绩 |
| yin_yu | 文本 | 英语成绩 |

图 10-67　表 chengji_table

| xueji_Table ：表 | | |
|---|---|---|
| 字段名称 | 数据类型 | |
| xue_hao | 文本 | 学号 |
| Student_Name | 文本 | 姓名 |
| ban_ji | 文本 | 所在班级 |
| su_she | 文本 | 所在宿舍 |
| ru_xue_time | 日期/时间 | 入学时间 |
| sex | 文本 | 性别 |
| Home_addr | 备注 | 家族住址 |

图 10-68　表 xueji_table

| admin_user ：表 | | |
|---|---|---|
| 字段名称 | 数据类型 | |
| UserID | 自动编号 | 管理员ID |
| UserName | 文本 | 管理员用户名 |
| pwd | 文本 | 密码 |
| RealName | 文本 | 其实姓名 |
| Age | 数字 | 年龄 |
| Unit | 文本 | 单位 |
| RegisterTime | 日期/时间 | 注册时间 |
| UserType | 数字 | 权限 |
| State | 数字 | 用户状态 |

图 10-69　表 admin_user

# 第 11 章　Visual Basic 与 SQL Server 2005 数据库

## 本章要点：

- ☑ Connection 对象及用 Connection 对象连接 SQL Server2005 数据库
- ☑ Recordset 对象及用 Recordset 对象操作 SQL Server2005 数据库
- ☑ Field 集合及其使用
- ☑ Command 对象及其使用

## 11.1　概述

　　Access 数据库一般是小型数据库应用系统开发的基础，如果要开发一个大型数据库应用系统，使用 Access 数据库并不能满足要求，需要使用 SQL Server 2000/2005、SYBASE、MYSQL、ORACLE 等数据库管理系统本章主要介绍基于 Visual Basic 与 SQL Server 2005 的数据库应用系统的开发。Visual Basic 访问 SQL Server 2005 数据库的方法和第 10 章介绍的方法差不多，用得最多的也是 ADO 方式。ADO 对象模型如图 11-1 所示。

　　对于 ADO 来说，常用的对象有 Command、Connection、Recordset 对象。其中 Connection 对象用于建立与数据库的连接，通过连接可让应用程序访问数据源；在建立 Connection 后，可以发出命令操作数据源；Command 对象则可用在数据库中添加、删除或更新数据，或者在表中进行数据查询；Recordset 对象代表了一个记录集，这个记录集可以是数据库中的表也可以是 Command 对象的执行后所返回的记录集。通常情况下所有对数据的操作几乎都是在 Recordset 对象中完成的。

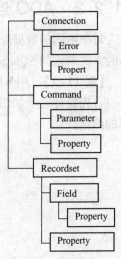

图 11-1　ADO 对象模型

　　在 Visual Basic 访问 SQL Server 2005 数据库的实际编程过程中，使用 ADO 存取数据的步骤为：首先连接数据源（SQL Server 2005 数据库），利用 Connection 对象建一个数据源的连接；接着打开记录集对象，从数据库取回的查询结果集；然后使用记录集，添加新记录、修改记录、删除记录、查询记录。最后断开连接，在应用程序结束之前，应该释放分配给 ADO 对象的资源，操作系统回收这些资源并可以再分配给其他应用程序。

## 11.2　Connection 对象

### 11.2.1　使用 Connection 对象的操作

Connection 对象用来创建一个到数据源的连接，通过这个连接，可以对数据库进行访问和操作。在实际编程中，如果需要多次访问某个数据库；可以使用 Connection 对象建立一个连接，然后在需要使用的地方直接调用即可。Connection 还可用于直接操作数据库，此时需要配合使用 SQL 语言，例如，对数据库的某数据表追加记录、修改记录等。

在 Visual Basic 访问 SQL Server 2005 数据库的实际编程过程中，首先要在 VB 工程中引用"Microsoft ADO Data Control 6.0（sp6）"，然后将该控件拖到窗体上，这样编程时就可以使用 ADO 中的 Connection，Recordset 等对象了。接下来定义一个连接数据库的 Connection 对象变量，语法格式如下：

> Dim 变量名 As New ADODB. Connection

例如，Dim conn As New ADODB. Connection，意思是定义一个数据库的连接对象变量 conn。再定义一个连接字串（如 conndata）并用 conn 变量来打开某数据库的连接字串（如 conn. Open conndata），真正实现到数据库的连接。示例代码如下：

> conndata = " Driver = {SQL Server} ; server = 127. 0. 0. 1 ; database = test ; uid = lzm ;
>
> pwd = lzm ; " conn. Open conndata

### 11.2.2　ADO 连接数据库的方式

对于不同的数据库，ADD 连接数据库的方式也不同。下面的实例使用 ADODB 连接字符串的方式来访问 SQL Server 2005 数据库 Access 数据库。

【例 11-1】　用 ADO 来连接数据库。

首先设计一个如图 11-2 所示窗体，准备做连接到 SQL server 2005 数据库和 Access 数据库的测试。

图 11-2　"数据库连接测试"窗体

### 1. 连接 Access 数据库

要求：连接到工程所在目录下的 test1. mdb 数据库。

代码段如下：

```
Dim conn As New ADODB. Connection
Dim connstr As String
    connstr = " Provider = Microsoft. Jet. OLEDB. 4. 0;" + " Data Source = " + App. Path + " \
test1. mdb;"
    conn. Open connstr
    If conn. State = adStateOpen Then '如果连接成功,则显示 OK
        MsgBox "打开数据库"
    End If
    conn. Close '关闭连接
    If conn. State = adStateClosed Then '判断连接的状态
        MsgBox "关闭数据库" '如果失去连接成功,则显示 OK
    End If
```

**2. 连接 SQL Server 2005 数据库**

要求：连接到本机 SQL Server 2005 数据库 test。

假设登录到数据库的用户名是 lzm，密码也是 lzm。先在"对象资源管理器"的"数据库"对象中创建一个 test 数据库，然后设置服务器角色和用户映射。如图 11-3 所示。

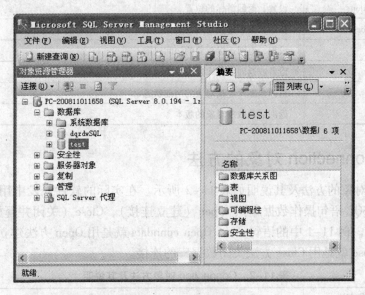

图 11-3　"对象资源管理器"窗口

代码段如下：

```
Dim conn As New ADODB. Connection
Dim conndata As String
conndata = " Driver = {SQL Server} ;server = 127. 0. 0. 1;database = test;uid = lzm;
pwd = lzm;" conn. Open conndata
If conn. State = adStateOpen Then '如果连接成功,则显示 OK
    MsgBox "打开数据库"
End If
    conn. Close '关闭连接
```

```
If conn. State = adStateClosed Then '判断连接的状态
MsgBox "关闭数据库" '如果连接成功,则显示 OK
End If
```

## 11.2.3　Connection 对象的属性

Connection 对象的属性有很多,例如在上例中有这样一条语句:If conn. State = adState-Closed,这条语句中就用到了 State 属性(即连接的状态),该状态有两种:一种是 adStateOpen(即已连接);另一种是 adStateClosed(即连接关闭)。类似的属性还有很多,详细描述如表 11-1 所示。

表 11-1　Connection 对象属性描述

| 属　　性 | 描　　述 |
| --- | --- |
| Attributes | 设置、返回数据库连对象的属性 |
| CommandTimeout | 设置命令超时时间 |
| ConnectionString | 连接数据源的字符串 |
| ConnectionTimeout | 连接超时时间 |
| CursorLocation | 设置、返回游标的位置 |
| DefaultDatabase | 指示数据库连接对象的默认数据库 |
| Mode | 设置、返回连接对象的访问权限 |
| Provider | 设置或返回数据库连接对象的数据提供者 |
| State | 返回数据库连接对象的当前状态 |
| Version | 返回活动数据对象的版本 |

## 11.2.4　Connection 对象的方法

Connection 对象的方法及其说明如表 11-2 所示。在实际的软件开发中用的比较多的是 Execute(执行 SQL 语句操作数据库)、Open(建立连接)、Close(关闭并释放连接)、Cancel(取消连接)。例 11-1 中的语句 conn. Open conndata 就是用 Open 方法建立到数据库的连接,而 conn. Close 就是用 Close 方法关闭数据库的连接。

表 11-2　Connection 对象方法及其说明

| Connection 对象方法 | 描　　述 |
| --- | --- |
| Close | 关闭数据库的连接 |
| Execute | 执行查询的 SQL 语句 |
| Open | 打开数据库的连接 |
| Cancel | 取消数据库的连接 |

使用 Execudte 方法时有以下两种语法格式。

格式 1:对于以行返回的命令字符串,语法如下:

Set obj_rs = obj_conn. Execute( commandtext,ra,options)

格式 2:对于不是以行返回的命令字符串,语法如下:

obj_conn. Execute commandtext,ra,options

【例 11-2】　Connection 对象的 Execute 方法的使用。

仍然以上面的那个 test 数据库为例，在该数据库中再建一张数据表 book。表的结构如图 11-4 所示，注意 bookid 字段设计为自动增 1。现在的任务是用 Execute 方法向 book 表中添加数据。图 11-5 是 book 表中原始的记录内容。

图 11-4　"book 表结构设计"窗口 1

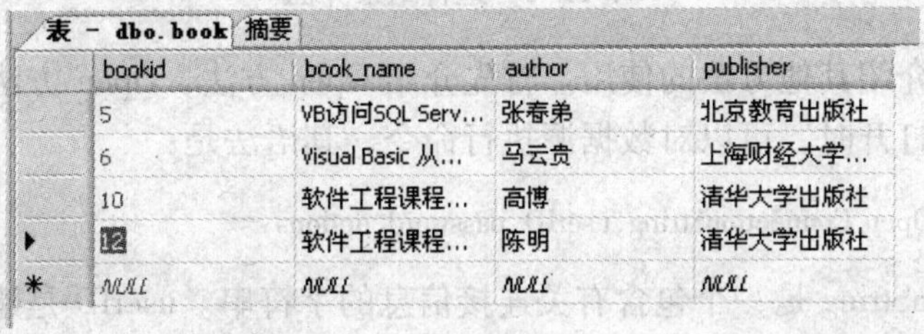

图 11-5　"book 表内容"窗口

设计如图 11-6 所示的 VB 窗体，并在工程中引用 ADO Data 控件。

对命令按钮编程如下：

```
Private Sub Command1_Click( )
    Dim conn As New ADODB. Connection
    Dim conndata As String
    Dim sql As String
    conndata = "Driver = {SQL Server};server = 127.0.0.1;database = test;uid = lzm;
    pwd = lzm;"
    conn. Open conndata
    If conn. State = adStateOpen Then
        sql = "insert into book (book_name,author,publisher) values ('五笔打字教程','张三','浙江大学出版社')"
        conn. Execute sql
        MsgBox "添加成功!"
```

```
        End If
        conn. Close '关闭连接
    End Sub
```

上例的运行结果如图 11-7 和图 11-8 所示。

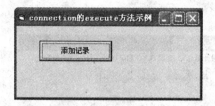 

图 11-6　"connection 的 execate 方法示例"窗口　　　　图 11-7　"工程 1"窗体

| | bookid | book_name | author | publisher |
|---|---|---|---|---|
| ▶ | 3 | VB访问SQL Serv... | 张春弟 | 北京教育出版社 |
| | 6 | Visual Basic 从... | 马云贵 | 上海财经大学... |
| | 10 | 软件工程课程... | 高博 | 清华大学出版社 |
| | 12 | 软件工程课程... | 陈明 | 清华大学出版社 |
| | 14 | 五笔打字教程 | 张三 | 浙江大学出版社 |
| * | NULL | NULL | NULL | NULL |

图 11-8　运行结果界面

接下来再简单介绍其他方法的使用。首先介绍 Open 方法，Open 方法可打开一个到数据源的连接。当连接打开时，可以对数据源执行命令，其语法是：

connection. Open ConnectionString, userID, password, options

其中 ConnectionString 是一个包含有关连接信息的字符串。userID 是建立连接时要使用的用户名。password 是建立连接时要使用的密码。options 是确定应在建立连接之后（同步）还是应在建立连接之前（异步）返回本方法。

Close 方法用于关闭 Connection、Recordset 等对象，目的是释放系统资源。

语法如下：object. Close。object 表示各种对象。关闭对象不会将其从内存中删除，后面还可以更改其属性设置并再次将其打开。如果要从内存中彻底清除某对象，需要在关闭对象后将对象变量设置为 Nothing。例如：

Conn. close
Set conn = nothing

Cancel 方法可取消方法调用的执行，可为不同的对象终止不同的任务。

## 11. 2. 5　Connection 对象的事件

事件是某个具体的操作发生后被自动调用的子过程，最典型的例子就是鼠标单击后就会产生一个 click 事件。Connection 对象的事件较多，详细说明如表 11-3 所示。

表 11-3    Connection 对象事件描述

| 事件名 | 描   述 |
| --- | --- |
| BeginTransComplete | 在 BeginTrans 操作完成之后被触发的一个完成事件 |
| CommitTransComplete | 在 CommitTrans 操作完成之后被触发的一个完成事件 |
| ConnectComplete | 在一个连接开始后被触发的一个完成事件 |
| Disconnect | 在一个连接结束或被取消后被触发事件 |
| ExecuteComplete | 在一条 SQL 命令执行完成后被触发的事件 |
| RollbackTransComplete | 在 RollbackTrans 操作完成后被触发的一个完成事件 |
| WillConnect | 在一个连接开始之前被触发的一个前期事件 |
| WillExecute | 在一条 SQL 命令被执行之前被触发一个前期事件 |

# 11.3   Recordset 对象

Recordset 对象即记录集，是最重要且最常用于对数据库进行操作的对象。其本质是通过 SQL 语言从数据源中提取全部或部分记录形成一个逻辑数据表，然后再对该表进行操作，如增加、删除、修改等，操作完后再用该结果记录去更新原始数据源。图 11-9 形象地说明了 Recordset 形成和操作数据库的流程，左箭头表示从数据库中形成一个 recordset 对象，用户直接操作该记录集而不是直接操作数据库，右箭头表示将操作的结果保存到数据库中，可见一个 Recordset 对象其实就是一个容器，可以存放多条记录，它是若干条记录的一个集合。

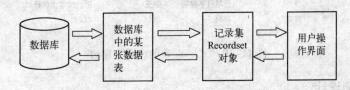

图 11-9   Recordset 形成和操作数据库的流程

在实际的编程中，通过以下方法定义一个 Recordset 对象变量：

     Dim 变量名称 As new Adodb. Recordset

例如，Dim rs as new Adodb. Recordset，程序运行时就会在内存中生成一个名为 rs 的记录集对象。当首次打开 Adodbrs 时，当前记录指针指向第一个记录，同时它的属性 BOF 和 EOF 属性均为 False。如果没有记录，BOF 和 EOF 属性为均 True。

Recordset 对象能够支持两种类型的更新：一种是立即更新即一旦调用了 Update 方法，所有更改被立即写入数据库；另一种是批量更新，即 provider 在缓存多个更改后，再用 UpdateBatch 方法把这些更改传送到数据库。

## 11.3.1   ADO 的游标类型

ADO 定义了 4 种不同的游标类型，可通过 CursorType 属性或 Open 方法中的 CursorType 参数设置游标的类型。这 4 种游标类型的说明如下。

动态游标：允许查看其他用户的添加、更改和删除等操作。

键集游标：类似动态游标，不同的是无法查看有其他用户的操作，并且它会防止访问其他用户已删除的记录。其他用户数据更改操作仍然是可见的。

静态游标：提供记录集的静态副本，可用于查找数据或生成报告。当打开一个客户端 Recordset 对象时，这是唯一被允许的游标类型。

仅向前游标：只允许在 Recordset 对象中向前滚动。

## 11.3.2　使用 Recordset 对象的操作

在使用 Recordset 对象之前，一定要先建立数据库连接，即要完成 Connection 对象的工作。定义一个记录集对象，可通过"Dim 变量名称 As new Adodb.Recordset"这种方式来进行。再通过该对象的 Open 方法去执行 SQL 语言达到形成数据记录集并操作数据库的目的。下面通过一个实例来说明 Recordset 对象的操作过程。

【例 11-3】　通过 Recordset 和 Connection 对象把 SQL Server 2005 数据库 test 中的 book 表的内容显示在 Data Grid 控件上。

（1）数据库建立

该部分内容不再详细说明，请读者参考前面的例子。图 11-10 是 book 表的内容。

| 表 - dbo.book | 摘要 | | |
| --- | --- | --- | --- |
| bookid | book_name | author | publisher |
| ▶ 3 | VB访问SQL Serv… | 张春弟 | 北京教育出版社 |
| 6 | Visual Basic 从… | 马云贵 | 上海财经大学… |
| 10 | 软件工程课程… | 高博 | 清华大学出版社 |
| 12 | 软件工程课程… | 陈明 | 清华大学出版社 |
| 14 | 五笔打字教程 | 张三 | 浙江大学出版社 |
| ＊ NULL | NULL | NULL | NULL |

图 11-10　"book 表的内容"窗口

（2）程序界面设计

请读者按图 11-11 新建一个 VB 工程和窗体，并引用 ADO Data 和 DataGrid 两个控件。在窗体中拖放一个 ADO Data 控件，这样就可定义一个 Adodb 类型的变量。

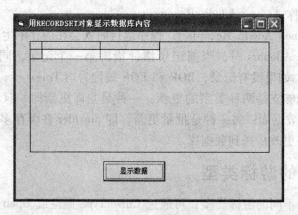

图 11-11　"用电子 CORDSET 对象显示数据库内容"窗体 1

（3）建立到数据库连接并实现"显示数据"按钮功能

在"显示数据"按钮的 Click 事件中编写以下程序代码：

```
Private Sub Command1_Click( )
        Dim conn As New ADODB. Connection
        Dim str_SQL_Server As String
        Str_SQL_Server = " Provider = SQLOLEDB. 1; Data  Source = PC - 200811011658; Persist  Security
        Info = True; User  ID = lzm; Password = lzm; Initial  Catalog = test"
        conn. Open str_SQL_Server
        Dim rs As New ADODB. Recordset
        Dim strsql As String
        strsql = " select  *  from book"
        rs. Open strsql, conn, adOpenKeyset, adLockReadOnly
        Set DataGrid1. DataSource = rs
    End Sub
```

从上面的程序代码中，可以看到记录集对象是通过 Open（rs. open）方法来执行 SQL 语句并形成记录集的。注意上面" server = PC - 200811011658"程序码，其中 PC - 200811011658 是 SQL Server 的名称，也可用 SQL Server 服务器的 IP 地址代替，如果是后者一定要保证网卡连接正常。" Provider = SQLOLEDB. 1; Data  Source = PC - 200811011658; Persist  Security  Info = True; User ID = lzm; Password = lzm; Initial  Catalog = test" 这条语句是建立到数据库的连接字符串，表示使用的驱动程序及访问的数据库名、用户名和密码，也可写成" Driver = ｛SQL Server｝; server = PC - 200811011658; database = test; uid = lzm; pwd = lzm;"。"rs. Open strsql, conn, adOpenKeyset, adLockReadOnly" 这条语句中的 adOpenKeyset、adLockReadOnly 表示游标类型。因为本例中只要求把数据读出来，所以用 adLockReadOnly；如果要添加或修改数据，则要写成 adLockPessimistic。还可以用数字直接表示，如 rs. Open strsql, conn, 1, 1（只读）, rs. Open strsql, conn, 1, 3（可添加、修改和删除）。

以上程序执行的结果如图 11-12 所示。

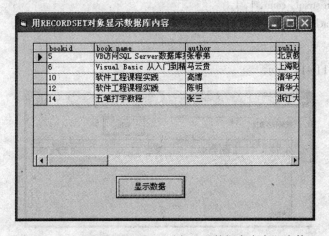

图 11-12　"用 RECORDSET 对象显示数据库内容"窗体 2

**【例 11-4】** 用 Recordset 对象实现模糊查询功能。

（1）窗体的实现

请读者按图 11-13 在 VB 工程中设计一个查询窗体，并引用 ADO Data 控件和 DataGrid 控件，后者用于显示查询的结果。

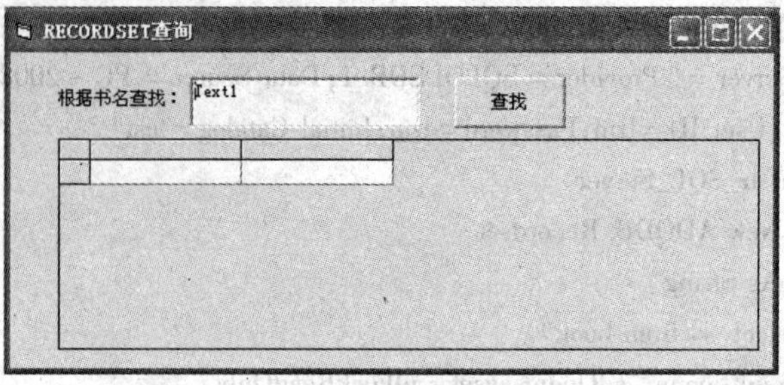

图 11-13　　"RECORDSET 查询"窗体 1

（2）功能的实现

在"查询"按钮的 Click 事件中首先实现 SQL Server2005 数据库 test 的连接，然后使用用 SQL 语句生成一个记录集，并把这个记录集当成 DataGrid 控件的数据源即可。在 SQL 语句中使用 like 来实现模糊查询功能。

当成程序代码如下：

```
Private Sub Command1_Click( )
    Dim conn As New ADODB. Connection
    Dim str_SQL_Server As String
    Str_SQL_Server = " Provider = SQLOLEDB. 1; Data Source = PC - 200811011658; Persist Security
    Info = True; User ID = lzm; Password = lzm; Initial Catalog = test"
    conn. Open str_SQL_Server
    Dim rs As New ADODB. Recordset
    Dim strsql As String
    strsql = " select * from book where book_name like '% " + Text1. Text + " %'"
    rs. Open strsql, conn, 1, 1.
    Set DataGrid1. DataSource = rs
End Sub
```

运行结果如图 11-14 所示。

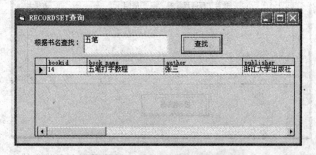

图 11-14　　"RECORDSET 查询"窗体 2

【例 11-5】　用 Recordset 对象实现记录排序功能。

根据 book_ id、书名、作者、出版社实现记录的排序，这样做的好处是方便查找。注意中文的排序是按拼音首字母顺序来排的。

（1）窗体设计

按图 11-15 在 VB 工程中设计一个排序窗体。方法参见前面章节。

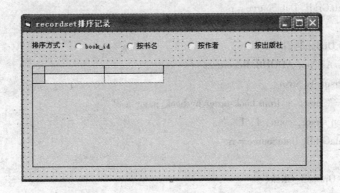

图 11-15　"recordset 排序记录"窗体 1

（2）排序功能的实现

在设计程序之前，首先把 book 表的字段类型改变一下，因为文本类型 text 的数据不能用在 order by 子句中，所以把字段类型改为 nvarchar（50），如图 11-16 所示。

| 表 - dbo.book　摘要 | | |
| 列名 | 数据类型 | 允许空 |
| bookId | int | ☐ |
| book_name | nvarchar(50) | ☐ |
| author | nvarchar(50) | ☐ |
| publisher | nvarchar(50) | ☐ |
| | | ☐ |

图 11-16　"book 表结构"窗口

由于本例涉及多个事件共同引用一个连接变量，所以首先定义一个公共连接变量（conn），并在窗体启动阶段建立好连接。在 4 个排序方式的 Click 事件中都定义一个局部记录集对象变量，再通过 SQL 语句把生成的记录集传送给 DataGrid 控件显示出来。

以下是本例的程序代码：

```
Public conn As New ADODB. Connection
    Private Sub Form_Load( )
    Dim rs As New ADODB. Recordset
    Dim str_SQL_Server As String
    Str_SQL_Server = " Provider = SQLOLEDB. 1 ; Data Source = PC – 200811011658 ; Persist Security
    Info = True ; User ID = lzm ; Password = lzm ; Initial Catalog = test"
    conn. Open str_SQL_Server
```

```
End Sub
Private Sub Option1_Click( )
        Dim rs As New ADODB. Recordset
        Dim strsql As String
        strsql = " select * from book order by bookid asc"
        rs. Open strsql, conn, 1, 1
        Set DataGrid1. DataSource = rs
End Sub
Private Sub Option2_Click( )
        Dim rs As New ADODB. Recordset
        Dim strsql As String
        strsql = " select * from book order by book_name asc"
        rs. Open strsql, conn, 1, 1
        Set DataGrid1. DataSource = rs
End Sub
Private Sub Option3_Click( )
        Dim rs As New ADODB. Recordset
        Dim strsql As String
        strsql = " select * from book order by author asc"
        rs. Open strsql, conn, 1, 1
        Set DataGrid1. DataSource = rs
        End Sub
Private Sub Option4_Click( )
        Dim rs As New ADODB. Recordset
        Dim strsql As String
        strsql = " select * from book order by publisher asc"
        rs. Open strsql, conn, 1, 1
        Set DataGrid1. DataSource = rs
End Sub
```

程序运行结果如图 11-17、图 11-18 所示。

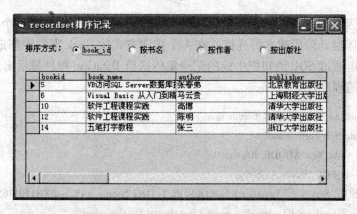

图 11-17    "recordsct 排序记录"窗体 2

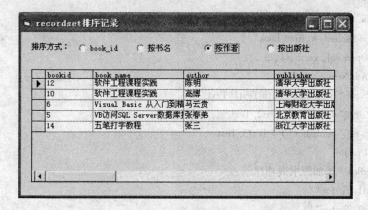

图 11-18　"recordset 排序记录"窗体 3

【例 11-6】　用 Recordset 对象实现数据表记录的添加功能。

前面介绍了利用 Connection 对象的 Execute 方法向数据表添加记录的方法，这里再介绍另外一种方法，即用 Recordset 方式向数据库中添加记录，这是实际的数据库应用系统开发中较为常用的一种方式。需用到 Recordset 对象的 Addvew 和 Update 这两个方法。

（1）窗体设计

按图 11-19 在 VB 中设计窗体，并引用 ADO Data 控件。

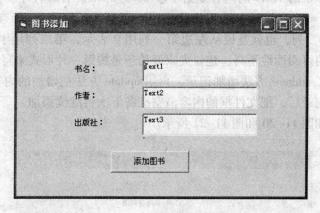

图 11-19　"图书添加"窗体

（2）"添加图书"功能的实现

在"添加图书"按钮的 Click 事件中首先建立数据库连接，接下来定义一个 Recordset 对象，利用该对象的 Addnew 和 Update 方法添加图书记录。

程序代码如下：

```
Private Sub Command1_Click( )
    Dim conn As New ADODB. Connection
    Dim rs As New ADODB. Recordset
    Dim Str_SQL_Server As String
    Str_SQL_Server = " Provider = SQLOLEDB. 1 ; Data Source = PC - 200811011658 ; Persist Security
    Info = True ; User ID = lzm ; Password = lzm ; Initial Catalog = test"
```

```
        conn. Open Str_SQL_Server
        sql = "select * from book"
        rs. Open sql, conn, 1, 3
        rs. AddNew
            rs("book_name") = Text1. Text
            rs("author") = Text2. Text
            rs("publisher") = Text3. Text
        rs. Update
        MsgBox "添加图书成功!"
        Text1. Text = " "
        Text2. Text = " "
        Text3. Text = " "
    End Sub
```

在上面的程序代码中,通过"rs. Open sql, conn, 1, 3"语句形成一个记录集,游标的方式是可改写的(最后一位是3,不是1了,1是只读),因为此时要向数据库中添加记录。另外记录集的各字段用记录集名称("数据表字段名")这种形式表示,如rs("book_name"),通过赋值方式添加各字段内容。如"rs("book_name") = Text1. Text"语句的功能是把窗体中的 Text1 的内容赋给字段 book_name。有时程序员为了书写方便也可这样表示:rs (1) = Text1. Text,这里为什么用1而不是其他数字呢,查看数据表,发现book_name 是表的第二列,也就是说从左边第一列用0表示,第二列用1表示,以此类推。不过这样书写程序的可阅读性不高,建议大家开始还是按第一种形式来写。还要说明的是上面程序代码中使用了 addnew 方法增加记录,再用 update 方法把增加的内容更新到原始数据库中。添加完一条记录后,把文件框的内容清空准备下次再继续添加。

程序运行结果如图 11-20 和图 11-21 所示。

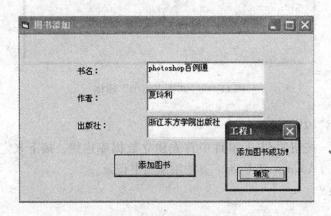

图 11-20  "图书添加"窗体

【例 11-7】 用 Update 更新数据表的某条记录。

Recordset 记录集对象不但可增加记录,还可修改记录。下面通过一个例子详细说明修改数据库记录的方法。

| 表 - dbo.book | 摘要 | | |
|---|---|---|---|
| bookid | book_name | author | publisher |
| 3 | VB访问SQL Serv... | 张春弟 | 北京教育出版社 |
| 6 | Visual Basic 从... | 马云贵 | 上海财经大学... |
| 10 | 软件工程课程... | 高博 | 清华大学出版社 |
| 12 | 软件工程课程... | 陈明 | 清华大学出版社 |
| 14 | 五笔打字教程 | 张三 | 浙江大学出版社 |
| 15 | VB数据库开发... | 李华生 | 机械工业出版社 |
| 16 | photoshop百例通 | 夏玲利 | 浙江东方学院... |
| * | NULL | NULL | NULL | NULL |

图 11-21　运行结果窗体

（1）窗体设计

按图 11-22 所示设计一个 VB 窗体，并把 ADO Data 控件引用到窗体上。

（2）修改功能的实现

思路是在"修改记录"按钮的 Click 事件中建立数据库连接，再定义一个记录集对象，从数据库中查找书名是"photoshop 百例通"的记录，然后通过 Update方法修改书名和作者。

程序代码如下：

图 11-22　"用 record Set 修改记录"窗体

```
Private Sub Command1_Click( )
        Dim conn As New ADODB. Connection
        Dim rs As New ADODB. Recordset
        Dim Str_SQL_Server As String
        Str_SQL_Server = " Provider = SQLOLEDB. 1; Data Source = PC – 200811011658; Persist Security
        Info = True; User ID = lzm; Password = lzm; Initial Catalog = test"
        conn. Open Str_SQL_Server
        sql = " select  *  from book where book_name ='photoshop 百例通'"
        rs. Open sql, conn, 1, 3
        rs("book_name") = "coreldraw 百例通"
        rs("author") = "张成玉"
        rs. Update
        MsgBox "修改成功!"
End Sub
```

从上面的代码中可以看出，因为要修改记录，所以游标方式设置为 3，通过 rs. Open 方法形成只有一条记录的记录集，再对其进行修改，修改好后再通过 Update 方法更新数据库。

程序运行结果如图 11-23 和图 11-24 所示。

【例 11-8】　删除数据表的某条记录。

用 Recordset 对象可以很方便地删除数据表的指定记录，即通过使用 Dpen 方法执行一条删除记录的 SQL 语句即可。同样也可以用 Connection 对象的 Execute 方法删除指定的记录。

| 表 – dbo.book | 摘要 | | |
|---|---|---|---|
| bookid | book_name | author | publisher |
| 3 | VB访问SQL Serv… | 张春弟 | 北京教育出版社 |
| 6 | Visual Basic 从… | 马云贵 | 上海财经大学… |
| 10 | 软件工程课程… | 高博 | 清华大学出版社 |
| 12 | 软件工程课程… | 陈明 | 清华大学出版社 |
| 14 | 五笔打字教程 | 张三 | 浙江大学出版社 |
| 15 | VB数据库开发… | 李华生 | 机械工业出版社 |
| 16 | photoshop百例通 | 夏玲利 | 浙江东方学院… |
| * | NULL | NULL | NULL | NULL |

图 11-23　"未修改前的数据库"窗口

| 表 – dbo.book | 摘要 | | |
|---|---|---|---|
| bookid | book_name | author | publisher |
| 3 | VB访问SQL Serv… | 张春弟 | 北京教育出版社 |
| 6 | Visual Basic 从… | 马云贵 | 上海财经大学… |
| 10 | 软件工程课程… | 高博 | 清华大学出版社 |
| 12 | 软件工程课程… | 陈明 | 清华大学出版社 |
| 14 | 五笔打字教程 | 张三 | 浙江大学出版社 |
| 15 | VB数据库开发… | 李华生 | 机械工业出版社 |
| 16 | coreldraw百例通 | 张成玉 | 浙江东方学院… |
| * | NULL | NULL | NULL | NULL |

图 11-24　"修改后的数据库"窗口

（1）窗体设计

按图 11-25 所示设计"删除记录"窗体，同时将 ADO Data 控件引用到工程中。

（2）删除功能的实现

设计思路：对"用 recordset 对象删除"按钮的 Click 事件进行编程，删除数据表中书名为"coreldraw 百例通"的记录；对"用 connection 对象删除"按钮的 Click 事件进行编程，删除数据库中的作者名是"张三"的记录。首先定义一个公共连接变量（因为本例中有两个事件都要用到它，在每个事件里都要建立一次数据库连接）；在"用

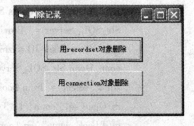

图 11-25　"删除记录"窗体

recordset 对象删除"按钮的 Click 事件中再定义一个记录集对象，再写一条删除的 SQL 语句，用 Recordset 对象的 Open 方法去执行这条语句，达到删除记录的功能；在"用 connec-tion 对象删除"按钮的 Click 事件中建立数据库连接，再定义一条删除功能的 SQL 语句；最后用 Connection 对象的 Execute 方法去执行 SQL 语句，达到删除的目的。程序清单如下：

```
Public conn As New ADODB. Connection
Private Sub Command1_Click( )
    Dim rs As New ADODB. Recordset
    Dim Str_SQL_Server As String
    Str_SQL_Server = " Provider = SQLOLEDB. 1; Data Source = PC – 200811011658; Persist Security
    Info = True; User ID = lzm; Password = lzm; Initial Catalog = test"
```

```
        conn. Open Str_SQL_Server
        sql = " delete from book where book_name = 'coreldraw 百例通 "
        rs. Open sql, conn, 1, 3
        MsgBox " 删除成功!"
        conn. Close
End Sub
        Private Sub Command2_Click( )
        Str_SQL_Server = " Provider = SQLOLEDB. 1; Data Source = PC - 200811011658; Persist Security
Info = True; User ID = lzm; Password = lzm; Initial Catalog = test"
        conn. Open Str_SQL_Server
        sql = " delete from book where author = '张三 "
        conn. Execute sql
        MsgBox " 删除成功!"
End Sub
```

程序运行后单击相关按钮就会出现删除成功对话框，程序运行结果如图 11-26 所示。

图 11-26　"删除记录"窗体

注意每个按钮只能用一次，因为数据库中符合条件的记录只有一条。图 11-27 和图 11-28 是删除前后数据表内容的比较。

| bookid | book_name | author | publisher |
|---|---|---|---|
| 5 | VB访问SQL Serv... | 张春弟 | 北京教育出版社 |
| 6 | Visual Basic 从... | 马云贵 | 上海财经大学... |
| 10 | 软件工程课程... | 高博 | 清华大学出版社 |
| 12 | 软件工程课程... | 陈明 | 清华大学出版社 |
| 14 | 五笔打字教程 | 张三 | 浙江大学出版社 |
| 15 | VB数据库开发... | 李华生 | 机械工业出版社 |
| 16 | coreldraw百例通 | 张成玉 | 浙江东方学院... |
| * | NULL | NULL | NULL |

图 11-27　"删除之前的数据"窗口

| bookid | book_name | author | publisher |
|---|---|---|---|
| 5 | VB访问SQL Serv... | 张春弟 | 北京教育出版社 |
| 6 | Visual Basic 从... | 马云贵 | 上海财经大学... |
| 10 | 软件工程课程... | 高博 | 清华大学出版社 |
| 12 | 软件工程课程... | 陈明 | 清华大学出版社 |
| 15 | VB数据库开发... | 李华生 | 机械工业出版社 |
| * | NULL | NULL | NULL |

图 11-28　"删除之后的数据"窗口

### 11.3.3　Recordset 对象的属性

Recordset 对象的属性很多，常用的有 BOF、EOF、bookmark、recordcount 等，如表 11-4 所示。这里重点介绍 BOF 和 EOF 两种属性的用法。

表 11-4　Recordset 对象属性描述

| 名　称 | 描　述 |
|---|---|
| AbsolutePage | 设置、返回页码值 |
| AbsolutePosition | 设置、返回 Recordset 对象中当前记录的顺序位置 |
| BOF | 当前记录在第一条记录之前 |
| Bookmark | 书签，该书签存放当前记录的位置 |
| CursorLocation | 游标的位置 |
| CursorType | 游标类型 |
| EOF | 当前记录在最后条记录之后 |
| MaxRecords | 返回 Recordset 对象的最大记录数 |
| PageCount | 返回 Recordset 对象中的总页数 |
| PageSize | 设置 Recordset 对象的一页面上包含的记录数 |
| RecordCount | 一个 Recordset 对象中的所有记录数 |
| State | Recordset 对象的状态 |

BOF：如果当前的记录位置在第一条记录之前，则返回 true，否则返回 fasle。通俗地讲就是记录指针达到了记录集的最前面。

EOF：如果当前记录的位置在最后的记录之后，则返回 true，否则返回 fasle，通俗地讲就是当前记录指针达到最后一条记录的最后面。如图 11-29 所示。

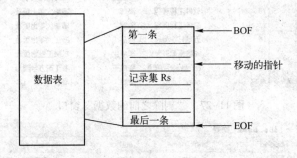

图 11-29　BOF 和 EOF

这两个属性非常有用，一般在查询数据库时使用。如查询符合条件的记录时，数据库一般通过指针对每条记录进行遍历，此时就以是否达到顶端（BOF）或是否达到底端（EOF）来判断有没有找到记录。正是基于这样的功能，可以更加完善上例删除记录的功能。前面提到，删除只能用一次，第二次删除程序会报错。第二次删除时先判断是否存在该记录，如果存在则删除；不存在则给出"数据库中没有符合条件的记录"提示信息，这样程序就更完美了。利用 EOF 属性修改删除功能的程序清单如下：

```
Private Sub Command1_Click( )
    Dim conn As New ADODB. Connection
    Dim rs As New ADODB. Recordset
    Dim Str_SQL_Server As String
    Str_SQL_Server = " Provider = SQLOLEDB. 1;Data Source = PC – 200811011658;Persist Security
    Info = True;User ID = lzm;Password = lzm;Initial Catalog = test"
    conn. Open Str_SQL_Server
    sql = "select  ∗  from book where book_name ='coreldraw 百例通'"
    rs. Open sql, conn, 1, 1
    If rs. EOF Then
    MsgBox "没有找到书名为 coreldraw 百例通的图书"
    Exit Sub
    Else
    rs. Close
    sql = "delete from book where book_name ='coreldraw 百例通'"
    rs. Open sql, conn, 1, 3
    MsgBox "删除成功!"
    End If
End Sub
```

从上面的程序代码可以看出，首先在数据库中查找书名为"coreldraw 百例通"的图书，如果没有找到（If rs. EOF Then，即从第一条记录找到最后一条记录，指针移到了最后了。如果找到符合条件的记录，指针会停在该记录上），给出没有找到书名为"coreldraw 百例通"的图书的提示信息；反之则进行删除。

## 11. 3. 4　Recordset 对象的方法

Recordset 对象的常用方法如表 11-5 所示（这些方法在前面的例题中都已介绍过）。这里再重点介绍移动记录的 4 个方法，即向前（moveprevious）移动、向后（movenext）移动、移动到第一条（movefirst）及移动到最后一条（movelast）。这 4 个方法允许程序员逐条遍历数据表记录。

表 11-5　Recordset 对象常用方法

| 名　　称 | 描　　述 |
| --- | --- |
| AddNew | 新增记录 |
| Close | 关闭一个记录集对象 |
| Delete | 删除一条记录 |
| MoveFirst | 移动到第一条记录 |
| MoveLast | 移动到最后一条记录 |
| MoveNext | 移动到下一条记录 |

| 名　　称 | 描　　述 |
|---|---|
| MovePrevious | 移动到前一条记录 |
| Open | 打开一个数据库元素 |
| Update | 将记录集中内容更新到数据库中 |

**【例11-9】** 移动记录集中的记录。

（1）窗体设计

按图11-30所示设计窗体，注意引用 ADO Data 控件。

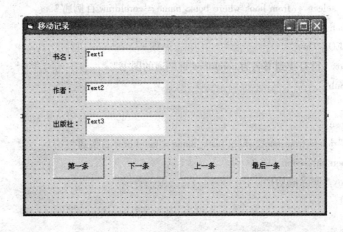

图11-30　"移动记录"窗体 1

（2）功能的实现

设计思路：本例涉及的事件较多，每个事件都要用到数据库连接，所以应该定义一个公共的连接变量。另外窗体上的控件都要用到同一个记录集，在该记录集中进行下一条、上一条记录的移动并把结果显示在 3 个文本框中，所以这个记录集也应定义为公共变量。首先在各事件外部定义两个公共变量（一个是连接变量，另一个是记录集变量）。在窗体的启动事件中，实现数据库连接并把所有的记录生成一个记录集。在"第一条"、"下一条"、"上一条"、"最后一条" 4 个按钮的事件中，还要关注它们之间的逻辑关系：当按下"第一条"按钮时，"上一条"按钮应该不能用。当按"最后一条"按钮时，"下一条"按钮不能用。如果用户一直按"下一条"按钮，直到记录集到了 EOF 状态时，也不能用"下一条"和"最后一条"按钮。同样当用户一直按"上一条"按钮直到记录集到了 BOF 状态时，"上一条"按钮和"第一条"按钮不能用。这 4 个按钮分别都用到了记录集的 MoveFirt、MovePrevious、MoveNext、MoveLast 这 4 个方法。

程序代码如下：

```
Public conn As New ADODB. Connection
Public rs As New ADODB. Recordset
Public sql As String
Private Sub Command1_Click( )
```

```vb
    rs. MoveFirst
    Text1. Text = rs("book_name")
    Text2. Text = rs("author")
    Text3. Text = rs("publisher")
    Command4. Enabled = True : Command3. Enabled = False
    Command2. Enabled = True : Command1. Enabled = False
End Sub
Private Sub Command2_Click()
    rs. MoveNext
    If rs. EOF Then
    MsgBox "已经是最后一条了!"
    Command4. Enabled = False : Command3. Enabled = True
    Command2. Enabled = False : Command1. Enabled = True
    Exit Sub
    Else
    Text1. Text = rs("book_name") : Text2. Text = rs("author")
    Text3. Text = rs("publisher")
    End If
    Command4. Enabled = True : Command3. Enabled = True
    Command2. Enabled = True : Command1. Enabled = True
End Sub
Private Sub Command3_Click()
    rs. MovePrevious
    If rs. BOF Then
    MsgBox "已经是第一条了!"
    Command4. Enabled = True
    Command3. Enabled = False
    Command2. Enabled = True
    Command1. Enabled = False
    Exit Sub
    Else
    Text1. Text = rs("book_name") : Text2. Text = rs("author")
    Text3. Text = rs("publisher") : End If
    Command4. Enabled = True : Command3. Enabled = True
    Command2. Enabled = True : Command1. Enabled = True
End Sub
Private Sub Command4_Click()
    rs. MoveLast
    Command4. Enabled = False : Command3. Enabled = True
    Command2. Enabled = False : Command1. Enabled = True
    Text1. Text = rs("book_name")
    Text2. Text = rs("author")
    Text3. Text = rs("publisher")
```

```
End Sub
Private Sub Form_Load( )
    Dim strSQLServer As String
    strSQLServer = " Provider = SQLOLEDB. 1 ; Data Source = PC – 200811011658 ; Persist Security Info
    = True ; User ID = lzm ; Password = lzm ; Initial Catalog = test"
    conn. Open strSQLServer
    sql = " select  *  from book order by bookid"
    rs. Open sql, conn, 1, 1
    If rs. EOF Then
    MsgBox "暂无图书记录"
    Exit Sub
    Else
    Text1. Text = rs( " book_name" ) ; Text2. Text = rs( " author" )
    Text3. Text = rs( " publisher" )
    End If
End Sub
```

程序运行结果如图 11-31 和图 11-32 所示。

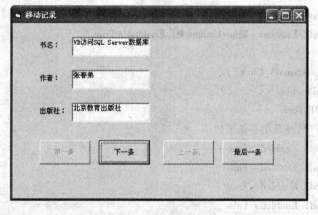

图 11-31　　"移动记录"窗体 2

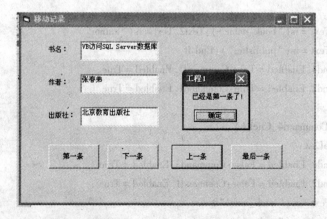

图 11-32　　"移动记录"窗体 3

## 11.3.5　Recordset 对象的事件

Recordset 对象的事件如表 11-6 所示，这些事件在常见的程序开发中很少用到，故只把它们列出来供参考，实例请读者自行设计。

表 11-6　Recordset 对象的事件

| 名　称 | 描　述 |
|---|---|
| EndOfRecordset | 试图移动 Recordset 结尾的一条记录之后时被触发 |
| FetchComplete | 所有记录均被读取后被触发 |
| FetchProgress | 报告已读取多少记录 |
| FieldChangeComplete | Field 对象的值被改变时被触发 |
| MoveComplete | 当 Recordset 当前记录的位置被更改后触发 |
| RecordChangeComplete | 某一条记录被改变之后被触发 |
| RecordsetChangeComplete | 记录集被更改之后被触发 |

# 11.4　Field 对象

## 11.4.1　Field 对象的操作

Field 对象包含有关 Recordset 对象中某一列的信息。Recordset 中的每一列对应一个 Field 对象。在 VB 中，一旦定义了一个记录集对象，就可对其引用 Field 子集。

例如，下面的程序语句可返回 book 数据表中 bookid 字段的实际宽度：

```
Dim rs as new adodb. recordset
rs. Fields( " bookid" ). ActualSize
```

## 11.4.2　Field 对象的属性

Field 对象的属性如表 11-7 所示，接下来用一个实例介绍 Field 对象属性的使用。

表 11-7　Field 对象的属性

| 属　性 | 描　述 |
|---|---|
| ActualSize | 得到某一个字段值的实际长度 |
| Attributes | 设置或返回一个字段的属性 |
| DefinedSize | 返回一个字段被定义的大小 |
| Name | 设置或返回一个字段的名称 |
| NumericScale | 设置或返回一个字段对象中的值所允许的小数位数 |
| OriginalValue | 返回某个字段的初始值 |
| Precision | 设置或返回一个字段对象中的数值时所允许的数字的最大数 |
| Status | 返回一个字段对象的状态 |
| Type | 设置或返回一个字段对象的类型 |
| UnderlyingValue | 返回一个字段的目前值 |
| Value | 设置或返回一个字段对象的值 |

**【例 11-10】** 显示 SQL Server 2005 数据表的结构信息。

按图 11-33 所示在 VB 工程中设计窗体。

图 11-33 "显示 book 表的结构"窗体 1

对"显示 book 表结构信息"按钮进行如下代码设计：

```
Private Sub Command1_Click( )
        Dim conn As New ADODB. Connection
        Dim rs As New ADODB. Recordset
        Dim strSQLServer As String
        strSQLServer = " Provider = SQLOLEDB. 1; Data Source = PC - 200811011658; Persist Security Info
        = True; User ID = lzm; Password = lzm; Initial Catalog = test"
        conn. Open strSQLServer
        sql = "select * from book"
        rs. Open sql, conn, 1, 1
        For i = 0 To rs. Fields. Count - 1
        Print "字段名:" & rs. Fields(i). Name & "字段类型:" & rs. Fields(i). Type & "字段定义大
        小:" & rs. Fields(i). DefinedSize & "字段内容实际大小:" & rs. Fields(i). ActualSize
        Next
    End Sub
```

程序运行结果如图 11-34 所示，把 book 表的结构信息如字段名、字段类型、字段定义大小、字段实际大小等属性值都显示出来。

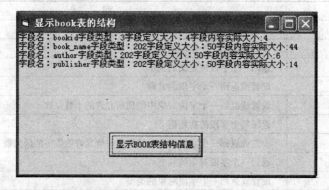

图 11-34 "显示 book 表的结构"窗体 2

### 11.4.3　Field 对象的方法

#### 1. AppendChunk 方法

AppendChunk 方法用于将数据追加到大的文本或二进制数据中，语法如下：

objectname. AppendChunk data

其中参数为 Variant，包含要追加到对象的数据。

#### 2. GetChunk 方法

GetChunk 方法可得到一个 variant 值，该值包含大的文本或二进制数据全部或部分内容。语法如下：

variable_name = field. GetChunk( size )，

其中参数 size 是 Long 表达式，单位是字节或字符数。

### 11.4.4　Fields 集合

Fields 集合是 Field 对象的集合，其 Properties 属性包含所有 Field 对象的所有 Property 对象。

## 11.5　Command 对象

### 11.5.1　Command 对象的操作

ADO 的 Command 对象用于执行一次简单的数据库查询。该查询可执行创建、添加、取回、删除或更新记录等动作。如果要通过该查询得到数据，可以将查询的结果送给一个 RecordSet 对象，这也就说明被返回的数据能够被 RecordSet 对象的属性、集合、方法或事件进行操作。

定义 Command 对象的语法如下：dim commandobject as New ADODB. Command。

【例 11-11】　通过 Command 对象向数据库添加一条记录。

（1）窗体设计

按图 11-35 所示在 VB 中设计一个窗体，并引用 ADO Data 控件。

图 11-35　"用 commend 对象添加记录"窗体

（2）功能的实现

设计思路：在"添加图书"按钮的 Click 事件中首先建立到数据库连接，再定义一个 Command 对象，设置 Command 对象的活动连接为到 test 数据库的连接。定义 Commandtext 属性值（即向数据库添加的 SQL 语句），再利用 Commamnd 对象的 Execute 方法执行 Commandtext 属性。程序代码如下：

```
Private Sub Command1_Click()
    Dim conn As New ADODB. Connection
    Dim addcmd As New ADODB. Command
    Dim strSQLServer As String
    strSQLServer = "Provider = SQLOLEDB. 1；Data Source = PC – 200811011658；Persist Security Info
    = True；User ID = lzm；Password = lzm；Initial Catalog = test"
    conn. Open strSQLServer
    Set addcmd. ActiveConnection = conn
    addcmd. CommandText = "insert into book (book_name, author, publisher) values ('" + Text1. Text
    + "','" + Text2. Text + "','" + Text3. Text + "')"
    addcmd. Execute
    MsgBox "添加成功"
    conn. Close
    Text1. Text = ""
    Text2. Text = ""
    Text3. Text = ""
End Sub
```

程序运行结果如图 11–36 和图 11–37 所示。

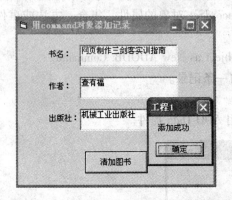

| 图 11–36 "用 command 对象添加记录"窗体 | 图 11–37 数据库运行结果窗口 |

【例 11–12】 利用 Command 对象修改记录。

假设例 11–12 的作者由于添加错误，不是"查有福"而是"张三"，现在要进行修改。代码如下：

```
Private Sub Command1_Click()
    Dim conn As New ADODB. Connection
```

```
        Dim addcmd As New ADODB. Command
        Dim strSQLServer As String
        strSQLServer = " Provider = SQLOLEDB. 1 ; Data Source = PC - 200811011658 ; Persist Security Info
        = True ; User ID = lzm ; Password = lzm ; Initial Catalog = test"
        conn. Open strSQLServer
        Set addcmd. ActiveConnection = conn
        addcmd. CommandText = "update book set author ='张三'where book_name ='网页制作三剑客实
        训指南'"
        addcmd. Execute
        MsgBox "修改成功"
        conn. Close
    End Sub
```

本例运行结果如图 11-38 和图 11-39 所示。

图 11-38　　"利用 command 对象来修改记录" 窗体

| bookid | book_name | author | publisher |
|--------|-----------|--------|-----------|
| 5 | VB访问SQL Serv... | 张春弟 | 北京教育出版社 |
| 6 | Visual Basic 从... | 马云贵 | 上海财经大学... |
| 10 | 软件工程课程... | 高博 | 清华大学出版社 |
| 12 | 软件工程课程... | 陈明 | 清华大学出版社 |
| 19 | 平面设计案例... | 李家和 | 人民邮电出版 |
| 15 | VB数据库开发... | 李华生 | 机械工业出版社 |
| 20 | 网页制作三剑... | 张三 | 机械工业出版社 |
| * | NULL | NULL | NULL |

图 11-39　运行结果数据库窗口

【例 11-13】　利用 Command 对象删除数据记录。

现假设要将例 11-12 中的 "网页制作三剑客" 记录删除，程序代码如下：

```
    Private Sub Command1_Click( )
        Dim conn As New ADODB. Connection
        Dim addcmd As New ADODB. Command
        Dim strSQLServer As String
        strSQLServer = " Provider = SQLOLEDB. 1 ; Data Source = PC - 200811011658 ; Persist Security Info
        = True ; User ID = lzm ; Password = lzm ; Initial Catalog = test"
        conn. Open strSQLServer
        Set addcmd. ActiveConnection = conn
        addcmd. CommandText = "delete from book where book_name ='网页制作三剑客实训'"
```

addcmd. Execute

MsgBox "删除成功"

conn. Close

    End Sub

本例运行结果如图 11-40 和图 11-41 所示。

| | bookid | book_name | author | publisher |
|---|---|---|---|---|
| ▶ | 5 | VB访问SQL Serv... | 张春弟 | 北京教育出版社 |
| | 6 | Visual Basic 从... | 马云贵 | 上海财经大学... |
| | 10 | 软件工程课程... | 高博 | 清华大学出版社 |
| | 12 | 软件工程课程... | 陈明 | 清华大学出版社 |
| | 19 | 平面设计案例... | 李家和 | 人民邮电出版 |
| | 15 | VB数据库开发... | 李华生 | 机械工业出版社 |
| * | NULL | NULL | NULL | NULL |

图 11-40　"利用 command 对象删除记录"窗体　　　　图 11-41　运行结果数据库窗口

## 11.5.2　Command 对象的属性

Command 对象的属性如表 11-8 所示。下面通过几个例子了解 Command 对象的常用属性的使用。

**表 11-8　Command 对象的属性**

| ActiveConnection：<br>得到并定义连接或 Connection 对象的字符串 | CommandText：<br>设置或返回包含命令字串 |
|---|---|
| CommandTimeout：<br>设置或返回命令超时时间，默认值为 30 | Name：设置或返回一个 Command 对象的名称字串 |
| CommandType：<br>设置或返回一个 Command 对象的类型 | State：描述该 Command 对象的当前状态 |
| Prepared：<br>指示执行前是否保存命令的前期准备好的版本 | |

【例 11-14】　Command 对象的 ActiveConnection 属性的使用。

在 VB 中新建一个工程，并在空白窗体初始化事件中编写如下代码：

    Dim conn As New ADODB. Connection

    Dim addcmd As New ADODB. Command

    Dim strSQLServer As String

    strSQLServer = " Provider = SQLOLEDB. 1; Data Source = PC - 200811011658; Persist Security Info

    = True; User ID = lzm; Password = lzm; Initial Catalog = test"

    conn. Open strSQLServer

    Set addcmd. ActiveConnection = conn

    Print addcmd. ActiveConnection

    conn. Close

本例结果将把 Provider = SQLOLEDB. 1; Data Source = PC - 200811011658; Persist Security Info =

True; User ID = lzm; Password = lzm; Initial Catalog = test 打印在窗体上。

**【例 11-15】** Command 对象的 CommandType 属性的使用。

代码段如下：

```
Dim conn As New ADODB. Connection
Dim addcmd As New ADODB. Command
Dim strSQLServer As String
strSQLServer = " Provider = SQLOLEDB. 1 ; Data Source = PC - 200811011658 ; Persist Security Info =
True ; User ID = lzm ; Password = lzm ; Initial Catalog = test"
conn. Open strSQLServer
Set addcmd. ActiveConnection = conn
addcmd. CommandText = " delete from book where book_name ='网页制作三剑客实训'"
addcmd. CommandType = adCmdTable
Print addcmd. CommandType
conn. Close
```

上面的代码段将实现打印出 commandtype 值为 2 的功能。

**【例 11-16】** 打印 Command 对象的 Name 属性实例。

代码段如下：

```
Dim addcmd As New ADODB. Command
addcmd. Name = " lzm"
Print addcmd. Name
```

**【例 11-17】** 打印 Command 对象的 State 属性实例。

代码段如下：

```
Dim conn As New ADODB. Connection
Dim add_cmd As New ADODB. Command
Dim strSQLServer As String
strSQLServer = " Provider = SQLOLEDB. 1 ; Data Source = PC - 200811011658 ; Persist Security Info =
True ; User ID = lzm ; Password = lzm ; Initial Catalog = test"
conn. Open strSQLServer
Set addcmd. ActiveConnection = conn
Print add_cmd. State
conn. Close
```

## 11. 5. 3　Command 对象的方法

### 1. Cancel 方法

Cancel 方法的作用是取消命令方法的执行。其语法如下：object. Cancel

### 2. CreateParameter 方法

CreateParameter 方法可新建一个参数对象，如名称、类型、方向、大小和值。

其语法如下：Set objparameter = objcommand. CreateParameter。

### 3. Execute 方法

Execute 方法用来执行 Command 对象中的 CommandText 属性。对于以行返回的 Command 对象，其语法如下：Set rs = objcommand. Execute（ra, parameters, options）；而对于不是以行返回的 Command 对象，其语法如下：objcommand. Execute ra, parameters, options。

## 11.5.4　Parameters 集合和 Parameter 对象

Parameter 对象主要是用来提供被用于存储过程或者是查询过程中的一个参数的信息。Parameter 对象一旦创建后，就被添加到 Parameters 集合中。而 Parameters 集合可以和一个具体的 Command 对象相关联，Command 对象可以使用 Parameters 集合在存储过程和查询内外传递参数。

# 小结

本章分别从 Connection、Recordset、Field、Command 这 4 个对象的属性、方法、事件、集合等方面详细介绍了 ADO 的应用，并以 SQL Server2005 数据库为例，列举了数据库应用程序开发的实例。读者可以从这些实例中了解数据库编程的过程和方法。Connection 与 Recordset 这两个对象是本章的重点学习内容因为这两个对象在今后的数据库应用程序开发中应用非常广泛。

# 习题

### 一、选择题

1. 在 conndata = "Driver = {SQL Server}；server = 127.0.0.1；database = test；uid = lzm；pwd = lzm；" 中，连接字串中 uid 表示（　　　）。

A. SQL 数据库名称 　　　　　　　　　B. SQL 数据库中某张表的名称

C. SQL 数据库登录用户名 　　　　　　D. SQL 数据库登录密码

2. 假设已定义了一个连接数据库变量 conn，下面表示连接到 SQL 数据库成功的正确语句是（　　　）。

A. conn. State = adStateClosed 　　　　B. conn. State = true

C. conn. State = adStateOpen 　　　　　D. conn. State = OK

3. 下面不是 ADO 的游标类型的是（　　　）。

A. 动态游标 　　　　　　　　　　　　B. 键集游标

C. 静态游标 　　　　　　　　　　　　D. 仅向后游标

4. 假设已定义了记录集对象变量 rs，下面该变量的哪种方法可以向数据表中添加记录（　　　）。

A. rs. add 　　　　　　　　　　　　　B. rs. insert

C. rs. update 　　　　　　　　　　　　D. rs. addnew

5. 假设已定义了记录集对象变量 rs，下面该变量的哪种属性表示当前记录处在最后一条记录之后（　　　）。

  A.　rs. Last        B.　rs. Close

  C.　rs. BOF        D.　rs. EOF

  6. Field 对象属性有很多，下面哪个属性可以通过 Field 对象返回数据表的字段名称
（　　）。

  A.　ActualSize       B.　Attributes

  C.　DefinedSize      D.　Name

  7. Connection 对象中什么方法可以用执行查询、SQL 语句、存储过程或 provider 具体文
本（　　）。

  A.　BeginTrans      B.　CommitTrans

  C.　Execute       D.　Open

  8. 关于 Recordset 对象的正确理解是（　　）。

  A.　一个 Recordset 其实就是一张数据表

  B.　只能用它读取数据库中内容，不能用它写数据库

  C.　只能用它写数据库，不能用它读数据库

  D.　它既可写数据库，也可读数据库

  9. 下面关于记录集对象的方法描述，不正确的一项是（　　）。

  A.　MoveFirst 可以把记录指针移动到第一条记录

  B.　MoveLast 可以把记录指针移动到最后一条记录

  C.　MoveNext 可以把记录指针移动到下一条记录

  D.　MoveBefore 可以把记录指针移动到上一条记录

  10. 关于 ADO Command 的理解，不正确的是（　　）。

  A.　ADO Command 对象用于执行面向数据库的一次简单查询

  B.　通过 ADO Command 可以删除数据表中某条记录

  C.　通过 ADO Command 可以读取数据表中某条记录

  D.　通过 ADO Command 查询取回数据，不可以赋给一个 RecordSet 对象

## 二、简答题

1. 简要说明数据库应用程序开发的 4 个步骤。

2. VB 中如何创建 SQL Server 2005 中某数据库的连接？

3. 向数据表中添加记录用哪些方法实现？

4. 查询数据时使用何种游标，编辑数据时又使用何种游标？

5. 简单说明如何使用记录集对象操作和访问数据。

## 三、实训题

人事管理系统的设计。

实验目的：掌握在 VB 中开发数据库应用系统的一般方法采用 SQL Server 2005 数据库。

实训要求：结合本章所述的内容，采用 SQL Server 2005 以及 Connection Recordset 等常
用数据库操作对象实现人事管理系统功能。

实训内容：

（1）数据库设计。在 SQL Server 2005 中建立一个人事数据库，并在其中建立一个员工
数据表。如图 11-42 所示。员工表结构如图 11-43 所示。

（2）主要功能说明。在 VB 中创建数据库连接，并在 VB 工程中的模块中实现。创建如图 11-44、图 11-45、图 11-46、图 11-47、图 11-48 所示界面，分别实现人事信息的查询、添加、修改、删除功能。

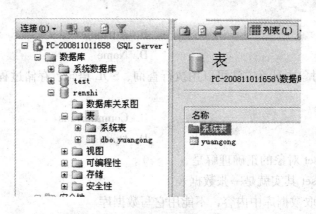

图 11-42　　"人事数据库设计"窗口

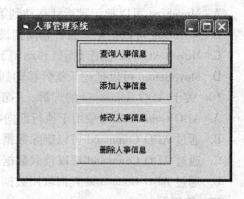

图 11-43　　"员工结构"窗口　　　　　　　　　图 11-44　　"人事管理系统"窗口

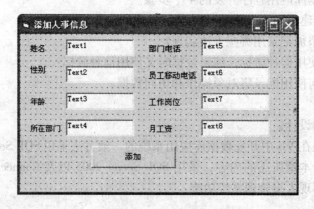

图 11-45　　"添加人事信息"窗体

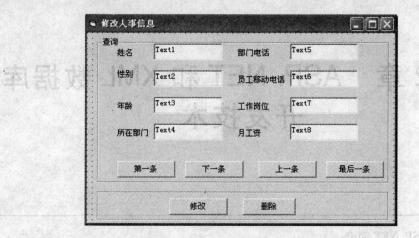

图 11-46　"修改人事信息"窗体

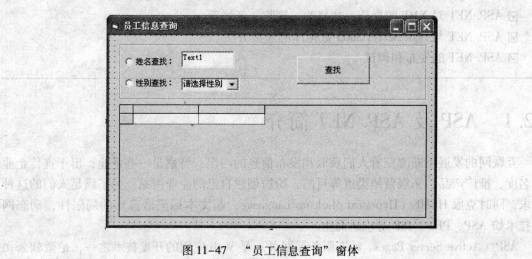

图 11-47　"员工信息查询"窗体

# 第 12 章　ASP.NET 和 XML 数据库开发技术

**本章要点：**

- ☑ ASP 及 ASP.NET 简介
- ☑ XML 简介
- ☑ ASP.NET 对 XML 的操作，如修改、删除、新增等
- ☑ ASP.NET 与 SQL Server 2005 数据库的连接方法
- ☑ ASP.NET 的发布和调试

## 12.1　ASP 及 ASP.NET 简介

互联网的发展不断改变着人们获取和发布信息的习惯，特别是一些企业，出于宣传企业知名度、推广产品、拓展营销渠道等目的，纷纷创建自己的企业网站。为了满足人们的这种需求，同时克服 HTML（Hypertext Mark up Language，超文本标记语言）的局限性，动态网页技术如 ASP、PHP、JSP 等应运而生。

ASP（Active Server Pages，动态服务器网页）是 Web 应用的开发技术之一，是微软公司于 1996 年开发的一套服务器端脚本环境，它用服务器端脚本、对象和组件扩展了 HTML 页的功能。使用 ASP 可以组合 HTML 页、脚本命令和 ActiveX 组件以创建交互的 Web 页和基于 Web 的功能强大的应用程序。

ASP 不是一种语言而是一种技术，以纯文本的形式存储在服务器上。ASP 提供了很多内建对象，通过它们可以完成用户端提交数据、向用户端返回数据、创建用户操作变量，以及完成对数据库的操作等。

ASP 与 HTML 不同，HTML 可以不需要经过任何处理直接返回给浏览器，而 ASP 的所有程序都要在服务端执行，经过解释处理后才可以在浏览器上运行。当用户从浏览器向 Web 服务器请求 ASP 文件时，Web 服务器从硬盘或内存中读取 ASP 文件，如果该文件存在，Web 服务器则将它发送给 ASP 解释器，生成静态的 HTML 代码返回给用户，最后用户端的浏览器解释 HTML 文件并显示，其模型如图 12-1 所示。

为了克服 ASP 代码逻辑混乱、可重用性差等缺点，同时为了简化第一代因特网的高分布式环境下的应用程序开发，微软于 2000 年 6 月发布了新一代平台 Microsoft.NET，其中包含了基于.NET Framework 的 ASP.NET。

图 12-1　ASP 文件执行模型

ASP. NET 不是 ASP 的简单升级，它吸收了 ASP 版本的最大优点并参照 Java、VB 语言的开发优势加入了许多新的特色，同时也修正了 ASP 版本的运行错误。ASP. NET 是创建动态 Web 应用程序的一项全新技术，是 . NET 框架的一部分，它可以使用与公共语言运行兼容的多种语言来编写，程序开发人员可以方便、快捷、高效地开发 Web 应用程序。

ASP. NET 相对于其他 Web 开发模式有很多优势，具体表现在执行效率大幅提高、世界级的开发工具 VS. NET 的支持、简单性和易学性、内容和代码分离、高效可管理性、自定义性、可扩展性和安全可靠等。

## 12.2　XML 简介

XML（Extensible Markup Language，可扩展的标记语言）是一种基于 SGML（Standard Generalized Markup Language，标准通用标记语言）的标记语言。XML 是一套定义语义标记的规则，这些标记将文档分成许多部件并对这些部件加以标识。它也是一种元标记语言，所谓"元标记"是指开发者可以根据自身的需要定义自己的标记，任何满足 XML 命名规则的名称都可由若干个元标记组成。

### 12.2.1　XML 发展简史

SGML 是一种通用的文档结构标记描述语言，主要用来定义模型的逻辑和物理结构，它可以独立于硬件、文档格式或操作系统的方式对内容进行描述。SGML 于 1986 年被 ISO 组织采纳为国际标准（ISO 8879）。

SGML 是一种非常严谨的文件描述方法，因此导致自身过于庞大复杂，难以理解和学习。于是，人们对 SGML 进行了简化，衍生出 HTML。HTML 提供了很多方法来创建标记并用浏览器技术显示这些标记。但是，HTML 只能将数据标记为标题、列表、段落等面向格式的内容，而不能描述内容的语义。

随着 Internet 规模的不断扩大，越来越多的信息进入互联网，信息的交换、检索、保存及再利用等方面的迫切需求使 HTML 标记语言越来越难满足要求。HTML 将数据内容与显示方式可融为一体，但数据可修改性、可检索性较差。人们需要一种方法能够把数据和它的显示方式分离开，这种方法就是 XML，它在 1998 年成为 W3C（World Wide Web Consortium，万维网联盟）的标准。XML 借鉴了 HTML、数据库、程序语言的优点，将内容与显示方式分开，不仅使检索更为方便，更主要的是使用户之间数据的交换更加方便，可重用性更强。

### 12.2.2　XML 文档结构

每个 XML 文档包括两个部分，即序言和根元素。

## 1. 序言

序言在 XML 文档的顶部，其中包含 XML 声明、处理指令和 DTD（Document Type Definition，文档类型定义）等。

（1）XML 声明

XML 声明用于提供有关版本、编码及文档是否独立的信息，它包含多个属性。如果在 XML 中包含声明，必须置于文档的第一行。代码如下：

```
< ? xml version = "1. 0" encoding = "utf - 8" standalone = "yes" ? >
```

其中，属性 version 用来指定 XML 的版本；encoding 表示 XML 文档的字符集，如果没有包含 encoding 属性，默认使用 UTF - 8 编码；standalone 属性指明 XML 文档是否独立于外部文档，默认值是 yes。当使用外部 XML DTD 时，standalone 属性值要设为 no。

（2）处理指令

处理指令用于为处理 XML 文档的应用程序提供信息。XML 分析器负责将这些信息传递给应用程序，由应用程序解释这个指令，遵照它所提供的信息进行处理。处理指令以"< ?"开始而以"? >"结束，其格式为：< ? 处理指令名 处理指令信息? >。例如：

```
< ? xml - stylesheet type = "text/xsl" href = "dbexample. xsl" ? >
```

该代码的功能是指定了一个到 XSL 样式表的引用。

（3）DTD

DTD 可以看作是标记语言的语法文件，它提供了一套定义 XML 所要生成的新标记如何使用的规则，是一种保证 XML 文档格式正确的有效方法。一个 DTD 文档包含：元素的定义规则，元素间关系的定义规则，元素可使用的属性，可使用的实体或符号规则。DTD 是用来定义元素类型声明、属性类型声明、实体声明和记法声明。

DTD 分为内部 DTD 和外部 DTD，内部 DTD 直接包含在 XML 文档之中，而外部 DTD 要通过使用 DOCTYPE 声明语句来指明 DTD 文件的 URL，该语句紧跟在 XML 文档声明语句的后面。

DTD 的一般结构如下：

```
< ! DOCTYPE dtd - name[
< ! ELEMENT element - name ( element - content type) >
< ! ATTLIST element - name attribute - name attribute - type default - value >
] >
```

其中：element - name 为元素名；element - content type 为元素类型；attribute - name 为属性名；attribute - type 为属性类型，default - value 为默认值。

内部 DTD 代码片段示例如下：

```
< ? xml version = "1. 0" encoding = "GBK" ? >
< ! DOCTYPE weblist[
< ! ELEMENT weblist ( myweb * ) >
< ! ELEMENT myweb ( name, url) >
< ! ELEMENT name ( #PCDATA ) >
```

```
<! ELEMENT url (#PCDATA) >
<! ATTLIST name value CDATA #REQUIRED >
] >
< weblist >
    < myweb >
        < name > 一路欢歌 </name >
        < url > http://www. 16hg. com </url >
    </myweb >
</weblist >
```

一个外部 DTD 文件则是以 . dtd 结尾的文本文件，其声明格式有两种：

① <!DOCTYPE 文档类型名 SYSTEM "DTD 文件的 URL">

其中，文档类型名由用户自己定义，通常用 XML 文档的根元素名称表示；SYSTEM 表明 XML 文件所遵循的是一个本地或组织内部所编写和使用的 DTD 文件。例如：

```
<! DOCTYPE mytest SYSTEM "http://www. 16hg. com/mytest. dtd" >
```

② <!DOCTYPE 文档类型名称 PUBLIC "DTD 名称" "DTD 文件的 URL">

其中：

PUBLIC 表明该 XML 文件所遵循的是一个由权威机构制定的、公开提供给特定行业或公众使用的 DTD 文件。

DTD 名称由"注册//组织//类型 标签//语言"组成。"注册"项标识组织是否由国际标准化组织（ISO）注册，＋表示是，－表示不是；"组织"项标识组织名称，如 W3C；"类型"项一般是 DTD；"标签"项标识公开文本描述，后面可附带版本号；"语言"项表明 DTD 语言的 ISO 639 语言标识符，如 EN 表示英文，ZH 表示中文。例如：

```
<! DOCTYPE html PUBLIC " -//W3C//DTD XHTML 1. 0 Transitional//EN" "http://www. w3. org/
TR/ xhtml/DTD/xhtml1 – transitional. dtd" >
```

## 2. 根元素

根元素也称文档元素，是 XML 文档的主要部分，包含文档的数据及描述数据结构的信息，如元素、属性、实体、注释和 CDATA。

（1）元素

元素是 XML 文档的基本构成单元，它用于表示 XML 文档的结构和含数据。元素包含开始标记、内容和结束标记。内容可以是文本、子元素或两者的混合元素，开始标记和结束标记必须完全匹配，开始标签中还可以包含属性。

元素出现是有顺序和次数的，可以在 DTD 中通过正则表达式来规定，正则表达式中可能出现的结构符号有：

①"（）"表示把括号内的元素或数据类型合并为一个单位；

②"，"表示把元素按次序排列，用逗号排列的元素在 XML 文档中出现的顺序要求严格遵从顺序要求；

③"＋"表示该元素出现一次或多次，但不能不出现；

④"＊"表示该元素出现零次或多次；

⑤"｜"表示在符合作用范围内的元素只能出现一个，而且只能出现一次；

⑥"?"表示元素可选，即不出现或出现一次。

（2）属性

XML 允许为元素设置属性，使用属性可以向被定义的元素中添加信息，以更好地表示元素的内容。属性以"属性名称/属性取值"对出现，名称与取值之间用等号"＝"分隔，取值用单引号或双引号引起来。

属性的基本使用格式为：

< 开始标记 属性 1 = "属性值" 属性 2 = "属性值" … > … </结束标记 >

在有些情况下使用属性可以带来很大的好处，增加 XML 文档的可读性。例如可以在 XML 文档中通过设置 ID 号来区分具有相同名字但包含不同内容的多个元素。

示例代码如下：

```
< weblist >
    < myweb id = "01" >
        < name >一路欢歌 </ name >
        < url > http://www. 16hg. com </url >
    </ myweb >
    < myweb id = "02" >
        < name >模板世界 </ name >
        < url > http://www. mb49. cn </url >
    </ myweb >
</ weblist >
```

（3）实体

实体是表示单一字符的符号，在 XML 文档中，可以用字符实体替代保留字符。实体定义后，就可以被引用。通用实体引用以"&"符号开始，以";"符号结束。例如，"&lt;"表示小于符号（<），实体名为 lt。如果要在一个元素的文本中包含小于符号（<），就要用实体"&lt;"来替代。如下面的表示是无法实现的：

< expression > 13 < 35 </ expression >

它会引起一个处理错误，正确的表示为：

< expression > 13&lt;35 </ expression >

XML 预定义的实体见表 12-1。

表 12-1　XML 预定义的实体

| 实体名称 | 代表符号 |
|---|---|
| &amp; | & |
| &gt; | > |
| &lt; | < |
| &apos; | ' |
| &quot; | " |

（4）注释

XML 的注释与 HTML 的注释极其相似，它们都以"<!--"开始，以"-->"结束。在 XML 中使用注释必须遵循以下几条规则：

① 注释不能出现在 XML 声明之前，XML 声明必须写在 XML 文档的最前面；

② 注释不能放在标记中；

③ 两个连字符号（--）除了作为注释起始和结束标记的一部分外，不能出现在该注释中。

（5）CDATA

CDATA 段表示一个不需翻译的文本块。

CDATA 段以"<![CDATA["开始并以"]]>"结束，例如：

```
<![CDATA[
<? xml version = "1. 0" standalone = "yes"? >
<GREETING >
Hello XML!
</GREETING >
]] >
```

唯一不许出现在 CDATA 段中的文本是 CDATA 的结束界定符"]]>"。注释可以出现在 CDATA 段中，但它起不到注释的功能。

## 12. 2. 3 XML 命名规则

在 XML 文档中，元素、属性和一些其他结构要用名字来标识，命名必须遵守如下规则：

① 不能以数字或标点符号开头，必须是 26 个字母（包括非拉丁字符）或连字符（-）；

② 可以是除了空格和冒号以外的字符，冒号表示命名空间时除外；

③ 区分大小写。

④ 在自己书写而不是自动产生 XML 的内容时，最好采用标准的命名规范，而且尽量使用具有描述性的名字，以便于理解。

# 12. 3 ASP. NET 对 XML 的操作

ASP. NET 提供了多种操作 XML 文档的方法。主要有以下几种。

① XML 控件：可以在 HTML 网页中浏览 XML 文档的数据。

② XmlTextReader 和 XmlTextWriter：实现 XML 文档的读取和解析，以及代码的编写等。

③ XML DOM：通过对对象模型的操作，实现对 XML 文档数据的操作。

④ XmlDocument：具有读写功能，并能随机访问 DOM 树。

⑤ DataSet：XML 文档中的数据可以像数据库中的数据一样存入 DataSet 对象，操作更加方便。

这里简单介绍 XmlDocument 的使用。ASP. NET 通过 XmlDocument 对 XML 文档进行操作，需要用到命名空间 System. Xml，常用的操作包括读、写、删除等。

XmlDocument 常用的属性和方法详见表 12-2。

表 12-2　XmlDocument 类的常用属性和方法

| 分　类 | 名　称 | 说　明 |
|---|---|---|
| 属性 | DocumentElement | 获取文档的根 XmlElement |
| | FirstChild | 获取节点的第一个子级 |
| | InnerText | 获取或设置节点及其所有子节点的串联值 |
| | LastChild | 获取节点的最后一个子级 |
| | ParentNode | 获取该节点（对于可以具有父级的节点）的父级 |
| 方法 | AppendChild | 将指定的节点添加到该节点的子节点列表的末尾 |
| | CreateElement | 创建 XmlElement |
| | CreateNode | 创建 XmlNode |
| | CreateTextNode | 创建具有指定文本的 XmlText |
| | Load | 加载指定的 XML 数据 |
| | RemoveChild | 移除指定的子节点 |
| | Save | 将 XML 文档保存到指定的位置 |
| | SelectNodes | 选择匹配 XPath 表达式的节点列表 |
| | SelectSingleNode | 选择匹配 XPath 表达式的第一个 XmlNode。 |

下面介绍 XmlDocument 的常用操作示例，限于篇幅，所有操作代码都节选片段。

假设 config. xml 文档中有以下定义：

```
<? xml version = "1. 0" encoding = "utf - 8"? >
< userdata createuser = "false" >
    < dataconnection >
        < server > localhost </server >
        < userid > sa </useruid >
        < userpwd > sa </userpwd >
    </dataconnection >
    < net >
        < name > hahacao </name >
    </net >
</userdata >
```

则读取节点中的一个属性的代码如下：

```
XmlDocument mydoc = new XmlDocument( );
mydoc. Load( "config. xml" );
XmlNode testuser = mydoc. SelectSingleNode( "userdata" );
string flag = testuser. Attributes[ "createuser" ]. InnerText;
```

读取节点中的值的代码如下：

```
XmlDocument mydoc = new XmlDocument( );
mydoc. Load( "config. xml" );
XmlNode testserver =
```

```
mydoc. SelectSingleNode( "userdata/dataconnection/server" );
```

修改节点的属性的代码如下：

```
XmlDocument mydoc = new XmlDocument( );
mydoc. Load( "config. xml" );
XmlNode testuser = mydoc. SelectSingleNode( "userdata" );
testuser. Attributes[ "createuser" ]. InnerText = "false";
mydoc. Save( "config. xml" );
```

追加节点的代码如下：

```
XmlDocument mydoc = new XmlDocument( );
XmlTextReader myreader = new XmlTextReader( "config. xml" );
mydoc. Load( "config. xml" );
XmlElement root = mydoc. DocumentElement;                  // 获取根节点
XmlElement tagMessage = mydoc. CreateElement( "net" );
XmlElement tagText = mydoc. CreateElement( "name" );
tagText. InnerText = netname;
tagMessage. AppendChild( tagText );                        // 追加到 xml 文本的最后面
root. AppendChild( tagMessage );
myreader. Close( );                                        // 关闭 XmlTextReader
doc. Save( "config. xml" );                                // 保存 xml 文件
```

# 12.4  ASP. NET 与 SQL Server 数据库的连接

## 12.4.1  ADO. NET 简介

基于 ASP. NET 的 Web 应用程序经常需要访问数据库，在 . Net 框架中提供了 ADO. NET 数据访问接口，方便数据的存取。

ADO. NET 是在 ADO 数据访问模型的基础上发展而来的，增强了对非连接编程模式的支持，允许和不同类型的数据源进行交互。ADO. NET 包含许多类，分别用来完成数据库连接、记录查询、删除、插入及更新等操作。

ADO. NET 包括数据提供程序（Managed Provider）和数据集（DataSet）两部分。数据提供程序提供了建立数据库连接、提取数据、操作数据、执行数据命令等功能的一系列类。DataSet 是不依赖于数据库的独立数据集合，可以把它当成在内存中的数据库。数据提供程序提供了 DataSet 和数据库之间的联系。

ASP. NET 通过 ADO. NET 访问数据库的一般步骤为：

① 创建一个数据库链路，建立程序和数据源之间的连接；

② 请求一个记录集合；

③ 把记录集合暂时存储到 DataSet 中（第②、③步的操作可以重复）；

④ 关闭数据库链路；

⑤ 在 DataSet 执行各类数据操作。

## 12.4.2　ASP. NET 中的连接数据示例

### 1. 把连接数据库字符串配置到 web. config 文件

web. config 文件是一个 XML 文本文件，它用来储存 ASP. NET Web 应用程序的配置信息。配置连接数据库字符串的代码如下：

```
< connectionStrings >
    < add name = "ConnectionString" connectionString = "
Data Source = 127. 0. 0. 1;Initial Catalog = testdb; Integrated Security = False;
User = sa;Pwd = sa;" providerName = "SqlServer"/ >
    </ connectionStrings >
```

其中属性的含义说明如下：
Data Source 表示数据源的位置；
Initial Catalog 表示要打开的数据库名称；
User 表示登录数据库的用户名；
Pwd 表示用户登录数据库的密码。

### 2. 读取配置文件数据库连接字符串并连接。

在 ASPX 页面文件里读取 web. config 配置文件中的数据库连接字符串，并实现数据库的连接。代码如下：

```
string strConstring =
ConfigurationManager. ConnectionStrings[ "ConnectionString" ]. ConnectionString;
    SqlConnection conn = new SqlConnection( ); '创建 sql 数据库连接对象
    conn. ConnectionString = strConstring;
    conn. Open( ); '打开数据库
```

# 12.5　ASP. NET 的发布和调试

运行 ASP. NET 开发应用程序时，要配置好 ASP. NET 运行环境，主要有两个步骤：配置 Web 服务器和部署支持 ASP. NET 运行的 . NET Framework。

## 12.5.1　配置 Web 服务器

目前流行的 Web 服务器软件有 Apache、Sun 和 IIS（Internet Information Services，因特网信息服务）等，这里以 IIS 为例说明 Web 服务器的配置方法。

IIS 是微软公司主推的 Web 服务器，提供了强大的 Internet 和 Intranet 服务功能，通过它可以建立一个安全性高的 Web 服务器。IIS 的最新版本是 7.5，它只能在 Windows 7 和 Windows Server 2008 R2 上使用。服务器操作系统中占有较大市场份额的 Windows Server 2003 可以运行 IIS6. 0 版本，而普通用户群使用最多的 Windows XP 操作系统只能安装 IIS5. 1。

## 1. 安装 IIS

考虑到普通用户普遍使用 Windows XP 系统，这里介绍如何在 Windows XP 中安装 IIS，详细步骤如下。

步骤 1：打开"控制面板"中的"添加/删除程序"项目，在弹出的对话框中选择"添加/删除 Windows 组件"，弹出如图 12-2 所示的"Windows 组件向导"对话框。

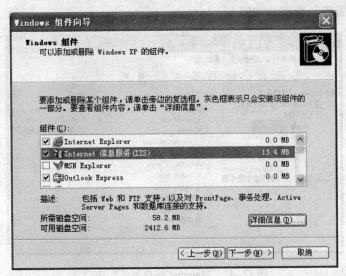

图 12-2　"Windows 组件向导"对话框

步骤 2：在"Windows 组件向导"对话框中选中"Internet 信息服务（IIS）"组件，可以单击"详细信息（D）…"按钮进入如图 12-3 所示的"Internet 信息服务（IIS）"对话框，进而选择 IIS 的子组件，如 SMTP 服务器、FTP 服务器等。然后单击"确定"按钮。

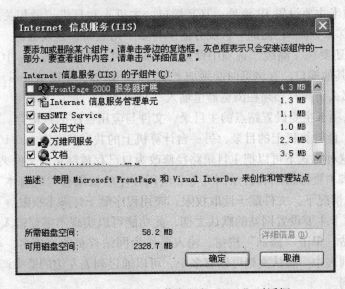

图 12-3　"Internet 信息服务（IIS）"对话框

步骤 3：设置好有关选项，单击"下一步"按钮开始安装 IIS（此过程需要从 Windows XP 系统中复制文件，所以事先要准备好光盘，或者从网络上下载 IIS5.1 的完整版）。

步骤 4：单击"完成"按钮，重启计算机，安装完毕。

## 2. 管理 IIS 中的站点

单击"开始"→"所有程序"→"管理工具"→"Internet 信息服务"命令，即可启动"Internet信息服务"窗口，如图 12-4 所示。

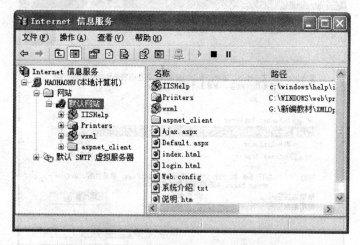

图 12-4　"Internet 信息服务"窗口

IIS 安装后，系统会自动创建了一个默认的 Web 站点，该站点的主目录默认为"C：\Inetpub\wwwroot"。在"默认网站"项目上右击，选择"属性"命令，打开"默认网站属性"对话框，如图 12-5 所示。该对话框中包括网站、主目录、文档、自定义错误、目录安全性等选项卡。

"网站"选项卡主要设置 IP 地址、TCP 端口、主机头和日志记录相关属性等。IP 地址可以设置为"全部未分配"，但同一台服务器中有多个站点时，建议为每一个站点设置实际的 IP 地址，同时还要在"高级"选项中设置主机头来对应不同的域名。TCP 端口的默认值是 80，如果改为其他端口，在浏览时必须加上端口号。例如，把网站 www.16hg.com 的 TCP 端口改为 808，那么访问时必须在浏览器里输入"www.16hg.com：808"。

"主目录"选项卡主要设置站点的主目录、文件与应用程序的权限等。网站资源的内容来源有 3 种方式：此计算机上的目录、另一台计算机上的共享和重定向到 URL。默认情况下选择第一项，在这种方式下可以把主目录路径修改为自己存放网站的文件夹。文件的权限分为读取、写入、脚本资源访问和目录浏览等，应用程序的权限有"纯脚本"和"脚本和可执行程序"。一般情况下，文件赋予读取权限，应用程序赋予纯脚本权限。

"文档"选项卡主要设置网站的默认文档，此功能可以实现不需要输入某网站的具体文件名即可访问网站。单击"添加"按钮，输入要作为网站首页的文档名，单击"确定"按钮将其加到文档列表中。默认文档可以有多个，可以通过列表左边的箭头调整优先级，在上面的文档先被访问。

"自定义错误"选项卡主要设置 HTTP 错误信息，用户可以自定义出错时的提示信息，如常用的代表文件不存在的"404"错误。

"目录安全性"选项卡主要设置身份验证控制和 IP 地址与域名限制。利用身份验证机制，可以确定哪些用户可以访问 Web 应用程序，从而为这些用户提供 Web 网站的访问权限。

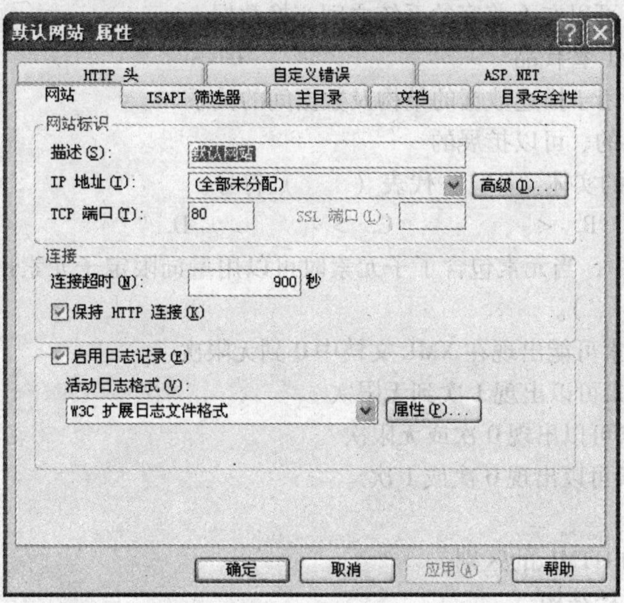

图 12-5  "默认网站属性"对话框

## 12.5.2  部署. NET Framework

要使 Web 服务器支持 ASP. NET，除了安装好 IIS 外，还要安装核心组件. NET Framework SDK（Software Develop Kit，程序开发套件）。. NET Framework SDK 目前有 1.0、1.1、2.0、3.0 和 3.5 等版本，用户可以根据各自所需版本到微软的官方网站下载。. NET Framework 的安装比较简单（只要依次按默认设置一步一步执行即可）这里不再赘述。

配置好 ASP. NET 相关环境后，可以在浏览器的 URL 地址栏输入"http：//localhost"或 http：//127.0.0.1 浏览网站。

# 小结

本章首先介绍了 ASP、ASP. NET、XML、文档结构的基本概念以及常用的操作方法。XML 借鉴了 HTML、数据库、程序语言的优点，它使用户之间数据的交换更加方便，可重用性更强。最后还简单介绍了 ASP. NET 与数据库的连接，并介绍了 ASP. NET 程序发布、调试环境的配置方法和步骤，帮助用户初步了解配置过程，以便调试简单的程序。

# 习题

### 一、选择题

1. 以下哪项是合法的 XML 元素标记（　　）。

A.  ＜1xyy＞＜/1xyy＞                    B.  ＜Name＞＜/name＞

C. < student_no > </ student_no > 　　　　　　　 D. < sid > < sid >

2. 对 XML 的描述，下列哪项是错误的（　　　）。

A. 通过 XML，可以在不兼容的系统之间交换数据

B. XML 是 HTML 替代品

C. XML 文档可用于描述数据的结构及数据间的关系

D. XML 是自由的、可以扩展的

3. XML 预定义的实体"&lt;"代表（　　　）符号。

A. & 　　　　　 B. < 　　　　　 C. > 　　　　　 D. "

4. 在元素声明中，当元素包含了子元素时可以用量词限定子元素出现的次数，关于量词说明错误的是（　　　）。

A. *：表示元素可能出现在 XML 文档中 0 到无限次

B. +：表示元素可以出现 1 次到无限次

C. ?：表示元素可以出现 0 次或无限次

D. ?：表示元素可以出现 0 次或 1 次

## 二、简答题

1. 简述 XML 和 HTML 的区别。

2. 简述 XML 文档结构。

3. 简述 ASP. NET 通过 ADO. NET 访问数据库的一般步骤。

## 三、实训题

实训一：设计一个表示学生基本信息的 XML 文档。

实验目的：掌握 XML 文档的定义。

实训内容：学生信息如表 12-3 所示。

表 12-3　学生信息表

| 学号 | 姓名 | 性别 | 年龄 | 班级 |
|------|------|------|------|------|
| 201003001 | 陈润泽 | 男 | 20 | 电子商务 |
| 201003001 | 曹阅 | 女 | 18 | 计算机 |

实训要求：根据表 12-3 设计 XML 文档。

实训二：配置 ASP. NET 的运行环境。

实验目的：熟悉 ASP. NET 运行环境的配置。

实训内容：安装 IIS、NET. Framework。

实训要求：安装 IIS 和 Net. framework，并测试能否正确运行调试 ASP. NET 程序。

# 附录 A  教务管理系统的开发

## A.1  系统需求分析

随着信息化时代的来临，学校管理信息化也势在必行。在学校管理信息化过程中，目前非常流行的办公自动化系统发挥着重要作用，学校办公自动化系统中一个相当重要的系统就是学生管理系统。它可以对学生的基本信息进行维护和管理，还可以对学生的课程及课程的考核成绩进行有效的管理和查询。本系统就是数据库应用程序开发的典型应用。

## A.2  功能模块

教务管理系统的主要功能是负责查询、插入、修改、删除学生的基本信息，进行课程管理及学生成绩管理。它有3个子模块：学生基本信息模块、课程管理模块和成绩管理模块。教务管理系统的功能结构图如图 A-1 所示。

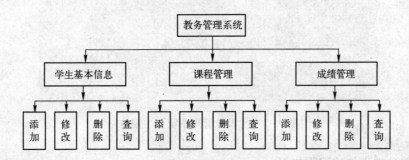

图 A-1  教务管理系统功能结构图

## A.3  后台数据库规划

在 SQL Server 2005 中建立一个名为"教务系统"的数据库，其中包含3张数据表，即 stu_cheng_ji、stu_xue_ji、ke_cheng。如表 A-1 所示。各表的结构如表 A-2 所示。

表 A-1  教务管理系统数据库结构

| 数据库管理系统 | 数据库名 | 表名 |
|---|---|---|
| SQL Server 2005 | 教务系统 | Stu_cheng_ji、Stu_xue_ji、Ke_cheng |

表 A-2　各表的结构

| 表　　名 | 学 校 结 构 | 类型及约束 |
|---|---|---|
| Stu_cheng_ji | Xue_hao、ke_cheng_hao、cheng_ji | 自定义 |
| Stu_xue_ji | Xue_hao、xing_ming | 自定义 |
| Ke_cheng | Ke_cheng_hao、ke_cheng_ming | 自定义 |

# A.4　前台界面设计

### 1. 主界面

教务管理系统的主界面如图 A-2 所示，请读者在 VB 下设计，其中课程管理、成绩管理两个主菜单的子菜单和学生基本信息管理的子菜单一样，都有添加、修改、删除和查询。由于各级子模块的设计原理差不多，在这里主要介绍成绩管理模块的设计。其他子模块请读者参照本书编写的程序进行设计，不同的是要注意替换成实际的数据库和数据表。

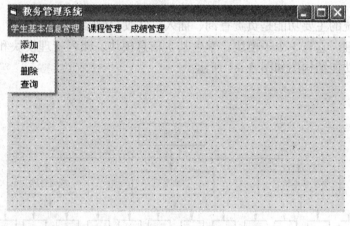

图 A-2　"教务管理系统"主窗体

各子菜单单击事件的编程如下：

```
Private Sub add_Click( ) '添加
    Xue_ji_add. Show
End Sub
Private Sub delete_Click( ) '删除
    Xue_ji_delete. Show
End Sub
Private Sub search_Click( ) '查询
    Xue_ji _search. Show
End Sub
Private Sub up1_Click( ) '修改
    Xue_ji_modify. Show
End Sub
```

## 2. 各子菜功能界面设计

添加成绩界面如图 A-3 所示。

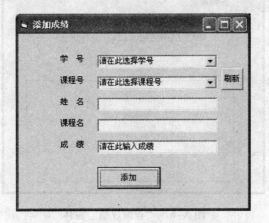

图 A-3 "添加成绩"窗体

修改成绩界面如图 A-4 所示。

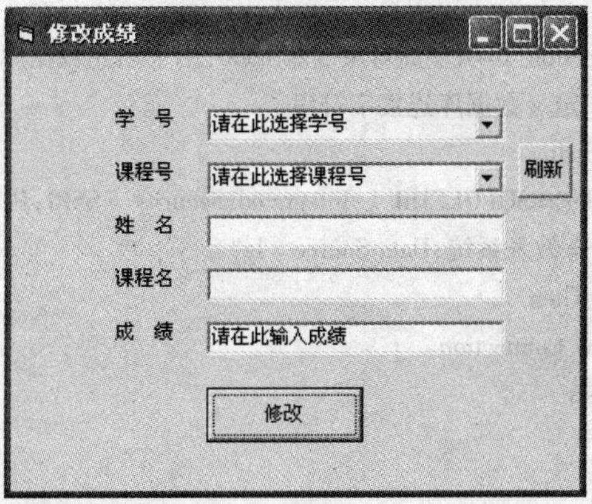

图 A-4 "修改成绩"窗体

删除成绩界面如图 A-5 所示。

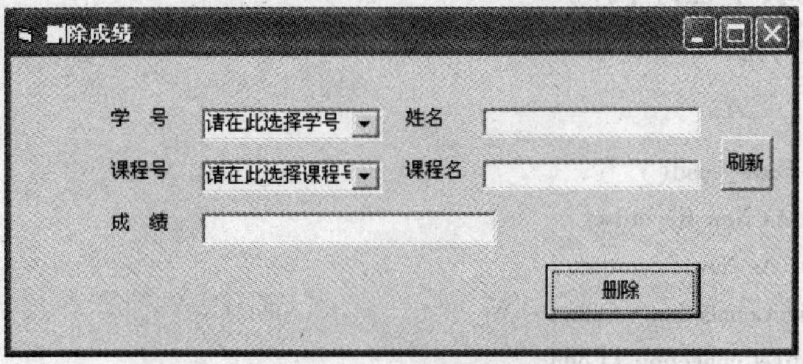

图 A-5 "删除成绩"窗体

查询删除成绩界面如图 A-6 所示。

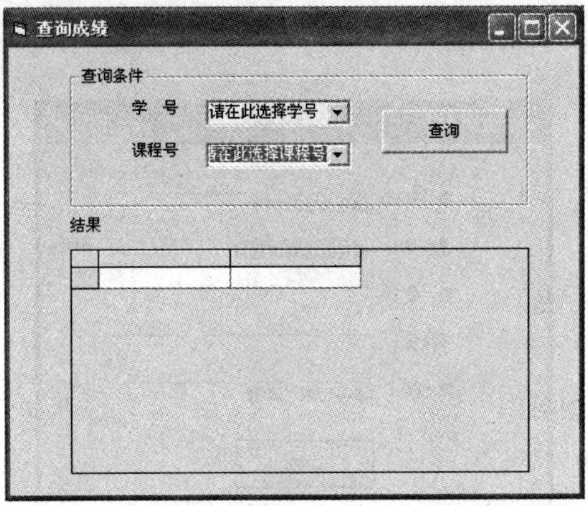

图 A-6 "查询成绩"窗体

## A.5 后台数据库的连接

后台数据库的连接需要通过"工程"菜单添加一个模块（Module）并设计如下代码：

```
Public conn As Connection '声明全局对象变量 conn，用于创建数据库的连接
    Public Sub main( )'定义数据库连接字符串
        Dim SQLstr As String
        SQLstr = "Provider = SQLOLEDB. 1; Integrated Security = SSPI; Persist Security Info = False; Initial
            Catalog = 教务系统; Data Source = lg"
        If Conn Is Nothing Then
            Set conn = New Connection
            conn. Open SQLstr
        End If
    End Sub
```

## A.6 前台界面操作事件

### 1. 添加成绩表单程序代码

（1）表单的初始化

代码如下：

```
Private Sub Form_Load( )
    Dim rs As New Recordset
    Dim rs1 As New Recordset
    rs. ActiveConnection = Conn
    rs1. ActiveConnection = Conn
    rs. Open "Select xue_hao From st_xue_ji Order By xue_hao"
    Combo1. Clear
```

```
        Do While Not Rs. EOF
        Combo1. AddItem Trim( Rs. Fields( "xue_hao" ) )
        Rs. MoveNext
        Loop
            Rs. Close
            Rs. Open "select ke_cheng_hao from ke_cheng Order By ke_cheng_hao"
                        '对 Combo2 组合框进行初始化
            Combo2. Clear
            Do While Not Rs. EOF
            Combo2. AddItem Trim( Rs. Fields( "ke_cheng_hao" ) )
            Rs. MoveNext
            Loop
        Rs. Close
        Text1. Text = " "
        Text2. Text = " "
        Text3. Text = "0"
    End Sub
```

### (2) 刷新按钮事件

代码如下：

```
    Private Sub Command3_Click( )
        Dim Rs As New Recordset
        Rs. ActiveConnection = Conn
        strSQL = "select * from stu_xue_ji"
        strSQL = strSQL + " Where xue_hao ='" + Combo1. Text + " ' "
        Rs. Open strSQL
        Text1. Text = Rs. Fields( "xing_ming" )
    如果输入了 ke_cheng_hao,则把 ke_cheng_ming 显示在 Text2. text
        Dim Rs1 As New Recordset
    Rs1. ActiveConnection = Conn
    strSQL = "select * fromke_cheng"
    strSQL = strSQL + " Where ke_cheng_hao ='" + Combo2. Text + " ' "
    Rs1. Open strSQL
    Text2. Text = Rs1. Fields( "ke_cheng_ming" )
    End Sub
```

### (3) 添加按钮事件代码

代码如下：

```
    Private Sub Command1_Click( )
        Dim strSQL As String
        Dim Rs As New Recordset
        Rs. ActiveConnection = Conn
        If Combo1. Text = " " Or Combo2. Text = " " Then
```

```
        MsgBox "输入数据不全,请重新输入数据!", vbCritical + vbOKOnly
        Exit Sub
    End If
    strSQL = "select * from stu_cheng_ji"
    strSQL = strSQL & "Where xue_hao ='" + Combo1. Text + " '"
    strSQL = strSQL & "and ke_cheng_hao ='" + Combo2. Text + "'"
    Rs. Open strSQL
        If Not Rs. EOF Then
            MsgBox "该记录已经存在,不能继续增加", vbCritical + vbOKOnly
            Exit Sub
    End If
    strSQL = "Insert Into stu_cheng_ji(xue_hao,ke_cheng_hao,成绩)"
    strSQL = strSQL + "Values('" + Combo1. Text + "','"
    strSQL = strSQL + Combo2. Text + "'," + Str(Val(Text3. Text)) + ")"
    Conn. Execute strSQL
    MsgBox "已成功添加新记录", vbQuestion + vbOKOnly
End Sub
```

## 2. 修改成绩表单程序代码

### (1) 表单的初始化

代码如下:

```
Private Sub Form_Load()
    Main
    Dim xh, xm, kch, kcm As String
    Dim cj As Integer
    Dim Rs As New Recordset
    Dim Rs1 As New Recordset
    Dim Rs2 As New Recordset
    Rs. ActiveConnection = Conn
    Rs1. ActiveConnection = Conn
    Rs. Open "select xue_hao from stu_xue_ji Order By xue_hao"
        Combo1. Clear
        Do While Not Rs. EOF
        Combo1. AddItem Trim(Rs. Fields("xue_hao"))
        Rs. MoveNext
        Loop
        Rs1. Open "select ke_cheng_hao fromke_cheng Order By ke_cheng_hao"
            Combo2. Clear
            Do While Not Rs1. EOF
            Combo2. AddItem Trim(Rs1. Fields("ke_cheng_hao"))
            Rs1. MoveNext
            Loop
```

```
        Rs. Close
            Text1. Text = " "
            Text2. Text = " "
            Text3. Text = 0
    End Sub
```

## (2) 刷新按钮事件
代码如下:

```
    Private Sub Command3_Click( )
        frmMain. Hide
        Dim strSQL As String
        Dim Rs As New Recordset
        Rs. ActiveConnection = Conn
        Dim Rs1 As New Recordset
        Rs1. ActiveConnection = Conn
        Dim Rs2 As New Recordset
        Rs2. ActiveConnection = Conn
        If Combo1. Text = " " Then
            MsgBox "xue_hao 不能为空,请重新输入!", vbQuestion + vbOKOnly
            Combo1. Text = " "
            Combo2. Text = " "
            Exit Sub
        End If
    If Combo2. Text = " " Then
            MsgBox "ke_cheng_hao 不能为空,请重新输入!", vbQuestion + vbOKOnly
            Combo1. Text = " "
            Combo2. Text = " "
            Exit Sub
        End If
        If Combo1. Text < > " " Then
            Rs1. Open "Select xing_ming From 学生情况 Where xue_hao ='" + Combo1. Text + "'"
            If Rs1. EOF Then
                MsgBox "stu_xue_ji 中没有 xue_hao 为" + Combo1. Text
                    + "的记录,请重新输入!", vbQuestion + vbOKOnly
                Combo1. Text = " "
                Exit Sub
            Else
                xm = Rs1. Fields( "xing_ming")
                Text1. Text = xm
                xh = Combo1. Text
            End If
        End If
    If Combo2. Text < > " " Then '查询 ke_cheng 中是否有指定 ke_cheng_hao 的记录 Rs2. Open "Select
```

```
ke_cheng_ming Fromke_cheng Where ke_cheng_hao ='" + Combo2. Text + "'"
    If Rs2. EOF Then
        MsgBox "ke_cheng 中没有 ke_cheng_hao 为" + Combo2. Text + "的记录,请重新输入!",
vbQuestion + vbOKOnly
        Combo2. Text = " "
        Exit Sub
    Else
        kcm = Rs2. Fields("ke_cheng_ming")
        Text2. Text = kcm
        kcm = Combo2. Text
    End If
End If
    strSQL = "select * from stu_cheng_ji"
    strSQL = strSQL & " Where xue_hao ='" + Combo1. Text + " '"
    strSQL = strSQL & " and ke_cheng_hao ='" + Combo2. Text + "'"
    Rs. Open strSQL
    If Rs. EOF Then
    MsgBox "stu_cheng_ji 在不存在 xue_hao 为" + Combo1. Text + " ke_cheng_hao 为" +
Combo2. Text + "的记录,请重新输入!", vbCritical + vbOKOnly
        Combo1. Text = " "
        Combo2. Text = " "
        Text1. Text = " "
        Text2. Text = " "
        Text3. Text = " "
        Exit Sub
    Else
        cj = Rs. Fields("成绩")
        Text3. Text = cj
    End If
End Sub
```

## (3) 修改按钮事件

代码如下:

```
Private Sub Command1_Click()
    Dim strSQL As String
    strSQL = "Update stu_cheng_ji"
    strSQL = strSQL + " Set 成绩 = " + Text3. Text
    strSQL = strSQL + " Where xue_hao ='" + Combo1. Text + "'"
    strSQL = strSQL + " And ke_cheng_hao ='" + Combo2. Text + " '"
    Conn. Execute strSQL
    MsgBox "修改成功!", vbQuestion + vbOKOnly
End Sub
```

## 3. 删除成绩表单程序代码

### (1) 表单初始化事件

代码如下：

```
Private Sub Form_Load()
    Main
    Dim cj As Integer
    Dim Rs As New Recordset
    Dim Rs1 As New Recordset
    Rs. ActiveConnection = Conn
    Rs1. ActiveConnection = Conn
    Rs. Open "select xue_hao from stu_xue_ji Order By xue_hao"
        Combo1. Clear
        Do While Not Rs. EOF
        Combo1. AddItem Trim(Rs. Fields("xue_hao"))
        Rs. MoveNext
        Loop
    Rs1. Open "select ke_cheng_hao fromke_cheng Order By ke_cheng_hao"
        Combo2. Clear
        Do While Not Rs1. EOF
        Combo2. AddItem Trim(Rs1. Fields("ke_cheng_hao"))
        Rs1. MoveNext
        Loop
    Rs. Close
    Rs1. Close
End Sub
```

### (2) 刷新按钮事件

代码如下：

```
Private Sub Command3_Click()
    Dim xh As String
    Dim xm As String
    Dim kch As String
    Dim kcm As String
    frmMain. Hide
    Dim strSQL As String
    Dim Rs As New Recordset
    Rs. ActiveConnection = Conn
    Dim Rs1 As New Recordset
    Rs1. ActiveConnection = Conn
    Dim Rs2 As New Recordset
    Rs2. ActiveConnection = Conn
```

```
        If Combo1. Text = " " Then
                MsgBox "xue_hao 不能为空,请重新输入!", vbQuestion + vbOKOnly
            Combo1. Text = " "
                    Combo2. Text = " "
                    Text1. Text = " "
                    Text2. Text = " "
                    Text3. Text = " "
            Exit Sub
        End If
    If Combo2. Text = " " Then
            MsgBox "ke_cheng_hao 不能为空,请重新输入!", vbQuestion + vbOKOnly
                    Combo1. Text = " " : Combo2. Text = " "
                    Text1. Text = " " : Text2. Text = " "
                    Text3. Text = " "
        Exit Sub
        End If
    If Combo1. Text < > " " Then
            Rs1. Open "Select xing_ming From stu_xue_ji Where xue_hao ='" + Combo1. Text + "'"
                If Rs1. EOF Then
                    MsgBox "stu_xue_ji 中没有 xue_hao 为" + Combo1. Text + "的记录,请重新输入!",
    vbQuestion + vbOKOnly
                    Combo1. Text = " " : Combo2. Text = " " : Text1. Text = " "
                    Text2. Text = " " : Text3. Text = " "
                    Exit Sub
            Else
                xm = Rs1. Fields("xing_ming")
                Text1. Text = xm : xh = Combo1. Text
            End If
        End If
    If Combo2. Text < > " " Then
            Rs2. Open "Select ke_cheng_ming Fromke_cheng Where ke_cheng_hao ='" + Combo2. Text + "'"
            If Rs2. EOF Then
                MsgBox "ke_cheng 中没有 ke_cheng_hao 为" + Combo2. Text + "的记录,请重新输入!",
    vbQuestion + vbOKOnly
                Combo1. Text = " " : Combo2. Text = " "
                Text1. Text = " " : Text2. Text = " "
                Text3. Text = " " :
                Exit Sub
            Else
                kcm = Rs2. Fields("ke_cheng_ming")
                Text2. Text = kcm
                kcm = Combo2. Text
            End If
        End If
```

```
        End If
        If Combo1 < > "" And Combo1 < > "" Then
            strSQL = "select * from stu_cheng_ji"
            strSQL = strSQL & " Where xue_hao ='" + Combo1. Text + " ' "
            strSQL = strSQL & " and ke_cheng_hao ='" + Combo2. Text + "'"
            Rs. Open strSQL
            If Rs. EOF Then
            MsgBox "不存在学号为" + Combo1. Text + "课程号为" + Combo2. Text + "的记录,请
重新输入!", vbCritical + vbOKOnly
                Combo1. Text = "" : Combo2. Text = ""
                Text1. Text = "" : Text2. Text = ""
                Text3. Text = ""
                Exit Sub
        Else
            cj = Val(Rs. Fields("成绩"))
            Text3. Text = cj
            End If
        End If
    End Sub
```

## (3) 删除按钮事件

代码如下:

```
    Private Sub Command4_Click( )
        strSQL = "Delete From stu_cheng_ji"
        strSQL = strSQL + " Where xue_hao = ' " + Combo1. Text + "'"
        strSQL = strSQL + " And ke_cheng_hao = ' " + Combo2. Text + "'"
        Conn. Execute strSQL
            MsgBox "删除成功!", vbQuestion + vbOKOnly
            End If
    End Sub
```

## 4. 查询成绩表单程序代码

## (1) 表单初始化事件

代码如下:

```
    Private Sub Form_Load( )
        Main
        Dim cj As Integer
        Dim Rs As New Recordset
        Dim Rs1 As New Recordset
        Rs. ActiveConnection = Conn
        Rs1. ActiveConnection = Conn
        Rs. Open "select xue_hao from stu_xue_ji Order By xue_hao"
```

```
        Combo1. Clear
        Do While Not Rs. EOF
        Combo1. AddItem Trim( Rs. Fields( "xue_hao") )
        Rs. MoveNext
        Loop
    Rs1. Open "select ke_cheng_hao fromke_cheng Order By ke_cheng_hao"
        Combo2. Clear
        Do While Not Rs1. EOF
        Combo2. AddItem Trim( Rs1. Fields( "ke_cheng_hao") )
        Rs1. MoveNext
        Loop
    Rs. Close
    Rs1. Close
End Sub
```

## (2) 查询按钮事件

代码如下:

```
Private Sub Command3_Click( )
    Dim strSQL2 , strRecord2 As String
    Main
        Dim Rs2 As New Recordset
    Rs2. ActiveConnection = Conn
    strSQL2 = "Select stu_cheng_ji. xue_hao , stu_
                cheng_ji. ke_cheng_hao , stu_cheng_ji. 成绩 ,"
    strSQL2 = strSQL2  +  "stu_xue_ji. xing_ming , ke_cheng. ke_cheng_ming"
    strSQL2 = strSQL2  +  " From stu_cheng_ji , stu_xue_ji , ke_cheng"
    strSQL2 = strSQL2  +  " Where stu_cheng_ji. xue_hao = stu_xue_ji. xue_hao"
    strSQL2 = strSQL2  +  " And stu_cheng_ji. ke_cheng_hao =
                ke_cheng. ke_cheng_hao"
    strSQL2 = strSQL2  +  " And stu_cheng_ji. xue_hao = '" + Combo1. Text + "'"
    Rs2. Open strSQL2
    Datagrid1. datasource = rs2
End Sub
```

# 参 考 文 献

[1] 谢俊，崔子南，张波. Access 2007 宝典. 北京：人民邮电出版社，2008.

[2] 杨阳，杨川，张彦芳. Access2007 数据库管理新手到高手. 北京：中国铁道出版社，2009.

[3] 杨涛. 中文版 Access2007 实用教程. 北京：清华大学出版社，2007.

[4] 王樵民. Access 2007 数据库开发全书. 北京：清华大学出版社，2008.

[5] LAMBERT S，LAMBERT M D. Microsoft Office Access 2007 Step by Step. USA：Microsoft Press，2007.

[6] 微软 Office Online. Access 2007 帮助和使用方法. http：//office. microsoft. com/zh-cn/access/FX100646912052. aspx
〔2010 - 43 - 0〕.

[7] 孙明丽，王斌，刘莹. SQL SERVER 2005 数据库系统开发完全手册. 北京：人民邮电出版社，2007.

[8] 周奇. SQL Server 2005 数据库基础及应用技术教程与实训. 北京：北京大学出版社，2008.

[9] TURLEY P. T-SQL 编程入门经典（涵盖 SQL Server 2008 & 2005）. 吴伟平，译. 北京：清华大学出版
社，2009.

[10] BEAUCHEMIN B，SULLIVAN D. A Developer's Guide to SQL Server 2005. 美国：Addison Wesley Profes-
sional，2006. 4.

[11] HU FEI. Transact-SQL 案例教程. http：//msdn. microsoft. com/zh-cn/library/ms189826（v = SQL. 90）
. aspx〔2010 - 5 - 21〕.

[12] 徐谡，徐立. ASP. NET 应用与开发案例教程. 北京：清华大学出版社，2005.

[13] 丁跃潮，张涛. XML 实用教程. 北京：北京大学出版社，2008.

[14] MICHAEL J Y. 轻松搞定 XML. 林嘉胜，译. 台北：华彩软体出版社，2001.

[15] 熊前兴. XML 与电子商务. 武汉：武汉理工大学出版社，2005.

[16] 李春葆. 基于 SQL Server 2005 + VB. NET 2005. 北京：清华大学出版社，2009.

[17] 蒋毅，林海旦. SQL Server 2005 实训教程. 北京：人民大学出版社，2009.

[18] 学网. http：//www. xue5. com/itedu/200707/118208_3. html〔2009 - 10 - 17〕.

[19] csdn. http：//download. csdn. net/source/1951409〔2009 - 12 - 31〕.

[20] wsschool. http：//www. w3school. com. cn〔2009 - 10 - 18〕.

[21] 刘玉山，刘宝山. VB 数据库项目设计模块化教程. 北京：机械工业出版社，2009.

[22] 李春葆，曾平，赵丙秀. 数据库系统开发教程. 北京：清华大学出版社，2009.

[23] 刘军，张建科，范银琛. Visual Basic 程序设计学习指导与实验教程. 北京：中国科学技术出版
社，2009.

[24] 孟德欣，谢婷，王先花. VB 程序设计. 北京：北京交通大学出版社，2009.

[25] 冬日温暖个人博客. http：//hi. baidu. com/donkeysonghan/blog/item/0cec0fda0c5e3a61d0164eb7. html
〔2008 - 10 - 17〕.

[26] tanweizlf. http：//hi. baidu. com/mantopic/blog/item/9a4f40ed7635f3d2b21cb12c. html〔2010 - 4 - 28〕.

[27] 陈志泊. 数据库原理及应用教程. 2 版. 北京：人民邮电出版社，2008.

[28] 李春葆. 数据库原理与应用：基于 Access2003. 2 版. 北京：清华大学出版社，2008.